21 世纪土木工程学术前沿丛书

建筑工程结构与施工技术应用

杨丽平　宋永涛　刘　萍　著

哈爾濱工程大學出版社
Harbin Engineering University Press

内容简介

本书在撰写过程中注重培养工作人员的基本技能和岗位能力，以满足建筑行业技能型紧缺人才培养的总体要求，适应我国建筑行业高速发展的需要。本书倡导先进性，注重可行性，强调对工作人员综合思维能力的培养，撰写时既考虑内容的关联性和体系的完整性，又不拘于此，对理论研究有较大意义，但对实践中实施尚有困难的内容只进行了简单的介绍。本书具体内容包括基坑工程、常见基坑支护形式的设计、地下结构工程设计、箱形基础、隧道掘进机施工技术、注浆法施工技术、钢筋与混凝土的力学性能、钢筋加工与安装、混凝土制备与施工、地下空间工程防水和岩土体的工程特性。

本书可供广大建筑施工人员、施工管理人员、施工监理人员及土建设计人员使用与参考，也可供土建类学校教学参考。

图书在版编目(CIP)数据

建筑工程结构与施工技术应用 / 杨丽平，宋永涛，刘萍著. — 哈尔滨 ：哈尔滨工程大学出版社，2019.7
(21 世纪土木工程学术前沿丛书)
ISBN 978 - 7 - 5661 - 2301 - 5

Ⅰ. ①建… Ⅱ. ①杨… ②宋… ③刘… Ⅲ. ①建筑结构②建筑工程 - 建筑施工 - 技术 - 研究 Ⅳ. ①TU3 ②TU74

中国版本图书馆 CIP 数据核字(2019)第 149033 号

选题策划 刘凯元
责任编辑 王俊一　宗盼盼
封面设计 李海波

出版发行 哈尔滨工程大学出版社
社　　址 哈尔滨市南岗区南通大街 145 号
邮政编码 150001
发行电话 0451 - 82519328
传　　真 0451 - 82519699
经　　销 新华书店
印　　刷 北京中石油彩色印刷有限责任公司
开　　本 787 mm × 1 092 mm　1/16
印　　张 13
字　　数 345 千字
版　　次 2019 年 7 月第 1 版
印　　次 2019 年 7 月第 1 次印刷
定　　价 58.00 元
http://www.hrbeupress.com
E-mail:heupress@hrbeu.edu.cn

前 言

建筑工程是通过对各类房屋建筑及其附属设施的建造和与其配套线路、管道、设备等的安装所形成的工程实体。

本书在撰写过程中注重培养工作人员的基本技能和岗位能力，以满足建筑行业技能型紧缺人才培养的总体要求，适应我国建筑行业高速发展的需要。本书倡导先进性，注重可行性，强调对工作人员综合思维能力的培养，撰写时既考虑内容的关联性和体系的完整性，又不拘于此，对理论研究有较大意义，但对实践中实施尚有困难的内容只进行了简单的介绍。本书具体内容包括基坑工程、常见基坑支护形式的设计、地下结构工程设计、箱形基础、隧道掘进机施工技术、注浆法施工技术、钢筋与混凝土的力学性能、钢筋加工与安装、混凝土制备与施工、地下空间工程防水和岩土体的工程特性。

本书在撰写过程中，参考了多种规范、教材、手册、著作、论文及网络资料，在此对各资料的作者一并致谢。

由于作者水平有限，书中难免存在错误和不足之处，恳请广大师生和读者批评指正。

著 者

2019 年 4 月

目　录

第一章　基 坑 工 程

第一节　基坑工程的一般规定与要求

一、基坑支护结构按极限状态设计

基坑支护结构极限状态可分为以下两类。

（一）承载能力极限状态

对应于支护结构达到最大承载能力或土体失稳产生大变形导致支护结构或基坑周边环境破坏。

（二）正常使用极限状态

对应于支护结构的变形已妨碍地下结构施工或影响基坑周边环境的正常使用功能。

基坑支护结构应采用以分项系数表示的极限状态设计表达式进行设计。

二、支护结构设计

支护结构设计应考虑其结构水平变形，地下水的变化对周边环境的水平与竖向变形的影响，对于安全等级为一级和对周边环境变形有限定要求的二级建筑基坑侧壁，应根据周边环境的重要性、对变形的适应能力及土的性质等因素确定支护结构的水平变形限值。

当场地内有地下水时，应根据场地及周边区域的工程地质条件、水文地质条件、周边环境情况和支护结构与基础形式等因素，确定地下水控制方法。当场地周围有地表水汇流排泄或地下水管渗漏时，应对基坑采取保护措施。

一般基坑支护方法见表 1－1。

表 1－1　一般基坑支护方法

序号	支护方法	原理和作用	适用范围
1	钢板桩支护	是一种施工简单、投资经济的支护方法。它由钢板桩、锚拉杆等组成。由于钢板桩自身柔性大，如支撑或锚拉系统设置不当，其变形会很大	基坑深度达 7 m 以上的软土层，基坑不宜采用钢板桩支护，除非设置多层支撑或锚拉杆
2	地下连续墙支护	用特制的挖槽机械，在泥浆护壁情况下开挖一定深度的沟槽，然后吊放钢筋笼，浇筑混凝土。地下连续墙的形状多种多样，一般集挡土、承重、截水和防渗为一体，并兼作地下室外墙。不足之处是要用专用设备工具，单位施工造价高	对各种地质条件及复杂的施工环境适应能力较强。施工不必放坡，不用支模，国内连续墙最深可达 36 m，壁厚为 1 m

表 1-1(续)

序号	支护方法	原理和作用	适用范围
3	排桩支护	指队列式间隔布置钢筋混凝土挖孔、钻孔灌注桩。作为主要的挡土结构,其结构形式可分为悬臂支护或单锚杆、多锚杆结构,布桩形式可分为单排或双排布置	适用于开挖深度不超过8 m的砂性土层,不超过10 m的黏性土层,不超过 5 m 的淤泥质土层
4	土钉墙支护	土钉是用来加固现场原位土体的细长杆件。通常采用钻孔,放入变形钢筋并沿孔全长注浆的方法做成。它依靠土体之间的黏结力或摩擦力,在土体发生变形时被动承受拉力作用。它由密集的土钉群、被加固的土体、喷射混凝土面层形成支护体系。由于随挖随支,能有效地保持土体强度,减少土体扰动	适用于地下水位以上经人工降水后的人工填土、黏性土和弱胶结砂土,开挖深度为 5 ~ 10 m 的基坑支护。土钉墙不适用于含水丰富的土层和对变形有严格要求的基坑支护
5	锚杆或喷锚支护	锚杆与土钉墙相似,将锚杆稳定于土体中,外墙与支护结构连接用以维护基坑稳定的受拉杆件,并施加预应力,支护体喷射混凝土称为喷锚支护	锚杆可与排桩、地下连续墙、土钉墙或其他支护结构联合使用,不宜用于有机土质、液限大于 50% 的黏土层及相对密度小于 0.3 的黏土
6	逆作法	按施工工序的不同,逆作法可分全逆作法、半逆作法和部分逆作法。它以地下各层的梁板为支撑,自上而下施工,节省临时支护结构	适用于较深基坑,对周边变形有严格要求的基坑,要预先做好施工组织方案及各结构节点的处理

三、支护结构计算和验算

根据承载能力极限状态和正常使用极限状态的设计要求,基坑支护应按下列规定进行计算和验算:

1. 基坑支护结构均应进行承载能力极限状态的计算,计算内容应包括根据基坑支护形式及其受力特点进行土体稳定性计算;基坑支护结构的受压、受弯和受剪承载力计算;当有锚杆或支撑时,应对其进行承载力计算和稳定性验算。

2. 对于安全等级为一级及对支护结构变形有限定的二级建筑基坑侧壁,应对基坑周边环境及支护结构变形进行验算。

3. 地下水控制计算和验算应包括抗渗透稳定性验算、基坑底突涌稳定性验算、根据支护结构设计要求进行地下水位控制计算。

基坑支护设计内容应包括对支护结构的计算和验算、质量检测及施工监控的要求。

第二节　基坑支护结构的安全等级

一、基坑等级

根据工程的重要性,将基坑分为以下三级:

1. 符合下列情况之一,为一级基坑:

(1)重要工程或支护结构做主体结构的一部分；

(2)开挖深度大于 10 m；

(3)与邻近建筑物、重要设施的距离在开挖深度以内的基坑；

(4)基坑范围内有历史文化、近代优秀建筑、重要管线等需严加保护的基坑。

2. 三级基坑为开挖深度小于 7 m，且周围环境无特别要求时的基坑。

3. 除一级和三级基坑工程以外的，均属二级基坑。

由以上基坑工程等级可以看出，一级基坑工程最重要，二级基坑工程次之，最后是三级基坑工程。

二、侧壁安全等级及重要性系数

根据《建筑基坑支护技术规程》(JGJ 120—2012)，基坑支护结构设计应根据表 1－2 选用相应的侧壁安全等级及重要性系数。

表 1－2　基坑侧壁安全等级及重要性系数 γ_0

安全等级	破坏后果	γ_0
一级	支护结构破坏、土体失稳或过大变形，对基坑周边环境及地下结构施工影响很严重	1.10
二级	支护结构破坏、土体失稳或过大变形，对基坑周边环境及地下结构施工影响一般	1.00
三级	支护结构破坏、土体失稳或过大变形，对基坑周边环境及地下结构施工影响不严重	0.90

根据环境条件(基坑开挖深度 h、邻近建(构)筑物及管线与坑边的相对距离比 α)与工程地质、水文地质条件，按破坏后果的严重程度将基坑侧壁的安全等级分为三级，见表 1－3。

表 1－3　基坑侧壁安全等级划分

<table>
<tr><th rowspan="3">基坑开挖深度
h/m</th><th colspan="9">环境条件与工程地质、水文地质条件</th></tr>
<tr><th colspan="3">$\alpha<0.5$</th><th colspan="3">$0.5\leqslant\alpha\leqslant1.0$</th><th colspan="3">$\alpha>1.0$</th></tr>
<tr><th>Ⅰ级基坑</th><th>Ⅱ级基坑</th><th>Ⅲ级基坑</th><th>Ⅰ级基坑</th><th>Ⅱ级基坑</th><th>Ⅲ级基坑</th><th>Ⅰ级基坑</th><th>Ⅱ级基坑</th><th>Ⅲ级基坑</th></tr>
<tr><td>$h>15$</td><td colspan="3">一级</td><td colspan="3">一级</td><td colspan="3">一级</td></tr>
<tr><td>$10<h\leqslant15$</td><td colspan="3">一级</td><td colspan="2">一级</td><td>二级</td><td>一级</td><td colspan="2">二级</td></tr>
<tr><td>$h\leqslant10$</td><td>一级</td><td colspan="2">二级</td><td>二级</td><td colspan="2">三级</td><td>二级</td><td colspan="2">三级</td></tr>
</table>

注：α 为相对距离比，$\alpha=x/h_a$，即管线、邻近建(构)筑物基础边缘(桩基础桩端)离坑口内壁的水平距离 x 与基础底面距基坑底垂直距离 h_a 的比值。

如邻近建(构)筑物为价值不高的、待拆除的或临时性的，管线为非重要干线，一旦破坏没有危险且易于修复，则 α 值可提高一个范围值；对变形特别敏感的邻近建(构)筑物或重点保护的古建筑物等有特殊要求的建(构)筑物，当基坑侧壁安全等级为二级或三级时，安全等级应提高一级；当既有基础埋深大于基坑深度时，应根据基础底面距基坑底的垂直距离、附加荷载、桩基础形式，以及上部结构对变形的敏感程度等因素，综合确定 α 值范围及安全等级。

同一基坑依周边条件不同可划分为不同的基坑侧壁安全等级。

三、工程地质、水文地质条件分类

（一）Ⅰ级基坑

复杂：稍密及松散碎石土、砂土和填土，软塑－流塑黏性土，地下水位在基底标高之上，且不易疏干。

（二）Ⅱ级基坑

较复杂：中密碎石土、砂土和填土，可塑黏性土，地下水位在基底标高之上，但易疏干。

（三）Ⅲ级基坑

简单：密实碎石土、砂土和填土，硬塑－坚硬黏性土，基坑深度范围内无地下水。

坑壁为多层土时可经过分析按最不利情况考虑。

四、其他

支护结构设计应考虑其结构水平变形、地下水的变化对周边环境的水平及竖向变形的影响，并应符合下列规定：

1. 对于安全等级为一级和对周边环境变形有限定要求的二级建筑基坑侧壁，应确定支护结构的水平变形限值，最大水平变形值应满足正常使用要求。
2. 应按邻近建（构）筑结构形式及其状况控制周边地面竖向变形。
3. 当邻近有重要管线或支护结构作为永久性结构时，其水平变形和竖向变形应按满足其正常工作的要求控制。
4. 当无明确要求时，最大水平变形限值：一级基坑为 $0.002h$，二级基坑为 $0.004h$，三级基坑为 $0.006h$（h 为基坑开挖深度）。

第三节 基坑支护设计的主要内容

一、工程概况

在基坑支护设计中，设计的内容主要包括基坑周长、面积、开挖深度、设计使用年限、±0.00标高、自然地面标高及后两项的相互关系。

二、周边环境条件

1. 邻近建（构）筑物、道路及地下管线与基坑的位置关系。
2. 邻近建（构）筑物的工程重要性、层数、结构形式、基础形式、基础埋深、建设及竣工时间、结构完好情况及使用状况。
3. 邻近道路的重要性、交通负载量、道路特征、使用情况。
4. 地下管线（包括供水、排水、燃气、热力、供电、通信、消防等）的重要性、特征、埋置深度、走向、使用情况。

5. 环境平面图应标注与基坑之间的平面关系及尺寸；条件复杂时，还应画剖面图并标注剖切线及剖面号；剖面图应标注邻近建（构）筑物的埋深，地下管线的用途、材质、规格尺寸等。

三、工程地质、水文地质条件

1. 与基坑有关的地层描述，包括岩性类别、厚度、工程地质特征等。

2. 含水层的类型，含水层的厚度及顶、底板标高，含水层的富水性、渗透性、补给与排泄条件，各含水层之间的水力联系，地下水位标高及动态变化。

3. 地层简单且分布稳定时，可绘制一个剖面图；对于地层变化较大的场地，宜沿基坑周边绘制地层展开剖面图。图中标明基坑支护设计所需的各有关地层物理力学性质参数。

四、设计方案选择

1. 分析工程地质特征，指明应重点注意的地层。

2. 分析地下水特征，明确需进行降水或止水控制的含水层。

3. 分析基坑周边环境特征，预测基坑工程对环境的影响，明确需保护的邻近建（构）筑物、管线、道路等，提出相应的保护措施。

4. 结合上述分析，划分基坑安全等级；基坑周边条件差异较大者，应分段划分其安全等级，各分段可采用不同的支护方式。

根据上述分析，提出可行的支护和地下水控制设计方案。支护结构选型表见表 1－4。

表 1－4　支护结构选型表

结构形式	适用条件
排桩或地下连续墙	1. 基坑侧壁安全等级为一、二、三级； 2. 悬臂式结构在软土场地中不宜大于5 m； 3. 当地下水位高于基坑底面时，宜采用降水、排桩加截水帷幕或地下连续墙
水泥土墙	1. 基坑侧壁安全等级宜为二、三级； 2. 水泥土桩施工范围内地基土承载力不宜大于150 kPa； 3. 基坑深度不宜大于6 m
土钉墙	1. 基坑侧壁安全等级宜为二、三级的非软土场地； 2. 基坑深度不宜大于 12 m； 3. 当地下水位高于基坑底面时应采取降水或截水措施
逆作拱墙	1. 基坑侧壁安全等级宜为二、三级； 2. 淤泥和淤泥质土场地不宜采用； 3. 拱墙轴线的矢跨比不宜小于 1/8； 4. 基坑深度不宜大于12 m； 5. 地下水位高于基坑底面时应采取降水或截水措施
放坡	1. 基坑侧壁安全等级宜为三级； 2. 施工场地应满足放坡条件； 3. 可独立或与上述其他结构结合使用； 4. 当地下水位高于坡脚时应采取降水措施

五、支护结构设计

(一)排桩支护

排桩支护设计需考虑桩型、桩径、桩间距、桩长、嵌固深度及桩顶标高;桩身混凝土强度等级及配筋情况;冠梁的截面尺寸、配筋及顶面标高。

(二)锚杆

锚杆设计需考虑锚杆直径、自由段、锚固段及锚杆总长;锚杆间距、倾角、标高及数量;锚杆杆体材质、注浆材料及其强度等级,锚杆与连梁或压板的连接;锚杆轴向拉力设计值、锁定值。

(三)土钉墙支护

土钉墙支护设计需考虑边坡开挖坡率,各层土钉的设置标高,水平向、垂直向间距;各层土钉直径、长度、倾角、杆体材料规格、注浆材料及其强度等级;面层钢筋网、加强筋、混凝土强度、厚度、土钉与面层的连接方式等。

六、地下水控制设计

基坑降水设计包括降水方法、基坑涌水量、井间距、井数量及井位、井径、井深、过滤网、滤料;降水维持时间;地下水位、出水含砂量监测;地面沉降的估算及其对周边环境影响的评价、相应的保护措施;降水设备及连接管线;坑内降水时,降水井与地下室底板的连接方式及防渗处理措施、降水结束后的封井要求等。

基坑截水设计包括截水范围、方法及其工艺参数等。

七、基坑支护施工与质量控制要点

制定施工场地的硬化标准;制定地表水控制要求、地下水控制施工工艺及质量标准;制定土钉墙、护坡桩、锚杆等工艺流程及质量标准;制定土方开挖顺序及要求;制定材料质量及其控制措施;制定人员、机械设备的组织管理要求;制定季节性施工技术措施;制定需特殊处理的工序及注意事项。

八、监控方案与应急预案

(一)监控方案

监控方案包括基坑支护结构及周边环境监测点平面布置图,监控项目的监测方法,基准点、监测点的位置及埋设方式,监测精度,变形控制值、报警值,监测周期及监测仪器设备的名称、型号、精度等级,中间监测成果的提交时间和主要内容。

(二)应急预案

根据基坑周边环境、地质资料及支护结构特点,对施工中可能发生的情况逐一加以分析说明,制订具体可行的应急、抢险方案。

九、计算书

计算书是基坑工程设计中非常重要的组成部分,应包括以下内容:

1. 基坑支护设计参数：基坑深度、地下水位深度、土钉墙放坡角度、超载类型及超载值，基坑侧壁重要性系数等。

2. 基坑相关土层名称及其参数取值，土压力计算模式，水土合算或水土分算。

3. 当采用计算机软件计算时，应注明所采用的计算机软件名称。

4. 计算结果应包括的内容。

（1）排桩：桩径、桩间距、桩长及嵌固深度；最大弯矩及其位置；最大位移及其位置；配筋量及配筋方式；支护结构受力简图。

（2）锚杆：自由段、锚固段长度；直径、倾角与锚杆杆体材料、数量；受拉承载力设计值。

（3）土钉墙：土钉位置及长度；水平向、垂直向间距；各层土钉直径、倾角、杆体材料规格；土钉抗拉承载力设计值；土钉墙整体稳定分析验算；必要时进行变形计算。

十、施工图

施工图应包括以下内容：

1. 设计说明。设计使用年限、周边环境设计条件及需要说明的其他事项。

2. 基坑周边环境条件图。建（构）筑物的平面分布、尺寸、基底埋深、使用状况等；道路与基坑之间的平面关系、尺寸；地下管线的用途、材质、管径尺寸、埋深等。

3. 基坑支护平面布置图。

（1）支护桩平面布置，应标明桩的编号、桩径、桩间距及平面位置，桩中心线与建（构）筑物边轴线及基础承台或底板外边线的位置关系。

（2）锚杆平面布置标明锚杆编号、锚杆间距及平面位置。

（3）土钉墙平面布置标明建（构）筑物边轴线，基础边承台或底板边线，基坑开挖上边线、下边线及其与建筑物边轴线的位置关系。

4. 基坑支护结构立面图。

（1）排桩立面图标明排桩的布置、冠梁标高、冠梁与上部结构的关系（如土钉墙、砖墙）、锚杆布置及其标高等。

（2）土钉墙立面图标明面层钢筋网、加强筋、土钉的间距及连接方式。

5. 基坑支护结构剖面图及局部大样图。

（1）基坑支护结构剖面图应标明自然地面标高、槽底标高、桩顶桩底标高、周围建（构）筑物管线等情况。

（2）支护桩的竖向、横向截面配筋图应标明配筋数量，钢筋布置形式，钢筋规格、级别、保护层厚度等，非对称配筋时应在配筋图上明确标示方向。

（3）冠梁施工图包括梁的截面尺寸、梁顶标高、混凝土强度及配筋图等。

（4）人工挖孔桩应提交护壁设计施工图。当采用钢筋混凝土护壁时，应标明混凝土强度等级及配筋。

（5）锚杆剖面详图标明锚杆设置标高，锚杆自由段、锚固段长度及总长，锚杆直径、倾角及锚杆杆体材料、数量，锚杆与连梁或压板的连接等；锚杆施工说明，应对锚杆浆体材料、配比、浆体设计强度、注浆压力及受拉承载力设计值等加以说明；对锚杆的基本试验及验收提出具体要求。

（6）土钉墙剖面图标明自然地面标高，边坡开挖坡率，各层土钉设置标高，各层土钉直径、长度、倾角、杆体材料规格及面层混凝土强度、厚度等；土钉与面板连接大样图应采用可靠的连接构造形式，依据土钉受力大小，土钉与加强筋宜采用┐┌形或L形焊接，或其他可靠连接形式。土钉墙施工说明应对土钉浆体材料、配比、浆体设计强度等加以说明。

6. 基坑降水平面布置图。基坑降水平面布置图标明井的类型、编号、间距，排水系统及供电系统布设等。

7. 降水井及观测井结构大样图。降水井及观测井结构大样图标明井的直径、实管和滤水管的长度、井的深度、滤料、过滤网、膨润土的回填深度和标高。

8. 基坑监测点布置平面图。

第四节　基坑岩土工程勘察

岩土工程勘察所提供的报告和资料是做好基坑工程设计与施工的重要依据，基坑工程勘察宜与建筑地基岩土勘察同步进行，勘察任务书的制定应综合考虑基坑工程设计、施工的特点与内容。

一、基坑勘察的基本内容

1. 查明场地的地层结构与成因类型、岩土层性质及夹砂情况。

2. 确定各有关岩土层的物理力学性质指标及基坑支护设计施工所需要的有关参数。

3. 查明地下水的类型、埋藏条件、水位及土层的渗透性，提供基坑地下水治理设计所需的有关资料。

4. 查明基坑周边环境情况。

(1)查明基坑周边一定范围内的建(构)筑物现状情况和质量情况等。

(2)查明基坑周边一定范围内的给排水及供电供气和通信等管线系统的分布、走向及其与基坑边线的距离，管线系统的材质、接头类型、管内流体压力大小、埋设时间等。

(3)查明场地周围地表和地下水体的分布、水位标高、距基坑距离、补给与排泄关系，估计其对基坑工程可能造成的影响等。

(4)查明基坑周围道路的距离、路宽、车流量及载重情况。

(5)查明土坡、河渠情况及其与基坑的平面位置关系。

5. 在取得勘察资料的基础上，针对基坑特点，进行岩土工程评价。只有通过比较全面的分析评价，才能使支护方案选择的建议更为确切，更有依据。应针对以下内容进行分析，从而提供有关计算参数和建议：

(1)边坡的局部稳定性、基坑的整体稳定性和坑底抗隆起稳定性。

(2)坑底和侧壁的渗透稳定性。

(3)挡土结构和边坡可能发生的变形。

(4)降水效果及降水对环境的影响。

(5)开挖和降水对邻近建筑物和地下设施的影响。

岩土工程勘察报告中与基坑工程有关的部分应包括下列内容：

(1)与基坑开挖有关的场地条件、土质条件和工程条件。

(2)提出处理方式、计算参数和支护结构选型的建议。

(3)提出地下水控制方法、计算参数和施工控制的建议。

(4)提出施工方法和施工中可能遇到的问题,并提出防治措施。

(5)对施工阶段的环境保护和监测工作的建议。

二、基坑现场勘探

现场勘探包括掘探、钻探、触探、物探四大类。钻探是目前最常用、最广泛、最有效的一种手段,它利用钻探设备和工具,从钻孔中取出土石试样,以测定岩土物理力学性质,鉴别和划分地层。触探和物探既是勘探方法,同时也是测试手段。触探可以确定地基土的物理力学性质,选择桩基持力层和确定桩的承载力。物探可以探明古河道或暗浜的界面以及地下障碍物等。

基坑工程岩土勘察范围应根据开挖深度及场地的岩土工程条件确定,一般要在开挖边界外按开挖深度的 1 ~3 倍均匀布置勘探点。对于软土,勘察范围应予以适当扩大。勘探点应布置在基坑周围,其间距应根据地层复杂程度和基坑侧壁安全等级而定,一般为 20 ~30 m,每个剖面一般不少于 3 个勘探点,地层变化较大时,应增加勘探点以查明地层分布规律。勘探深度应满足基坑支护结构设计的要求,当有较厚软土层或降水设计需要时,勘探深度应穿过软土层或含水层。

三、基坑勘察测试的内容

测试参数应能满足基坑支护和降水的设计与施工需要,一般应进行下列试验与测试:

1. 土的常规物理力学试验指标的测定。

2. 颗粒分析试验,以确定砂粒、粉粒及黏粒的含量和不均匀系数 $C_u = d_{60}/d_{10}$,以便评价土层管涌、潜蚀及流土的可能性。

3. 压缩试验。室内压缩试验提供压缩性指标(如压缩系数与压缩模量),用以计算沉降量。考虑深基坑开挖的卸荷再加荷影响,应进行回弹试验。考虑应力历史进行沉降计算,应确定先期固结压力、压缩指数与回弹指数。

对深厚高压缩性软土上的重要建筑物,应测定次固结系数,用以计算次固结沉降。

当进行应力应变分析时,应进行三轴压缩试验,为非线性弹性、弹塑性模型提供计算参数。

4. 抗剪强度试验。土的抗剪强度指标黏聚力 c 和内摩擦角 φ 可选用原状土室内剪切试验、现场剪切试验,对饱和软黏土可采用十字板剪切试验和静力触探试验。对重要工程应采用三轴剪力试验。饱和黏性土当加荷速率较快时,采用不固结不排水试验。当土体排水速率快且施工较慢时,可采用固结不排水试验。当需要提供有效应力抗剪强度指标时,应采用固结不排水测孔隙水压力试验。

5. 渗透系数的测定。对重要工程应采用现场抽水试验或注水试验测定土的渗透系数。一般工程可进行室内渗透试验,测定土层垂直向渗透系数 k_v 和水平向渗透系数 k_h。砂土和碎石土可用常水头试验,粉土和黏性土可用变水头试验。透水性很低的软土可通过固结试验测定。

6. 有机质试验。土按有机质含量,可分为无机土、有机质土、泥炭质土与泥炭等。土的有机质含量可采用烧失量试验或重铬酸钾容量法测定。

7. 地基系数的测定。对一般工程可按有关规范确定竖向地基土反力系数的比例系数 m_0 及水平反力系数的比例系数 m。对重要工程可采用平板载荷试验或旁压试验确定。

第二章　常见基坑支护形式的设计

第一节　大开挖基坑工程

大开挖基坑工程是指不采用支撑而采用直立或放坡进行开挖的基坑工程，由于其费用低、工期短，是人们首先考虑的基坑开挖方式。其开挖方式可分为竖直开挖和放坡开挖。

一、竖直开挖

该法适用于开挖深度不大、无地下水、基坑土质条件较好的场地。竖直开挖时坑壁自然稳定的最大临界深度 H_c 可按下式计算：

$$H_c = \frac{2c}{\gamma\sqrt{K_a}} \tag{2-1}$$

式中　c——坑壁土的黏聚力（kPa）；

γ——坑壁土的重度（kN/m^3）；

K_a——主动土压力系数，当基坑侧壁的顶部地表面与水平夹角 $\beta = 0°$ 时，$K_a = \tan^2\left(45° - \frac{\varphi}{2}\right)$（其中，$\varphi$ 为坑壁土的内摩擦角标准值（°））；当 $\beta > 0°$ 时，采用库仑主动土压力系数。

使用式（2－1）时，宜采用1.2～1.5的安全系数。当基坑附近有超载时，应重新验算坑壁的稳定性；当坑壁因失水或吸水等原因形成裂缝时，式（2－1）不成立；对黄土及具有裂隙的胀缩性土，式（2－1）不适用。

无地下水时各中软土竖直开挖的允许高度也可参考表2－1。

表2－1　无地下水时各中软土竖直开挖的允许高度

土层类别	高度允许值/m
密实、中密的砂土和碎石类土（充填物为砂土）	1.00
硬塑、可塑的粉质黏土及黏质粉土	1.25
硬塑、可塑的黏性土和碎石类土（充填物为黏性土）	1.50
坚硬的黏性土	2.00

二、放坡开挖

（一）放坡开挖分类

无支护的放坡开挖，是另一种普遍采用的基坑开挖方法。其开挖深度可深可浅，主要取决于场地条件。放坡开挖可根据地下水条件及排水方式分为无地下水的一般放坡开挖、明沟排水放坡开挖和井点降水放坡开挖(表2-2)。

表2-2　放坡开挖分类

分类	适用条件
无地下水的一般放坡开挖	适用于地下水在开挖深度以下。对于坑底以下存在承压水时,应判明是否会产生基坑突涌破坏
明沟排水放坡开挖	适用于地下水为潜水型、涌水量较小、坑壁土及坑底土不会产生流沙、管涌、基坑突涌的场地条件
井点降水放坡开挖	当地下水埋深较浅、基坑开挖较深或由于地下水的存在可能产生流沙、管涌、基坑突涌等不良现象时,可采用井点降水放坡开挖。使用该法时应特别注意降水对周边建(构)筑物产生的不良影响

(二)开挖坡度确定

放坡开挖时的坡度直接影响坑壁的稳定性和土方量的大小,一般可按下述三种方法确定坡度:

1. 查表法。对开挖深度不大,基坑周围无较大地表荷载时,开挖坡度可按表2-3选用。

表2-3　开挖允许坡度(垂直:水平)

坑壁土类型	状态	边坡高度	
		6 m以内	10 m以内
软质岩石	微风化	1:0.0	1:0.10
	中等风化	1:0.10	1:0.20
	强风化	1:0.20	1:0.25
碎石类土	密实	1:0.20	1:0.25
	中密	1:0.25	1:0.30
	稍密	1:0.30	1:0.40
黏性土	坚硬	1:0.35	1:0.50
	硬塑	1:0.45	1:0.55
	可塑	1:0.55	1:0.65
粉土	$S_r<0.5$	1:0.45	1:0.55

注:S_r 为土的饱和度。

砂性土的坡度可根据当地经验,参照自然休止角确定,表2-3不适用于黄土、胀缩性裂隙土。

2. Taylor法。该法建立在总应力基础上,并假定坑壁土的黏聚力不随深度而变化。对于一个给定的土的内摩擦角值，边坡的临界高度由下式确定：

$$H_c = N_s \frac{c}{\gamma} \tag{2-2}$$

式中 H_c——边坡的临界高度（m）；

N_s——稳定系数；

c——坑壁土的黏聚力（kPa）；

γ——坑壁土的重度（kN/m^3）。

3. 条分法。条分法是先找出滑动圆心 O，画出滑动圆弧后，将滑动圆弧分成若干宽度相等的土条（一般可取每一土条宽度 $b_i = (1/20 \sim 1/10)R$，R 为滑动半径）。取任一土条 i 为脱离体，则作用在土条 i 上的力有土条自重 W_i、该土条上的荷载 Q_i、滑动面 ef 上的法向反力 N_i 和切向反力 T_i，有地下水时还有孔隙水压力 U_i，以及竖直面上的法向力 E_{1i}、E_{2i} 和切向力 F_{1i}、F_{2i}。这一受力体系是超静定的，为了简化计算，设 F_{1i}、F_{2i} 的合力和 E_{1i}、E_{2i} 的合力相等且作用在同一直线上。这样，由土条的静力平衡条件可得作用在 ef 面上的法向应力 σ_i 及剪应力 τ_i 分别为

$$\sigma_i = \frac{N_i}{l_i} = (W_i + Q_i)\frac{\cos \alpha_i}{l_i} \tag{2-3}$$

$$\tau_i = \frac{T_i}{l_i} = (W_i + Q_i)\frac{\sin \alpha_i}{l_i} \tag{2-4}$$

当有地下水时，土的有效应力 $\sigma'_i = \sigma_i - U_i$，土条 ef 面上的抗剪力 S_i 为

$$S_i = (c'_i + \sigma'_i \tan \varphi'_i) l_i = c'_i l_i + [(W_i + Q_i)\cos \alpha_i - U_i l_i] \tan \varphi'_i \tag{2-5}$$

式中 c'_i——土的有效黏聚力（kPa）；

φ'_i——土的有效内摩擦角（°）；

α_i——分条的坡角（°）。

（三）边坡失稳的防治措施

当安全系数不能满足要求时，应采取以下几项措施：

1. 边坡修坡。改变边坡外形，将边坡修缓或修成台阶形。这种方法的目的是减少基坑边坡的下滑力，因此必须结合在坡顶卸载（包括卸土）才更有效。

2. 设置边坡护面。设置基坑边坡混凝土护面的目的是控制地表水经裂缝渗入边坡内部，从而减少因水的因素导致土体软化和孔隙水压力上升的可能性。护面可以做成 10 cm 混凝土面层。为增加边坡护面的抗裂强度，内部可以配置一定的构造钢筋。

3. 边坡坡脚抗滑加固。当基坑开挖深度大，而边坡又因场地限制不能继续放缓时，可以对边坡抗滑范围的土层进行加固。采用的方法有设置抗滑桩、旋喷桩、分层注浆法、深层搅拌桩等。采用这种方法的时候必须注意加固区应穿过滑动面并在滑动面两侧保持一定范围，一般地，对于混凝土抗滑桩此长度应大于 5 倍桩径。

第二节　支挡式结构

以挡土构件和锚杆或支撑为主的，或仅以挡土构件为主的支护结构称为支挡式结构。

按照内部支撑或外部锚拉情况，支挡式结构分为五种形式：悬臂式、支撑式、锚拉式、双排桩、支护结构与主体结构结合的逆作法。

比较准确的计算方法是采用空间结构分析方法，对支挡式结构进行整体分析或采用数值分析，但建模的前处理、后处理及计算的工作量偏大。

对于悬臂式支挡结构、双排桩支挡结构，宜采用平面杆系结构弹性支点法进行结构分析。

对于支撑式支挡结构，可分解为挡土结构、内支撑结构分别进行分析，对挡土结构宜采用平面杆系结构弹性支点法进行分析，内支撑结构按平面结构进行分析。挡土结构传至内支撑的荷载取挡土结构分析时得出的支点力，对挡土结构和内支撑结构分别进行分析时，应考虑其相互之间的变形协调。

对于锚拉式支挡结构，将整个结构分解为挡土结构、锚拉结构（锚杆及腰梁、冠梁）分别进行分析，挡土结构宜采用平面杆系结构弹性支点法进行分析，作用在锚拉结构上的荷载应取挡土结构分析时得出的支点力。

一、支挡式结构的计算简图

支挡式结构设计的主要内容有计算主动土压力和被动土压力并确定计算简图，确定嵌固深度、内力计算、支护桩或墙的截面设计以及压顶梁（冠梁）的设计等。目前推荐采用平面杆系结构的弹性支点法，其计算简图如图 2－1 所示。

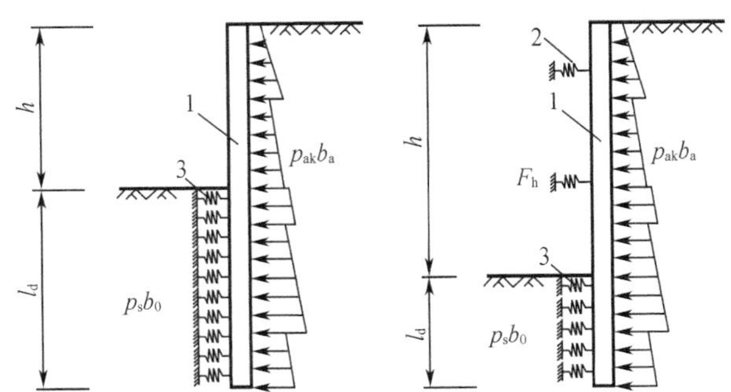

1—挡土构件；2—弹性支座；3—计算土反力的弹性支座。

图 2－1　弹性支点法计算简图

（一）主动土压力计算

主动土压力强度标准值（p_{ak}）可按有关规定确定。

对于地下水位以上或水土合算的土层：

$$p_{ak}=\sigma_{ak}K_{a,i}-2c_i\sqrt{K_{a,i}} \tag{2-6}$$

式中　p_{ak}——支护结构外侧，第 i 层土中计算点的主动土压力强度标准值（kPa）；当 $p_{ak}<0$ 时，应取 $p_{ak}=0$；

σ_{ak}——支护结构外侧计算点的土中竖向应力标准值（kPa）；

$K_{a,i}$——第 i 层土的主动土压力系数；

c_i——第 i 层土的黏聚力（kPa）。

对于水土分算的土层：

$$p_{ak}=(\sigma_{ak}-u_a)K_{a,i}-2c_i\sqrt{K_{a,i}}+u_a \tag{2-7}$$

其中，u_a为支护结构外侧计算点的水压力(kPa)。

（二）被动土反力分布

排桩嵌固段上的分布土反力p_s和初始土反力p_{s0}的计算宽度b_0按下列规定取值。

作用在挡土构件上的分布土反力可按下式计算：

$$p_s=k_sv+p_{s0} \tag{2-8}$$

式中 p_s——分布土反力(kPa)；

k_s——土的水平反力系数(kN/m^3)；

v——挡土构件在分布土反力计算点的水平位移值(m)；

p_{s0}——初始土反力(kPa)。

按式(2-8)计算的挡土构件嵌固段上的基坑内侧分布土反力P_s(kPa)应小于被动土压力合力E_p(kN)，即

$$P_s<E_p \tag{2-9}$$

当不符合式(2-9)时，应增加挡土构件的嵌固长度或取$P_s=E_p$时的分布土反力。

作用在挡土构件嵌固段上的基坑内侧初始土反力可按式(2-6)和式(2-7)计算，但应将式(2-6)和式(2-7)中的p_{ak}用p_{s0}代替、σ_{ak}用σ_{pk}代替、u_a用u_p代替，且不计$2c_i\sqrt{K_{a,i}}$项，即

水土合算：$$p_{s0}=\sigma_{pk}K_{a,i}$$

水土分算：$$p_{s0}=(\sigma_{pk}-u_p)K_{a,i}+u_p$$

挡土构件内侧嵌固段上土的水平反力系数可按下式计算：

$$k_s=m(z-h) \tag{2-10}$$

式中 m——土的水平反力系数的比例系数(kN/m^4)；

z——计算点距自然地面的深度(m)；

h——计算工况下的基坑开挖深度(m)。

土的水平反力系数的比例系数m宜按桩的水平荷载试验及地区经验取值，缺少试验和经验时，可按下列经验公式计算：

$$m=(0.2\varphi^2-\varphi+c)/v_b \tag{2-11}$$

其中，v_b为挡土构件在坑底处的水平位移值(mm)，当此处的水平位移值不大于10 mm时，可取$v_b=10$ mm。

锚杆和内支撑对挡土构件的作用应按下式确定：

$$F_h=k_R(v_R-v_{R0})+P_h \tag{2-12}$$

式中 F_h——挡土构件计算宽度内的弹性支点水平反力(kN)；

k_R——计算宽度内的弹性支点刚度系数(kN/m)；

v_R——挡土构件在支点处的水平位移值(m)；

v_{R0}——设置支点时，支点的初始水平位移值(m)；

P_h——挡土构件计算宽度内的法向预加力(kN)；采用锚杆或竖向斜撑时，取$P_h=Pb_a\cos\alpha/s$；采用水平对撑时，取$P_h=Pb_a/s$；对不预加轴向压力的支撑，取

$P_h=0$；锚杆的预加轴向拉力值 P 宜取 $0.75N_k\sim0.9N_k$，支撑的预加轴向压力值 P 宜取 $0.5N_k\sim0.8N_k$（此处，P 为锚杆的预加轴向拉力值或支撑的预加轴向压力值，α 为锚杆倾角或支撑仰角，b_a为结构计算宽度，s 为锚杆或支撑的水平间距，N_k为锚杆轴向拉力标准值或支撑轴向压力标准值）。

1. 锚拉式支挡结构的弹性支点刚度系数计算。通过锚杆抗拔试验按下式计算：

$$k_R=(Q_2-Q_1)b_a/[(s_2-s_1)/s] \tag{2-13}$$

式中　Q_1、Q_2——锚杆循环加荷或逐级加荷试验中 $Q-s$ 曲线上对应锚杆锁定值与轴向拉力标准值的荷载值（kN）；进行预张拉时，应取在相当于预张拉荷载的加载量下卸载后的再加载曲线上的荷载值；

s_1、s_2——分别为 $Q-s$ 曲线上对应于荷载为 Q_1、Q_2的锚头位移值（m）；

b_a——结构计算宽度（m）；

s——锚杆水平间距（m）。

对拉伸型钢绞线锚杆或普通钢筋锚杆，在缺少试验时，弹性支点刚度系数也可按下式计算：

$$k_R=3E_sE_cA_p\bar{A}b_a/[(3E_c\bar{A}l_f+E_sA_pl_a)s] \tag{2-14}$$

$$E_c=[E_sA_p+E_m(\bar{A}-A_p)]/\bar{A} \tag{2-15}$$

式中　E_s——锚杆杆体的弹性模量（kPa）；

E_c——锚杆的复合弹性模量（kPa）；

A_p——锚杆杆体的截面面积（m^2）；

$\bar{A}$——锚杆固结体的截面面积（m^2）；

l_f——锚杆的自由段长度（m）；

l_a——锚杆的锚固段长度（m）；

E_m——锚杆固结体的弹性模量（kPa）。

当锚杆腰梁或冠梁的挠度不可忽略不计时，尚应考虑其挠度对弹性支点刚度系数的影响。

2. 支撑式支挡结构的弹性支点刚度系数计算。一般通过对内支撑结构整体进行线弹性结构分析得出的支点力与水平位移的关系确定弹性支点刚度系数。对水平对撑，当支撑腰梁或冠梁的挠度可忽略不计时，计算宽度内弹性支点刚度系数可按下式计算：

$$k_R=\alpha_R EA'b_a/(\lambda l_0 s) \tag{2-16}$$

式中　λ——支撑不动点调整系数，当支撑两对边基坑的土性、深度、周边荷载等条件相近，且分层对称开挖时，取 $\lambda=0.5$；当支撑两对边基坑的土性、深度、周边荷载等条件或开挖时间有差异时，对土压力较大或先开挖的一侧，取 $\lambda=0.5\sim1.0$，且差异大时取大值，反之取小值；对土压力较小或后开挖的一侧，取$(1-\lambda)$；当基坑一侧取 $\lambda=1$ 时，基坑另一侧应按固定支座考虑；对竖向斜撑构件，取 $\lambda=1$；

α_R——支撑松弛系数，对混凝土支撑和预加轴向压力的钢支撑，取 $\alpha_R=1.0$，对不预加轴向压力的钢支撑，取 $\alpha_R=0.8\sim1.0$；

E——支撑材料的弹性模量（kPa）；

A'——支撑截面面积（m^2）；

l_0——受压支撑构件的长度（m）；

s——支撑水平间距(m)。

3. 排桩内侧的土反力计算宽度 b_0(图 2－2)。

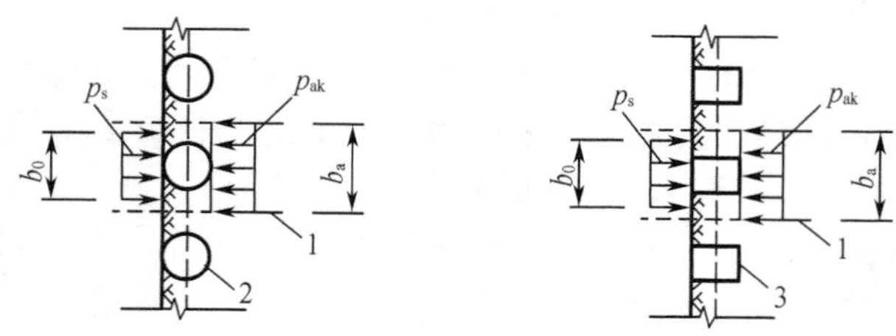

1—排桩对称中心线;2—圆形桩;3—矩形桩或工字形桩。

图 2－2　排桩内侧的土反力计算宽度

对于圆形桩

$$b_0 = 0.9(1.5d + 0.5) \quad (d \leqslant 1\ \text{m}) \tag{2-17}$$

$$b_0 = 0.9(d + 1) \quad (d > 1\ \text{m}) \tag{2-18}$$

对于矩形桩或工字形桩

$$b_0 = 1.5b + 0.5 \quad (b \leqslant 1\ \text{m}) \tag{2-19}$$

$$b_0 = b + 1 \quad (b > 1\ \text{m}) \tag{2-20}$$

式中　b_0——单桩土反力计算宽度(m);当按式(2－17)、式(2－18)、式(2－19)、式(2－20)计算的 b_0 大于排桩间距时,取 b_0 等于排桩间距;

d——桩的直径(m);

b——矩形桩或工字形桩的宽度(m)。

4. 排桩外侧的土压力计算宽度 b_a。排桩外侧土压力计算宽度 b_a 应取排桩间距,挡土结构采用地下连续墙且取单幅墙进行分析时,地下连续墙外侧的土压力计算宽度 b_a 应取包括接头的单幅墙宽度。

二、支挡式结构的嵌固稳定性

(一)悬臂式支挡结构的嵌固深度的验算

悬臂式支挡结构的嵌固深度 l_d 应符合下列嵌固稳定性的要求(图 2－3):

$$E_{pk}z_{p1} / (E_{ak}z_{a1}) \geqslant K_{em} \tag{2-21}$$

式中　K_{em}——嵌固稳定安全系数;安全等级为一级、二级、三级的悬臂式支挡结构,K_{em} 应分别不小于 1.25,1.2,1.15;

E_{ak}、E_{pk}——分别为基坑外侧主动土压力、基坑内侧被动土压力合力的标准值(kN);

z_{a1}、z_{p1}——分别为基坑外侧主动土压力、基坑内侧被动土压力合力作用点至挡土构件底端距离(m)。

对悬臂式支挡结构的嵌固深度验算,实际上是绕挡土构件底部转动的整体极限平衡,控制的是挡土构件的倾覆稳定性。

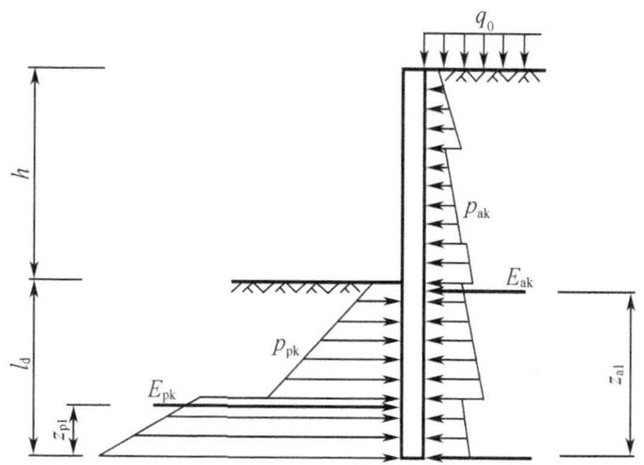

图 2－3　悬臂式支挡结构的嵌固稳定性验算

（二）单层锚杆和单层支撑的支挡式结构的嵌固深度的验算

单层锚杆和单层支撑的支挡式结构的嵌固深度 l_d 应符合下列要求（图 2－4）：

$$E_{pk}z_{p2}/(E_{ak}z_{a2}) \geqslant K_{em} \qquad (2-22)$$

式中　K_{em}——嵌固稳定安全系数；安全等级为一级、二级、三级的锚拉式支挡结构和支撑式支挡结构，K_{em}应分别不小于 1.25，1.2，1.15；

z_{a2}、z_{p2}——分别为基坑外侧主动土压力、基坑内侧被动土压方合力作用点至支点的距离（m）。

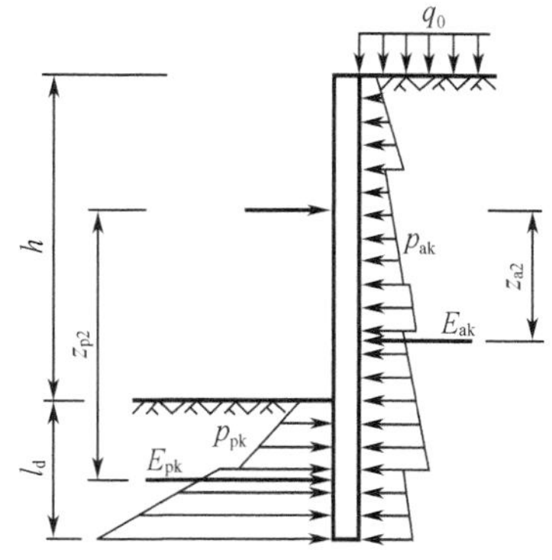

图 2－4　单支点结构的嵌固稳定性验算

对单支点结构的嵌固稳定性验算，实际上是绕上部单支点转动的整体极限平衡，控制的是挡土构件嵌固段的踢脚稳定性。

三、整体稳定性验算

锚拉式支挡结构的整体稳定性验算，以瑞典条分法边坡稳定性计算公式为基础，在力的极限平衡关系上，增加了锚杆拉力对圆弧滑动体圆心的抗滑力矩项。

其整体稳定性应符合下列规定（图 2－5）：

$$\min\{K_{s,1},K_{s,2},\cdots,K_{s,i},\cdots\}\geqslant K_s \tag{2-23}$$

$$K_{s,i}=\frac{\sum\{c_jl_j+[(q_jb_j+\Delta G_j)\cos\theta_j-u_jl_j]\tan\varphi_j\}+\sum R'_{k,k}[\cos(\theta_j+\alpha_k)+\phi_v]/s_{x,k}}{\sum(q_jb_j+\Delta G_j)\sin\theta_j} \tag{2-24}$$

式中 K_s——圆弧滑动整体稳定安全系数；安全等级为一级、二级、三级的锚拉式支挡结构，K_s应分别不小于1.35，1.3，1.25；

$K_{s,i}$——第i个滑动圆弧的抗滑力矩与滑动力矩的比值；抗滑力矩与滑动力矩之比的最小值宜通过搜索不同圆心及半径的所有潜在滑动圆弧确定；

c_j、φ_j——分别为第j土条滑弧面处土的黏聚力(kPa)、内摩擦角(°)；

b_j——第j土条的宽度(m)；

θ_j——第j土条滑弧面中点处的法线与垂直面的夹角(°)；

l_j——第j土条的滑弧段长度(m)，取$l_j=b_j/\cos\theta_j$；

q_j——作用在第j土条上的附加分布荷载标准值(kPa)；

ΔG_j——第j土条的自重(kN)，按天然重度计算；

u_j——第j土条在滑弧面上的孔隙水压力(kPa)；基坑采用落底式截水帷幕时，对地下水位以下的砂土、碎石土、粉土，在基坑外侧，可取$u_j=\gamma_w h_{wa,j}$，在基坑内侧，可取$u_j=\gamma_w h_{wp,j}$；在地下水位以上或对地下水位以下的黏性土，取$u_j=0$（其中，γ_w为地下水重度(kN/m^3)；$h_{wa,j}$为基坑外地下水位至第j土条滑弧面中点的垂直距离(m)；$h_{wp,j}$为基坑内地下水位至第j土条滑弧面中点的垂直距离(m))；

$R'_{k,k}$——第k层锚杆对圆弧滑动体的极限拉力值(kN)；应取锚杆在滑动面以外的锚固体极限抗拔承载力标准值与锚杆杆体受拉承载力标准值($f_{ptk}A_p$或$f_{yk}A_s$)的较小值；

α_k——第k层锚杆的倾角(°)；

$s_{x,k}$——第k层锚杆的水平间距(m)；

ϕ_v——计算系数，可按$\phi_v=0.5\sin(\theta_k+\alpha_k)\tan\varphi$取值，此处$\varphi$为第$k$层锚杆与滑弧交点处土的内摩擦角(°)。

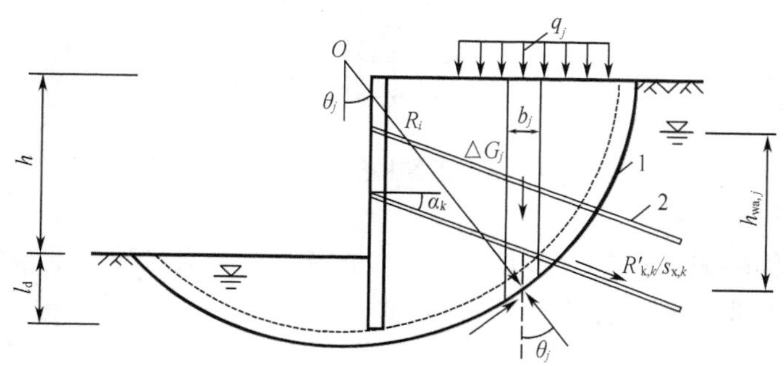

1—任意圆弧滑动面；2—铺杆。

图2-5 圆弧滑动条分法整体稳定性验算

对悬臂式、双排桩支挡结构，采用式（2－24）时不考虑 $\sum R'_{k,k}[\cos(\theta_j+\alpha_k)+\phi_v]/s_{x,k}$ 项。

当挡土构件底端以下存在软弱下卧层时，整体稳定性验算滑动面中尚应包括由圆弧与软弱土层层面组成的复合滑动面。

四、抗隆起稳定性验算

对深度较大的基坑，当嵌固深度较小、土的强度较低时，土体从挡土构件底端以下向基坑内隆起挤出是锚拉式、支撑式支挡结构的一种典型破坏模式。抗隆起稳定性的验算方法，目前常用的是地基极限承载力的 Prandtl（普朗德尔）极限平衡理论公式。

抗隆起稳定性可按下式验算（图 2－6、图 2－7）：

$$\frac{\gamma_{m2}DN_q+cN_c}{\gamma_{m1}(h+D)+q_0}\geqslant K_{he} \tag{2-25}$$

$$N_q=\tan^2\left(45^\circ+\frac{\varphi}{2}\right)e^{\pi\tan\varphi} \tag{2-26}$$

$$N_c=(N_q-1)/\tan\varphi \tag{2-27}$$

式中　K_{he}——抗隆起安全系数；安全等级为一级、二级、三级的支护结构，K_{he}应分别不小于 1.8，1.6，1.4；

γ_{m1}——基坑外挡土构件底面以上土的重度（kN/m^3）；对地下水位以下的砂土、碎石土、粉土取浮重度；对多层土取各层土按厚度加权的平均重度；

γ_{m2}——基坑内挡土构件底面以上土的重度（kN/m^3）；对地下水位以下的砂土、碎石土、粉土取浮重度；对多层土取各层土按厚度加权的平均重度；

D——基坑底面至挡土构件底面的土层厚度（m）；

h——基坑开挖深度（m）；

q_0——地面均布荷载（kPa）；

N_q、N_c——承载力系数；

c、φ——分别为挡土构件底面以下土的黏聚力（kPa）、内摩擦角（°）。

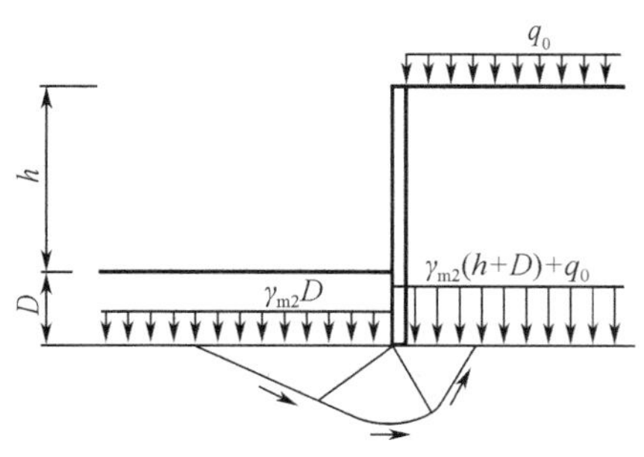

图 2－6　挡土构件底端平面下土的抗隆起稳定性验算

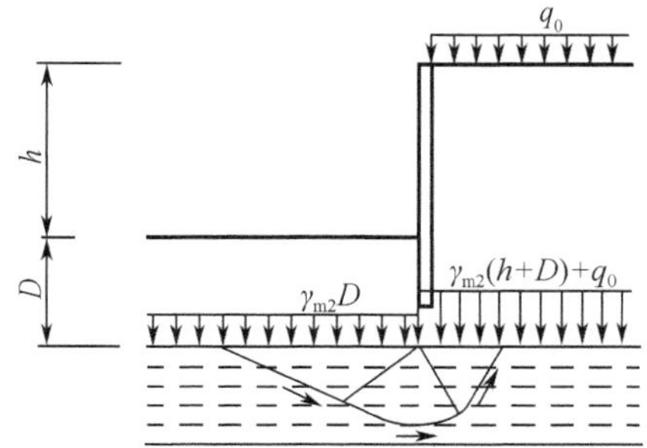

图 2－7　软弱下卧层的抗隆起稳定性验算

当挡土构件底面以下有软弱下卧层时，抗隆起稳定性验算的部位尚应包括软弱下卧层，式（2－25）中的 γ_{m1}、γ_{m2}应取软弱下卧层顶面以上土的重度（图 2－7），D 应取基坑底面至软弱下卧层顶面的土层厚度。

悬臂式支挡结构可不进行抗隆起稳定性验算。

锚拉式支挡结构和支撑式支挡结构，当坑底以下为软土时，其嵌固深度应符合以最下层支点为转动轴心的圆弧滑动稳定性要求（图 2－8）：

$$\frac{\sum \left[c_j l_j + (q_j b_j + \Delta G_j)\cos\theta_j \tan\varphi_j \right]}{\sum (q_j b_j + \Delta G_j)\sin\theta_j} \geqslant K_{\mathrm{RL}} \tag{2-28}$$

式中 K_{RL}——以最下层支点为轴心的圆弧滑动稳定安全系数；安全等级为一级、二级、三级的支挡式结构，K_{RL}应分别不小于 2.2，1.9，1.7；

c_j、φ_j——分别为第 j 土条在滑弧面处土的黏聚力（kPa）、内摩擦角（°）；

l_j——第 j 土条的滑弧段长度（m），取 $l_j = b_j/\cos\theta_j$；

q_j——作用在第 j 土条上的附加分布荷载标准值（kPa）；

b_j——第 j 土条的宽度（m）；

θ_j——第 j 土条滑弧面中点处的法线与垂直面的夹角（°）；

ΔG_j——第 j 土条的自重（kN），按天然重度计算。

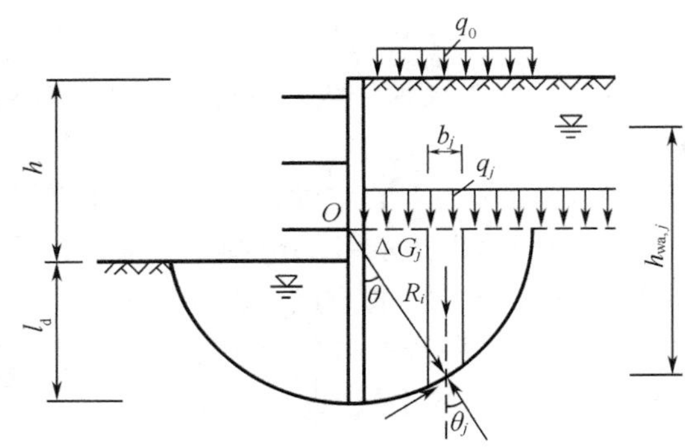

图 2－8　以最下层支点为轴心的圆弧滑动稳定性验算

基坑采用悬挂式截水帷幕或坑底以下存在水头高于坑底的承压含水层时，应进行地下水渗透稳定性验算。

五、地下连续墙

地下连续墙是利用特制的成槽机械在泥浆（又称稳定液，如膨润土泥浆）护壁的情况下进行开挖，形成一定槽段长度的沟槽，再将在地面上制作好的钢筋笼放入槽段内，采用导管法进行水下混凝土浇筑，完成一个单元的墙段，各墙段之间采用特定的接头方式相互连接，形成一道连续的地下钢筋混凝土墙。地下连续墙具有刚度大、整体性好、抗渗能力强、低噪声和低震动等显著的优点，被公认为是深基坑工程中最佳的挡土结构之一，但也存在弃土和废泥浆处理、粉砂地层易引起槽壁坍塌及渗漏等问题。

目前在工程中应用的地下连续墙的结构形式主要有壁板式地下连续墙、T 形地下连续墙、┌┐形地下连续墙、格形地下连续墙、预应力或非预应力 U 形折板地下连续墙等几种形式，地下连续的常用墙厚为 0.6 m、0.8 m、1.0 m 和 1.2 m，而随着挖槽设备大型化和施工工艺的改进，地下连续墙厚度可达 2.0 m 以上。

确定地下连续墙单元槽段的平面形状和成槽宽度时需考虑众多因素，如墙段的结构受力特性、槽壁稳定性、周边环境的保护要求和施工条件等,需结合各方面的因素综合确定。一般来说,壁板式一字形槽段宽度不宜大于 6 m,T 形、折线形等槽段各肢宽度总和不宜大于 6 m。

地下连续墙的正截面受弯承载力、斜截面受剪承载力应按国家标准《混凝土结构设计规范》(GB 50010—2010)的有关规定进行计算;对于圆筒形地下连续墙除需进行正截面受弯、斜截面受剪和竖向受压承载力验算外,尚需进行环向受压承载力验算。地下连续墙的混凝土设计强度等级宜取 C30 ~ C40。地下连续墙用于截水时,墙体混凝土抗渗等级不宜小于 P6,槽段接头应满足截水要求。

地下连续墙的纵向受力钢筋应沿墙身每侧均匀配置,可按内力大小沿墙体纵向分段配置,但通长配置的纵向钢筋不应小于总数的 50%;纵向受力钢筋宜采用 HRB335 级或 HRB400 级钢筋,直径不宜小于16 mm,净间距不宜小于75 mm。水平钢筋及构造钢筋宜选用 HPB235 级、HRB335 级或 HRB400 级钢筋,直径不宜小于12 mm,水平钢筋间距宜取 200 ~ 400 mm。

地下连续墙纵向受力钢筋的保护层厚度,在基坑内侧不宜小于 50 mm,在基坑外侧不宜小于 70 mm。

六、排桩和双排桩

(一)排桩

钢筋混凝土桩一般为圆形截面,抗弯纵筋有两种配置方式,可以沿周边均匀配置,也可沿受拉区和受压区周边局部均匀配置。

1. 当均匀配置纵向钢筋,且纵向钢筋数量不少于 6 根时,其正截面受弯承载力应符合下列规定:

$$M \leqslant \frac{2}{3} f_c A r \frac{\sin^3 \pi\alpha}{\pi} + f_y A_s r_s \frac{\sin \pi\alpha + \sin \pi\alpha_t}{\pi} \tag{2-29}$$

$$\alpha f_c A\left(1 - \frac{\sin 2\pi\alpha}{2\pi\alpha}\right) + (\alpha - \alpha_1) f_y A_s = 0 \tag{2-30}$$

$$\alpha_t = 1.25 - 2\alpha \tag{2-31}$$

式中　M——桩的弯矩设计值(kN · m);

f_c——混凝土轴心抗压强度设计值(kN/m²);当混凝土强度等级超过 C50 时,f_c 应用 $\alpha_1 f_1$ 代替,当混凝土强度等级为 C50 时,取 $\alpha_1 = 1.0$,当混凝土强度等级为 C80 时,取 $\alpha_1 = 0.94$,其间按线性内插法确定;

A——支护桩的截面面积(m²);

r——支护桩的半径(m);

α——对应于受压区混凝土截面面积的圆心角(rad)与 2π 的比值;

f_y——纵向钢筋的抗拉强度设计值(kN/m²);

A_s——全部纵向钢筋的截面面积(m²);

r_s——纵向钢筋重心所在圆周的半径(m);

α_t——纵向受拉钢筋截面面积与全部纵向钢筋截面面积的比值,当 $\alpha > 0.625$ 时,取 $\alpha_t = 0$。

2. 当局部均匀配置纵向钢筋，且纵向钢筋数量不少于 3 根时，其正截面受弯承载力应符合下列规定(图 2－9)：

$$M \leqslant \frac{2}{3}f_c A r \frac{\sin^3 \pi\alpha}{\pi} + f_y A_{sr} r_s \frac{\sin \pi\alpha_s}{\pi\alpha_s} + f_y A'_s r r_s \frac{\sin \pi\alpha'_s}{\pi\alpha'_s} \tag{2-32}$$

$$\alpha f_c A\left(1 - \frac{\sin 2\pi\alpha}{2\pi\alpha}\right) + f_y(A'_{sr} - A_{sr}) = 0 \tag{2-33}$$

式中 α_s——对应于受拉钢筋的圆心角(rad)与 2π 的比值；α_s 值宜在 1/6～1/3 选取，通常可取 0.25；

α'_s——对应于受压钢筋的圆心角(rad)与 2π 的比值，宜取$\leqslant 0.5\alpha$；

A_{sr}、A'_{sr}——分别为沿周边均匀配置在圆心角 $2\pi\alpha_s$、$2\pi\alpha'_s$ 内的纵向受拉、受压钢筋的截面面积(m^2)。

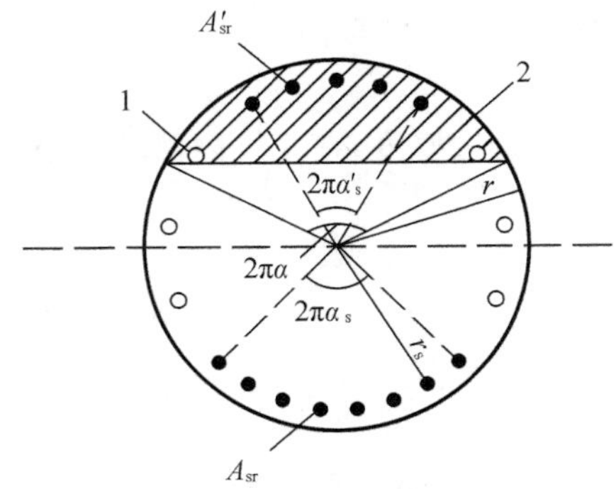

1—构造钢筋；2—混凝土受压区。

图 2－9 沿受拉区和受压区周边局部均匀配置纵向钢筋的圆形截面

混凝土受压区圆心半角的余弦应符合下列要求：

$$\cos \pi\alpha \geqslant 1 - \left(1 + \frac{r_s}{r}\cos \pi\alpha_s\right)\zeta_b \tag{2-34}$$

其中，ζ_b 为矩形截面的相对界限受压区高度。

计算的受压区混凝土截面面积的圆心角(rad)与 2π 的比值 α 宜符合下列条件：

$$\alpha \geqslant 1/3.5$$

当不符合上述条件时，其正截面受弯承载力可按下式计算：

$$M \leqslant f_y A_{sr}\left(0.78r + r_s \frac{\sin \pi\alpha_s}{\pi\alpha_s}\right) \tag{2-35}$$

沿圆形截面受拉区和受压区周边实际配置的均匀纵向钢筋的圆心角应分别取 $2\frac{n-1}{n}\pi\alpha_s$ 和 $2\frac{m-1}{m}\pi\alpha'_s$，$n$、$m$ 分别为受拉区、受压区配置均匀纵向钢筋的根数。

配置在圆形截面受拉区的纵向钢筋按全截面面积计算的最小配筋率不宜小于 0.2% 和 $0.45f_c/f_y$ 中的较大者。

3. 构造规定。

(1)挡土构件的嵌固深度，对悬臂式支挡结构，不宜小于 $0.8h$；对单支点支挡式结构，不宜小于 $0.3h$；对多支点支挡式结构，不宜小于 $0.2h$，h 为基坑开挖深度。

(2)支护桩顶部应设置混凝土冠梁。冠梁的宽度不宜小于桩径,高度不宜小于桩径的0.6倍。冠梁钢筋应符合《混凝土结构设计规范》(GB 50010—2010)对梁的构造配筋要求。

(3)圆形截面支护桩的斜截面承载力,可用截面宽度为1.76r和截面有效高度为1.6r的矩形截面代替圆形截面后,按矩形截面斜截面承载力的规定进行计算。

(4)桩身混凝土强度等级不宜低于C25;支护桩的纵向受力钢筋宜选用HRB400级、HRB335级钢筋,单桩的纵向受力钢筋不宜少于8根,净间距不应小于60 mm。

(二)双排桩

双排桩结构可采用图2－10所示的平面刚架结构模型进行计算。

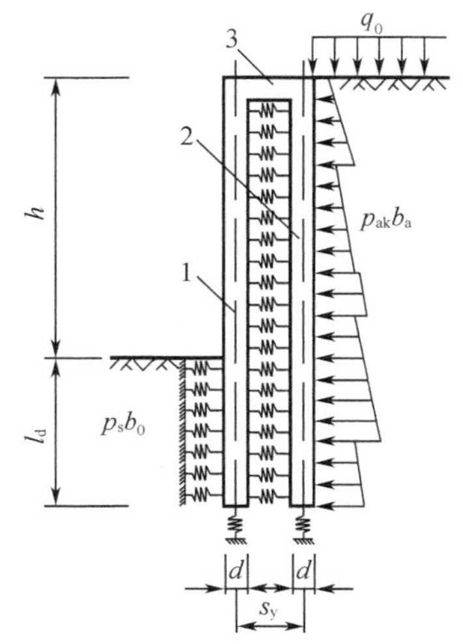

1—前排桩;2—后排桩;3—钢架梁。

图2－10　双排桩计算

1. 采用图2－11的结构模型时,作用在结构两侧的荷载与单排桩相同,不同的是如何确定夹在前、后排桩间土体的反力与变形关系,初始压力按桩间土自重占滑动体自重的比值关系确定。

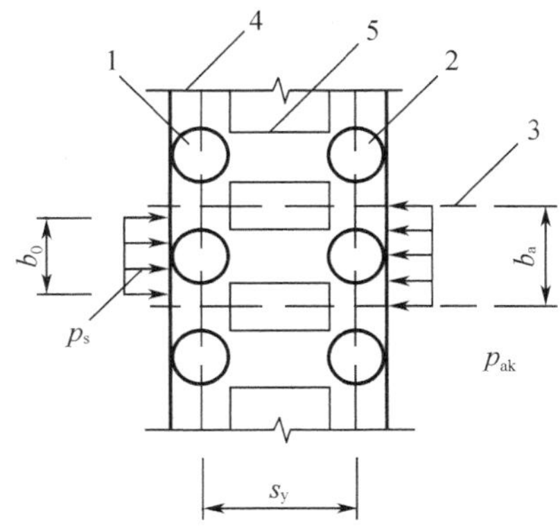

1—前排桩;2—后排桩;3—排桩对称中心线;4—桩顶冠梁;5—钢架梁。

图2－11　双排桩桩顶连梁布置

(1)前、后排桩间土体对桩侧的压力可按下式计算：

$$p'_s = k'_s \Delta v + p'_{s0} \tag{2-36}$$

式中 p'_s——前、后排桩间土体对桩侧的压力(kPa)；可按作用在前、后排桩上的压力相等考虑；

p'_{s0}——前、后排桩间土体对桩侧的初始压力(kPa)；

k'_s——桩间土的水平刚度系数(kN/m^3)；

Δv——前、后排桩水平位移的差值(m)；当其相对位移减小时为正值，当其相对位移增加时，取 $\Delta v = 0$。

(2)前、后排桩间土体对桩侧的初始压力 p'_{s0}(kPa)可按下式计算：

$$p'_{s0} = (2a - a^2)p_{ak} \tag{2-37}$$

$$a = (s_y - d)/\left[h\tan\left(45° - \frac{\varphi_m}{2}\right)\right] \tag{2-38}$$

式中 p_{ak}——支护结构外侧，第 i 层土中计算点的主动土压力强度标准值(kPa)；

h——基坑开挖深度(m)；

φ_m——基坑底面以上各层按土层厚度加权的内摩擦角平均值(°)；

a——计算系数，当计算 a 大于 1 时，取 $a = 1$。

(3)桩间土的水平刚度系数 k'_s(kN/m^3)可按下式计算：

$$k'_s = E_s/(s_y - d) \tag{2-39}$$

式中 E_s——计算深度处，前、后排桩间土体的压缩模量(kPa)；当为成层土时，应按计算点的深度分别取相应土层的压缩模量；

s_y——双排桩的排距(m)；

d——桩的直径(m)。

2. 双排桩的嵌固稳定性验算(图 2-12)问题与单排悬臂桩类似，应满足作用在后排桩上的主动土压力与作用在前排桩嵌固段上的被动土压力的力矩平衡条件。与单排桩不同的是，将双排桩与桩间土看作整体而将其作为力的平衡分析对象，并且考虑了土与桩自重的抗倾覆作用。

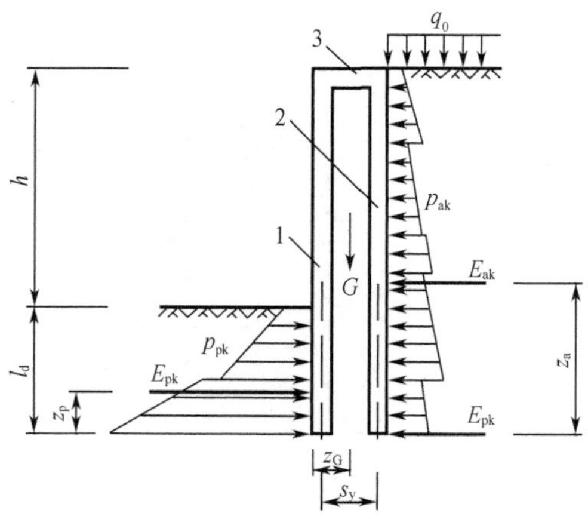

1—前排桩；2—后排桩；3—钢架梁。

图 2-12 双排桩的嵌固稳定性验算

$$(E_{pk}z_p + Gz_G)/(E_{ak}z_a) \geqslant K_{em} \tag{2-40}$$

式中　K_{em}——嵌固稳定安全系数；安全等级为一级、二级、三级的支挡式结构，K_{em}应分别不小于1.25，1.2，1.15；

E_{ak}、E_{pk}——分别为基坑外侧主动土压力、基坑内侧被动土压力的标准值(kN)；

G——排桩、桩顶连梁和桩间土的自重之和(kN)；

z_G——双排桩、桩顶连梁和桩间土的重心至前排桩边缘的水平距离(m)。

七、土(岩)层锚杆

土(岩)层锚杆是一种埋入土层深部的受拉杆件，它一端与构筑物相连，另一端锚固在土(岩)层中，通常对其施加预应力，以承受由土压力、水压力或活荷载产生的拉力，用以保证构筑物的稳定。锚拉结构一般采用钢绞线锚杆，当设计的锚杆抗拔承载力较低时，可采用普通钢筋锚杆。当环境保护不允许在支护结构使用功能完成后锚杆杆体滞留于基坑周边地层内时，则应采用可拆芯钢绞线锚杆，锚杆锚固段不宜设置在淤泥、淤泥质土、泥炭、泥炭质土及松散填土层内。

锚杆注浆宜采用二次压力注浆工艺。在易塌孔的松散或稍密的砂土层、碎石土层、粉土层，高液性指数的饱和黏性土层，高水压力的各类土层中，钢绞线锚杆、普通钢筋锚杆宜采用套管护壁成孔工艺。

在复杂地质条件下，应通过现场试验确定锚杆的适用性。

土(岩)层锚杆根据主滑动面分为锚固段和非锚固段(或称自由段)。当锚杆受拉力时，首先拉力通过拉杆(钢筋或钢绞线)与锚固段内水泥砂浆锚固体之间的握裹力传给锚固体，然后锚固体通过与土(岩)层孔壁间的摩阻力(亦称土体与锚固体间的黏结力)而传递到整个锚固的土(岩)层中。土(岩)层锚杆的承载能力与受拉杆件的强度、拉杆与锚固体之间的握裹力、锚固体和孔壁间的摩阻力等因素有关。

试验和实践表明，单根锚杆的承载能力，除锚筋必须具有足够的截面面积以承受极限拉力以外，对于锚固于岩层中的锚杆，其抗拔力取决于砂浆与锚筋间的握裹力；对锚固于土层中的锚杆，其抗拔力取决于锚固体与土层之间的极限摩阻力。

在高层建筑深基坑支护结构中使用的锚杆，一般都锚固于土层中，因而它的极限抗拔力取决于锚固体与其周围土层间的摩阻力即抗剪强度(亦即土体与锚固体间的黏结强度)，当有扩大头时，还与扩孔部分的压力有关。

(一)锚杆的设计计算

锚杆极限抗拔承载力应通过抗拔试验确定，室内计算锚杆极限抗拔承载力标准值 R_k 可按下式估算，但应按规定进行试验验证：

$$R_k = \pi d \sum q_{sik} l_i \tag{2-41}$$

式中　d——锚杆的锚固体直径(m)；

l_i——锚杆的锚固段在第 i 层土中的长度(m)；锚固段长度 z_a 为锚杆在理论直线滑动面以外的长度；

q_{sik}——锚固体与第 i 层土之间的极限黏结强度标准值(kPa)，应根据工程经验并结合表2-4取值。

表 2-4　锚杆的极限黏结强度标准值

土的名称	土的状态或密实度	q_{sik}/kPa	
		一次常压注浆	二次压力注浆
填土		16~30	30~45
淤泥质土		16~20	20~30
黏性土	$I_L>1$	18~30	25~45
	$0.75<I_L\leqslant 1$	30~40	45~60
	$0.50<I_L\leqslant 0.75$	40~53	60~70
	$0.25<I_L\leqslant 0.50$	53~65	70~85
	$0<I_L\leqslant 0.25$	65~73	85~100
	$I_L\leqslant 0$	73~90	100~130
土	$e>0.90$	22~44	40~60
	$0.75\leqslant e\leqslant 0.90$	44~64	60~90
	$e<0.75$	64~100	80~130
粉细砂	稍密	22~42	40~70
	中密	42~63	75~110
	密实	63~85	90~130
中砂	稍密	54~74	70~100
	中密	74~90	100~130
	密实	90~120	130~170
粗砂	稍密	80~130	100~140
	中密	130~170	170~220
	密实	170~220	220~250
砾砂	中密、密实	190~260	240~290
风化岩	全风化	80~100	120~150
	强风化	150~200	200~260

注:①I_L 为液性指数。

②e 为孔隙比。

由于我国幅员辽阔,各地区相同土类的土性亦存在较大差异,施工水平也参差不齐,使用表 2-4 数值时应适当调整。

1. 不同工艺的取值。采用泥浆护壁成孔工艺时,应按表 2-4 取低值后再适当折减;采用套管护壁成孔工艺时,取表 2-4 中的高值;采用扩孔工艺时,表 2-4 中数值适当提高;采用分段劈裂二次压力注浆工艺时,表 2-4 中二次压力注浆数值适当提高。

2. 不同土体的取值。当砂土中的细粒含量超过总质量的 30% 时,按表 2-4 取值后应乘以 0.75 的系数;对有机质含量为 5%~10% 的有机质土,应按表 2-4 取值后适当折减;当锚固段主要位于黏土层、淤泥质土层、填土层时,应考虑土的蠕变对锚杆预应力损失的影响,并应根据蠕变试验确定锚杆的极限抗拔承载力。

3. 锚固段长度的限制。当锚杆锚固段长度大于 16 m 时，应对表 2－4 中数值适当折减。

锚杆的极限抗拔承载力应符合下式要求：

$$R_k/N_k \geqslant K_t \tag{2-42}$$

式中　K_t——锚杆抗拔安全系数；安全等级为一级、二级、三级的支护结构，K_t应分别不小于 1.8，1.6，1.4；

N_k——锚杆的轴向拉力标准值 N_k(kN)；

R_k——锚杆极限抗拔承载力标准值(kN)。

锚杆的轴向拉力标准值应按下式计算：

$$N_k = F_h s/(b_a \cos \alpha) \tag{2-43}$$

式中　F_h——挡土构件计算宽度内的弹性支点水平反力(kN)；

s——锚杆水平间距(m)；

b_a——结构计算宽度(m)；

α——锚杆倾角(°)。

锚杆的自由段长度应按下式确定(图 2－13)：

$$l_f \geqslant \frac{(a_1 + a_2 - d\tan\alpha)\sin\left(45° - \frac{\varphi_m}{2}\right)}{\sin\left(45° + \frac{\varphi_m}{2} + \alpha\right)} + \frac{d}{\cos\alpha} + 1.5 \tag{2-44}$$

式中　l_f——锚杆自由段长度(m)；

a_1——锚杆的锚头中点至基坑底面的距离(m)；

a_2——基坑底面至挡土构件嵌固段上基坑外侧主动土压力强度与基坑内侧被动土压力强度等值点 O 的距离(m)；对多层土地层，当存在多个等值点时应按其中最深处的等值点计算；

d——挡土构件的水平尺寸(m)；

φ_m——O 点以上各土层按厚度加权的内摩擦角平均值(°)。

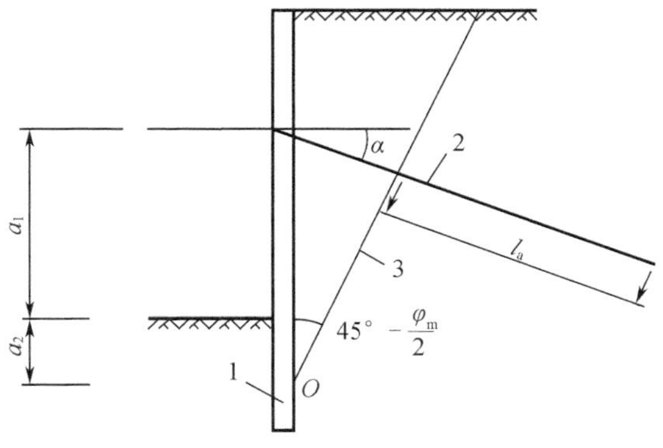

1—挡土构件；2—锚杆；3—理论直线滑动面。

图 2－13　理论直线滑动面

锚杆杆体的受拉承载力应符合下式规定：

$$N \leqslant f_{py} A_p \tag{2-45}$$

式中 N——锚杆轴向拉力设计值(kN);

f_{py}——预应力钢筋抗拉强度设计值(kPa);当锚杆杆体采用普通钢筋时,取普通钢筋强度设计值(f_y);

A_p——预应力钢筋的截面面积(m^2)。

(二)锚杆的设计与施工一般规定

1. 锚杆的布置中,锚杆的水平间距不宜小于 1.5 m;多层锚杆,其竖向间距不宜小于 2.0 m;当锚杆的水平间距小于 1.5 m 时,应根据群锚效应对锚杆抗拔承载力进行折减或相邻锚杆应取不同的倾角;锚杆锚固段的上覆土层厚度不宜小于 4.0 m,锚杆倾角宜取 15°~25°,且不应大于 45°,不应小于 10°。

2. 锚杆锁定值宜取锚杆轴向拉力标准值的 0.75~0.9 倍,且应与锚杆预加轴向拉力一致;当锚杆固结体的强度达到设计强度的 75% 且不小于 15 MPa 后,方可进行锚杆的张拉锁定;锁定时的锚杆拉力应考虑锁定过程的预应力损失量,预应力损失量宜通过对锁定前后锚杆拉力的测试确定;当缺少测试数据时,当锁定时的锚杆拉力可取锁定值的 1.1~1.15 倍。

3. 钢绞线锚杆、普通钢筋锚杆的成孔直径宜取 100~150 mm,自由段的长度不应小于 5 m,且穿过潜在滑动面进入稳定土层的长度不应小于 1.5 m,钢绞线、钢筋杆体在自由段应设置隔离套管;土层中的锚杆锚固段长度不宜小于 6 m。

4. 锚杆注浆应采用水泥浆或水泥砂浆,注浆固结体强度不宜低于 20 MPa。注浆液采用水泥浆时,水灰比宜取 0.50~0.55;采用水泥砂浆时,水灰比宜取 0.40~0.45,灰砂比宜取 0.5~1.0,拌和用砂宜选用中粗砂;采用二次压力注浆工艺时,二次压力注浆宜采用水灰比 0.50~0.55 的水泥浆,注浆管的出浆口应采取逆止措施;二次压力注浆时,终止注浆的压力不应小于 1.5 MPa。

5. 锚杆在顶部常锚固在混凝土冠梁上,中部锚固在腰梁上。锚杆腰梁可采用型钢组合梁或混凝土梁,锚杆腰梁应按受弯构件设计,应根据实际约束条件按连续梁或简支梁计算。计算腰梁的内力时,腰梁的荷载应取结构分析时得出的支点力设计值。

第三节 土 钉 墙

土钉墙是近 30 多年发展起来的用于土体开挖时保持基坑侧壁或边坡稳定的一种挡土结构,是由随基坑开挖分层设置的、纵横向密布的土钉群、喷射混凝土面层及原位土体所组成的支护结构。土钉则是设置在基坑侧壁土体内的承受拉力与剪力的杆件。例如,成孔后植入钢筋杆体并通过孔内注浆在杆体周围形成固结体的钢筋土钉,将设有出浆孔的钢管直接击入基坑侧壁土中并在钢管内注浆的钢管土钉。

除了被加固的原位土体外,土钉墙由土钉、面层及必要的防排水系统组成,其结构参数与土体特性、地下水状况、支护面角度、周边环境(建(构)筑物、市政管线等)、使用年限、使用要求等因素相关。

一、土钉墙的特点

与其他支护类型相比，土钉墙有以下一些特点或优点：

1. 能合理利用土体的自稳能力，将土体作为支护结构不可分割的一部分，结构合理。

2. 轻型支护结构，柔性大，有良好的抗震性和延性，破坏前有变形发展过程。

3. 密封性好，完全将土坡表面覆盖，没有裸露土方，阻止或限制地下水从边坡表面渗出，防止水土流失及雨水、地下水对边坡的冲刷侵蚀。

4. 土钉数量众多，靠群体作用，即便个别土钉有质量问题或失效对整体影响不大。

5. 施工所需场地小，移动灵活，支护结构基本不单独占用空间，能贴近已有建筑物开挖，这是桩、墙等支护难以做到的，故在施工场地狭小、建筑距离近、大型护坡施工设备没有足够工作面等情况下，显示出独特的优越性。

6. 施工速度快。土钉墙随土方开挖施工，分层分段进行，与土方开挖基本能同步，不需养护或单独占用施工工期，故多数情况下施工速度较其他支护结构快。

7. 施工设备及工艺简单，不需要复杂的技术和大型机具，施工对周围环境干扰小。

8. 由于孔径小，与桩等施工方法相比，穿透卵石层、漂石层及填石层的能力更强一些；且施工方便灵活，开挖面形状不规则、坡面倾斜等情况下施工不受影响。

9. 边开挖边支护便于信息化施工，能够根据现场监测数据及开挖暴露的地质条件及时调整土钉参数，一旦发现异常或实际地质条件与原勘察报告不符时能及时调整相应的设计参数，避免出现大的事故，从而提高了工程的安全可靠性。

10. 材料用量及工程量较少，工程造价较低。据国内外资料分析，土钉墙工程造价比其他类型支挡结构一般低 1/5 ~ 1/3。

二、土钉墙的适用范围

土钉墙适用于地下水位以上或经人工降水后的人工填土、黏性土和弱胶结砂土的基坑支护或边坡加固，不适合以下土层：

1. 含水丰富的粉细砂、中细砂和含水丰富且较为松散的中粗砂、砾砂及卵石层等。丰富的地下水易造成开挖面不稳定且与喷射混凝土面层黏结不牢固。

2. 缺少黏聚力的、过于干燥的砂层及相对密度较小的均匀度较好的砂层。这些砂层中易产生开挖面不稳定的现象。

3. 淤泥质土、淤泥等软弱土层。这类土层的开挖面通常没有足够的自稳时间，易于流塑破坏。

4. 膨胀土。水分渗入后会造成土钉的荷载加大，易产生超载破坏。

5. 强度过低的土，如新近填土等。新近填土往往无法为土钉提供足够的锚固力，且自重固结等原因增加了土钉的荷载，易使土钉墙结构产生破坏。

除了地质条件外，土钉墙还不适于以下条件：

1. 对变形要求较为严格的场所。土钉墙属于轻型支护结构，土钉、面层的刚度较小，支护体系变形较大。土钉墙不适合用于一级基坑支护。

2. 较深的基坑。通常认为，土钉墙适用于深度不大于12 m的基坑支护。

3. 建筑物地基为灵敏度较高的土层。土钉易引起水土流失，在施工过程中对土层有扰动，易引起地基沉降。

4. 对用地红线有严格要求的场地。土钉沿基坑四周几近水平布设，需占用基坑外的地下空间，一般都会超出红线。如果不允许超出红线使用或红线外有地下室等结构物，土钉无法施工或长度太短很难满足安全要求。

三、土钉墙的设计

单根土钉的抗拔承载力应符合下式规定：

$$R_{k,j}/N_{k,j} \geqslant K_t \tag{2-46}$$

式中 K_t——土钉抗拔安全系数；安全等级为二级、三级的土钉墙，K_t 应分别不小于1.6，1.4；

$N_{k,j}$——第 j 层单根土钉的轴向拉力标准值(kN)；

$R_{k,j}$——第 j 层单根土钉的极限抗拔承载力标准值(kN)。

单根土钉的轴向拉力标准值 $N_{k,j}$ 可按下式计算：

$$N_{k,j} = (1/\cos\alpha_j)\zeta\eta_j P_{ak,j} s_{xj} s_{zj} \tag{2-47}$$

式中 α_j——第 j 层土钉的倾角(°)；

ζ——土钉墙坡面倾斜时的主动土压力折减系数；

η_j——第 j 层土钉轴向拉力调整系数；

$P_{ak,j}$——第 j 层土钉处的主动土压力强度标准值(kPa)；

s_{xj}——土钉的水平间距(m)；

s_{zj}——土钉的垂直间距(m)。

土钉墙坡面倾斜时的主动土压力折减系数 ζ 可按下式计算：

$$\zeta = \tan\frac{\beta-\varphi_m}{2}\left(\frac{1}{\tan\dfrac{\beta+\varphi_m}{2}} - \frac{1}{\tan\beta}\right)\tan^2\left(45^\circ - \frac{\varphi_m}{2}\right) \tag{2-48}$$

式中 β——土钉墙坡面与水平面的夹角(°)；

φ_m——基坑底面以上各土层按土层厚度加权的内摩擦角平均值(°)。

土钉轴向拉力调整系数 η_j 可按下列公式计算：

$$\eta_j = \eta_a - (\eta_a - \eta_b)\frac{z_j}{h} \tag{2-49}$$

$$\eta_a = \frac{\sum\limits_{j=1}^{n}(h - \eta_b z_j)\Delta E_{aj}}{\sum\limits_{j=1}^{n}(h - z_j)\Delta E_{aj}} \tag{2-50}$$

式中 z_j——第 j 层土钉至基坑顶面的垂直距离(m)；

h——基坑开挖深度(m)；

ΔE_{aj}——作用在以 s_{xj}、s_{zj} 为边长的面积内的主动土压力标准值(kN)；

η_a——计算系数；

η_b——经验系数，可取0.6～1.0；

n——土钉层数。

一般单根土钉的极限抗拔承载力 $R_{k,j}$ 应通过抗拔试验确定，也可按式(2-51)估算。对安全等级为三级的土钉墙，可仅按式(2-51)确定单根土钉的极限抗拔承载力：

$$R_{k,j} = \pi d_j \sum q_{sik} l_i \tag{2-51}$$

式中　d_j——第 j 层土钉的锚固体直径(m)；对成孔注浆土钉，按成孔直径计算，对打入钢管土钉，按钢管直径计算；

q_{sik}——第 j 层土钉在第 i 层土的极限黏结强度标准值(kPa)；应由土钉抗拔试验确定，无试验数据时，可根据工程经验并结合表 2-5 取值；

l_i——第 j 层土钉在滑动面外第 i 层土中的长度(m)；计算单根土钉极限抗拔承载力时，取图 2-14 所示的直线滑动面，直线滑动面与水平面的夹角为 $(\beta+\varphi_m)/2$。

当 $R_{k,j}$ 大于 $f_y A_s$ 时，应取 $R_{k,j}=f_y A_s$。

表 2-5　土钉的极限黏结强度标准值

土的名称	土的状态	q_{sik}/kPa	
		成孔注浆土钉	打入钢管土钉
素填土		15~30	20~35
淤泥质土		10~20	15~25
黏性土	$0.75<I_L\leqslant1$	20~30	20~40
	$0.25<I_L\leqslant0.75$	30~45	40~55
	$0<I_L\leqslant0.25$	45~60	55~70
	$I_L\leqslant0$	60~70	70~80
粉土		40~80	50~90
砂土	松散	35~50	50~65
	稍密	50~65	65~80
	中密	65~80	80~100
	密实	80~100	100~120

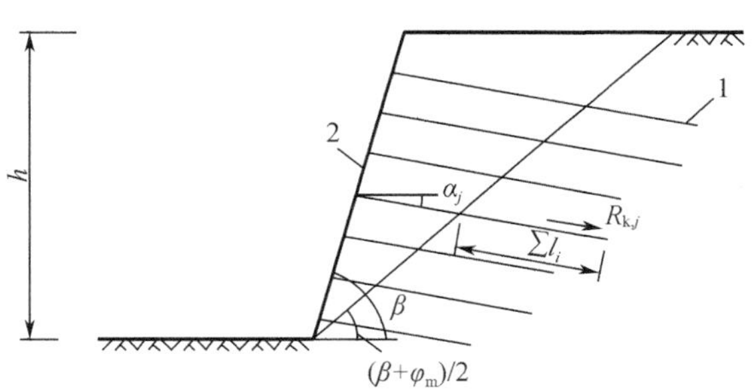

1—土钉；2—喷射混凝土面层。

图 2-14　土钉抗拔承载力计算

同时，土钉杆体的受拉承载力应符合下列规定：

$$N_j \leqslant f_y A_s \tag{2-52}$$

式中　N_j——第 j 层土钉的轴向拉力设计值(kN)；

f_y——土钉杆体的抗拉强度设计值（kPa）；

A_s——土钉杆体的截面面积（m^2）。

土钉墙整体滑动稳定性可采用圆弧滑动条分法进行验算，采用圆弧滑动条分法时，其整体稳定性应符合下列规定（图 2－15）：

$$\min\{K_{s,1},K_{s,2},\cdots,K_{s,i},\cdots\}\geqslant K_s$$

$$K_{s,i}=\frac{\sum[c_jl_j+(q_jb_j+\Delta G_j)\cos\theta_j\tan\varphi_j]+\sum R'_{k,k}[\cos(\theta_k+\alpha_k)+\phi_v]/s_{x,k}}{\sum(q_jl_j+\Delta G_j)\sin\theta_j}$$

式中 K_s——圆弧滑动整体稳定安全系数；安全等级为二级、三级的土钉墙，K_s应分别不小于 1.3，1.25；

$K_{s,i}$——第 i 个滑动圆弧的抗滑力矩与滑动力矩的比值；抗滑力矩与滑动力矩之比的最小值宜通过搜索不同圆心及半径的所有潜在滑动圆弧确定；

c_j、φ_j——分别为第 j 土条滑弧面处土的黏聚力（kPa）、内摩擦角（°）；

b_j——第 j 土条的宽度（m）；

q_j——作用在第 j 土条上的附加分布荷载标准值（kPa）；

ΔG_j——第 j 土条的自重（kN），按天然重度计算；

θ_j——第 j 土条滑弧面中点处的法线与垂直面的夹角（°）；

$R'_{k,k}$——第 k 层土钉或锚杆对圆弧滑动体的极限拉力值（kN）；

α_k——第 k 层土钉或锚杆的倾角（°）；

θ_k——滑弧面在第 k 层土钉或锚杆处的法线与垂直面的夹角（°）；

$s_{x,k}$——第 k 层土钉或锚杆的水平间距（m）；

ϕ_v——计算系数，可取 $\phi_v=0.5\sin(\theta_k+\alpha_k)\tan\varphi$，$\varphi$ 为第 k 层土钉或锚杆与滑弧交点处土的内摩擦角（°）。

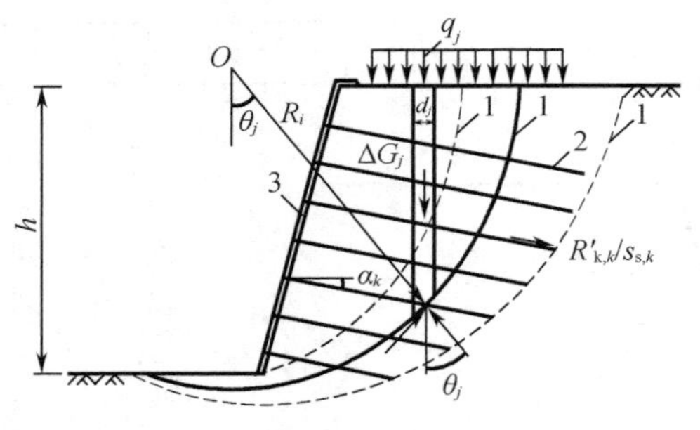

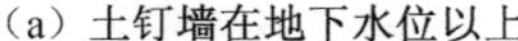
（a）土钉墙在地下水位以上

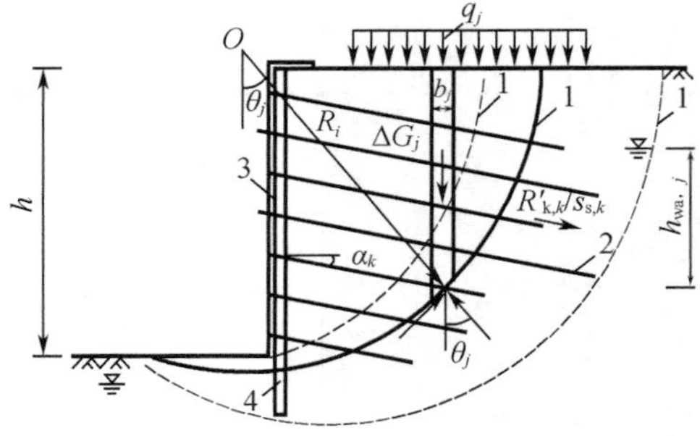

（b）水泥土桩复合土钉墙

1—滑动面；2—土钉或锚杆；3—喷射混凝土面层；4—水泥土桩或微型桩。

图 2－15　土钉墙整体稳定性验算

四、土钉墙设计和构造要求

土钉墙设计及构造应符合下列规定：

1. 土钉墙墙面坡度不宜大于 1∶0.1，当地下水位高于基坑底面时，应采取降水或截水措施，墙顶应采用砂浆或混凝土护面，坡顶和坡脚应设置排水措施，坡面上设置泄水孔。

2. 土钉须和面层有效连接，应设置承压板或加强钢筋等构造措施，承压板或加强钢筋应与土钉螺栓连接或钢筋焊接连接。

3. 土钉的长度宜为开挖深度的 0.5～1.2 倍，间距宜为 1～2 m，与水平面夹角宜为 5°～20°。

4. 土钉钢筋宜采用Ⅱ级钢筋、Ⅲ级钢筋，钢筋直径宜为 16～32 mm，钻孔直径宜为 70～120 mm。

5. 注浆材料宜采用水泥浆或水泥砂浆，其强度等级不宜低于 M10。

6. 喷射混凝土面层宜配置钢筋网，钢筋直径宜为 6～10 mm，间距宜为 150～300 mm，喷射混凝土强度等级不宜低于 C20，面层厚度不宜小于 80 mm。

7. 坡面上、下段钢筋网搭接长度应大于 300 mm。

第四节　水泥土重力式围护墙

水泥土重力式围护墙是以水泥系材料为固化剂，通过搅拌机械采用喷浆施工将固化剂和地基土强行搅拌，形成连续搭接的水泥土柱状加固体挡墙。水泥土重力式围护墙是无支撑自立式挡土墙，依靠墙体自重、墙底摩阻力和墙前基坑开挖面以下土体的被动土压力稳定墙体，以满足围护墙的整体稳定、抗倾覆稳定、抗滑稳定和控制墙体变形等要求。

一、水泥土重力式围护墙的类型

判断水泥土重力式围护墙类型的主要依据是搅拌机械类型，根据搅拌轴数的不同，搅拌桩的截面主要有双轴和三轴两类，前者由双轴搅拌机形成，后者由三轴搅拌机形成。近年来，以水泥土为主体的复合重力式围护墙得到了一定的发展，主要有水泥土结合钢筋混凝土预制板桩、钻孔灌注桩、型钢、斜向或竖向土锚等结构形式。

水泥土重力式围护墙按平面布置区分可以有满堂布置、格栅型布置和宽窄结合的锯齿形布置等形式，常见的布置形式为格栅型布置；按竖向布置区分可以有等断面布置、台阶形布置等形式，常见的布置形式为台阶形布置。

二、水泥土重力式围护墙的破坏形式

1. 由于墙体入土深度不够，或由于墙底土体太软弱，抗剪强度不够等原因，导致墙体及附近土体整体滑移破坏，基底土体隆起。

2. 由于墙体后侧发生挤土施工、基坑边堆载、重型施工机械作用等引起墙后土压力增加，或者由于墙体抗倾覆稳定性不够，导致墙体倾覆。

3. 由于墙前被动区土体强度较低，设计抗滑稳定性不够导致墙体变形过大或整体刚性移动。

4. 当设计墙体抗压强度、抗剪强度或抗拉强度不够，或者由于施工质量达不到设计要求时，导致墙体压、剪或拉等破坏。

三、水泥土重力式围护墙的适用条件

1. 鉴于目前施工机械、工艺和控制质量的水平，适用于开挖深度不超出7 m的基坑工程，在基坑周边环境保护要求较高的情况下，若采用水泥土重力式围护墙，基坑深度应控制

在 5 m 范围以内,降低工程的风险。

2. 水泥土搅拌桩和高压喷射注浆均适用于加固淤泥质土,含水量较高而地基承载力小于120 kPa的黏土、粉土、砂土等软土地基。对于地基承载力较高、黏性较大或较密实的黏土或砂土,可采用先行钻孔套打、添加外加剂或其他辅助方法施工。当地表杂填土层厚度大或土层中含直径大于 100 mm 的石块时,宜慎重采用搅拌桩。

3. 基坑周边在开挖深度 1 ~2 倍距离存在对沉降和变形较敏感的建(构)筑物时,应慎重选用水泥土重力式围护墙。

四、水泥土重力式围护墙的稳定性计算

水泥土重力式围护墙的抗滑移稳定性应符合下式规定(图 2 -16):

$$\frac{E_{pk}+(G-u_m B)\tan\varphi+cB}{E_{ak}}\geqslant K_{sl} \tag{2-53}$$

式中 K_{sl}——抗滑移稳定安全系数,其值不应小于 1.2;

E_{ak}、E_{pk}——分别为作用在水泥土墙上的主动土压力、被动土压力标准值(kN/m);

G——水泥土墙的自重(kN/m);

u_m——水泥土墙底面上的水压力(kPa);水泥土墙底面在地下水位以下时,可取 $u_m=r_w(h_{wa}+h_{wp})/2$,在地下水位以上时,取 $u_m=0$,h_{wa} 为基坑外侧水泥土墙底处的水头高度(m),h_{wp} 为基坑内侧水泥土墙底处的水头高度(m),r_w 为降水井半径;

c、φ——分别为水泥土墙底面下土层的黏聚力(kPa)、内摩擦角(°);

B——水泥土墙的底面宽度(m)。

可见,水泥土重力式围护墙的抗滑移稳定性不仅与嵌固深度有关,而且与墙宽有关。

抗倾覆稳定性应符合下式规定(图 2 -17):

$$\frac{E_{pk}a_p+(G-u_m B)a_G}{E_{ak}a_a}\geqslant K_{ov} \tag{2-54}$$

式中 K_{ov}——抗倾覆稳定安全系数,其值不应小于 1.3;

a_a——水泥土墙外侧主动土压力合力作用点至墙趾的竖向距离(m);

a_p——水泥土墙内侧被动土压力合力作用点至墙趾的竖向距离(m);

a_G——水泥土墙自重与墙底水压力合力作用点至墙趾的水平距离(m)。

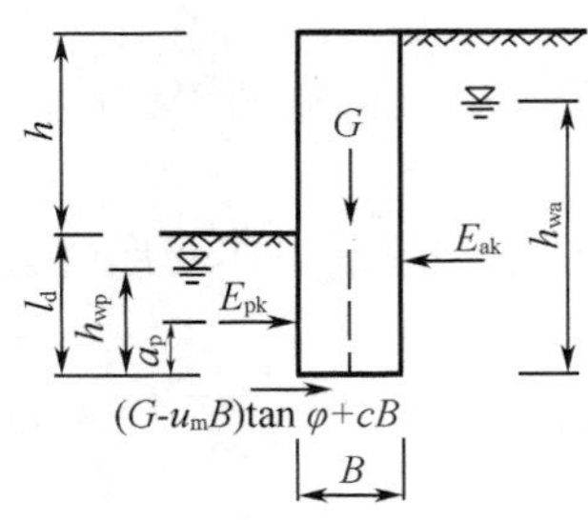

图 2 -16 抗滑移稳定性验算

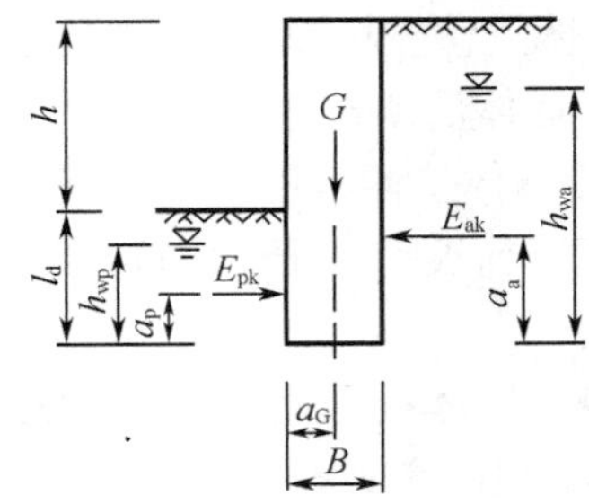

图 2 -17 抗倾覆稳定性验算

水泥土重力式围护墙可采用圆弧滑动条分法进行验算,其整体稳定性应符合下式规定(图 2 -18):

$$\frac{\sum\{c_jl_j+[(q_jb_j+\Delta G_j)\cos\theta_j-u_jl_j]\tan\varphi_j\}}{\sum(q_jb_j+\Delta G_j)\sin\theta_j}\geqslant K_s \quad (2-55)$$

式中　K_s——圆弧滑动稳定安全系数，其值不应小于 1.3；

c_j、φ_j——分别为第 j 土条滑弧面处土的黏聚力（kPa）、内摩擦角（°）；

b_j——第 j 土条的宽度（m）；

q_j——作用在第 j 土条上的附加分布荷载标准值（kPa）；

ΔG_j——第 j 土条的自重（kN），按天然重度计算；分条时，水泥土墙可按土体考虑；

u_j——第 j 土条在滑弧面上的孔隙水压力（kPa）；对地下水位以下的砂土、碎石土、粉土，当地下水是静止的或渗流水力梯度可忽略不计时，在基坑外侧，可取 $u_j=r_wh_{wa,j}$，在基坑内侧，可取 $u_j=r_wh_{wa,j}$；对地下水位以上的各类土和地下水位以下的黏性土，取 $u_j=0$（其中，$h_{wa,j}$ 为基坑外地下水位至第 j 土条滑弧面中点的深度（m））；

θ_j——第 j 土条在滑弧面中点处的法线与垂直面的夹角（°）。

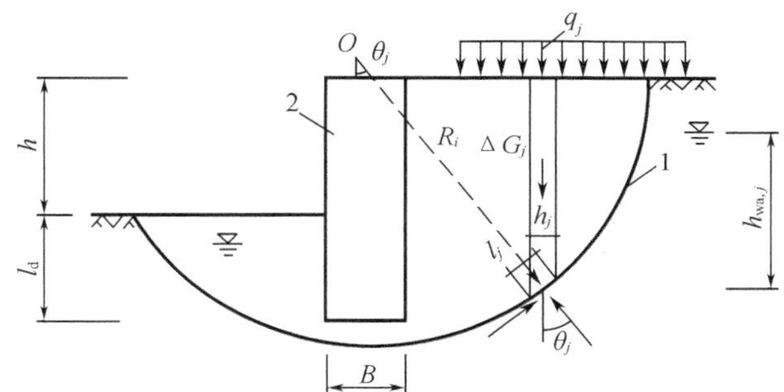

图 2-18　整体滑动稳定性验算

当墙底以下存在软弱下卧土层时，稳定性验算的滑动面中尚应包括由圆弧与软弱土层层面组成的复合滑动面。

五、水泥土重力式围护墙墙体的强度验算

拉应力：

$$\frac{6M_i}{B^2}-\gamma_{cs}z\leqslant 0.15f_{cs} \quad (2-56)$$

压应力：

$$\gamma_0\gamma_F\gamma_{cs}z+\frac{6M_i}{B^2}\leqslant f_{cs} \quad (2-57)$$

剪应力：

$$\frac{E_{ak,i}-\mu G_i-E_{pk,i}}{B}\leqslant\frac{1}{6}f_{cs} \quad (2-58)$$

式中　M_i——水泥土墙验算截面的弯矩设计值（kN · m/m）；

B——验算截面处水泥土墙的宽度（m）；

γ_0——支护结构重要性系数；

γ_F——荷载综合分项系数；

γ_{cs}——水泥土墙的重度（kN/m^3）；

z——验算截面至水泥土墙顶的垂直距离（m）；

f_{cs}——水泥土开挖龄期时的轴心抗压强度设计值（kPa），应根据现场试验或工程经验确定；

$E_{ak,i}$、$E_{pk,i}$——分别为验算截面以上的主动土压力标准值、被动土压力标准值（kN/m），验算截面在基底以上时，取 $E_{pk,i}=0$；

G_i——验算截面以上的墙体自重（kN/m）；

μ——墙体材料的抗剪断系数，取 0.4～0.5。

计算截面应包括以下部位：

1. 基坑面以下主动、被动土压力强度相等处。

2. 基坑底面处。

3. 水泥土墙的截面突变处。

当地下水位高于基底时，尚应进行地下水渗透稳定性验算。

六、水泥土重力式围护墙加固体一般技术要求

1. 双轴水泥土搅拌桩水泥掺量宜取 12%～15%，三轴水泥土搅拌桩水泥掺量宜取 18%～22%，高压喷射注浆水泥掺量不少于 25%，粉喷桩水泥掺量宜取 13%～16%，高压喷射水泥水灰比宜为 1.0～1.5。

2. 水泥土加固体的强度以龄期 28 天的无侧限抗压强度 q_u 为标准，q_u 应不低于 0.8 MPa。

3. 水泥土加固体的渗透系数不大于 10^{-7} cm/s，水泥土围护墙兼作隔水帷幕。

4. 水泥土重力式围护墙搅拌桩搭接长度应不小于 200 mm。墙体宽度大于等于3.2 m 时，前后墙厚度不宜小于 1.2 m。在墙体圆弧段或折角处，搭接长度宜适当加大；深层搅拌桩和高压喷射桩水泥土墙的桩位偏差不应大于 50 mm，垂直度偏差不宜大于 0.5%。

5. 水泥土重力式围护墙转角及两侧剪力较大的部位应采用搅拌桩满打、加宽或加深墙体等措施对围护墙进行加强。

6. 当基坑开挖深度有变化时，围护墙体宽度和深度变化较大的断面附近应当对墙体进行加强。

7. 水泥土墙应在设计开挖龄期采用钻芯法检测墙身完整性，钻芯数量不宜少于总桩数的 2% 且不应少于 5 根，并应根据设计要求取样进行单轴抗压强度试验。

第五节　型钢水泥土搅拌墙

型钢水泥土搅拌墙，通常称为 SMW 工法，是一种在连续套接的三轴水泥土搅拌桩内插入型钢形成的复合挡土截水结构，即利用三轴搅拌桩钻机在原地层中切削土体，同时钻机前端低压注入水泥浆液，与切碎土体充分搅拌形成截水性较高的水泥土搅拌桩柱列式挡墙，在水泥土浆液尚未硬化前插入型钢的一种地下工程施工技术。

型钢水泥土搅拌墙是基于深层搅拌桩施工工艺发展起来的，这种结构充分发挥了水泥

土混合体和型钢的力学特性，具有经济、工期短、高截水性、对周围环境影响小等特点。型钢水泥土搅拌墙围护结构在基坑施工完成后，可以将 H 型钢从水泥土搅拌桩中拔出，达到回收和再次利用的目的。因此，该工法与常规的围护形式相比不仅工期短、施工过程无污染、场地整洁干净、噪声小，而且可以节约社会资源，避免围护体在基坑施工完毕后永久遗留于地下，成为地下障碍物。

一、型钢水泥土搅拌墙的特点

型钢水泥土搅拌墙是一种由水泥土搅拌桩柱列式挡墙和型钢（一般采用 H 型钢）组成的复合围护结构，同时具有截水和承担水土侧压力的功能。型钢水泥土搅拌墙与基坑围护设计中经常采用的钻孔灌注桩排桩相比，具有以下几方面的不同：

1. 型钢水泥土搅拌墙由水泥土和 H 型钢组成，一种是力学特性复杂的水泥土，一种是近似线弹性材料的型钢，二者相互作用，工作机理非常复杂。

2. 型钢水泥土搅拌墙是一种复合围护结构，从经济角度考虑，H 型钢在施工完成后可以回收利用是该工法的一个特色；从变形控制的角度看，H 型钢可以通过跳插、密插调整围护体刚度，是该工法的另一特色。

3. 在地下水水位较高的软土地区钻孔灌注桩围护结构尚需在外侧施工截水帷幕，截水帷幕可以采用双轴水泥土搅拌桩，也可以采用三轴水泥土搅拌桩。而型钢水泥土搅拌墙是在三轴水泥土搅拌桩中插入 H 型钢，其本身就已经具有较好的截水效果，不需额外施工截水帷幕，因此造价一般相对于钻孔灌注桩排桩要经济。

二、型钢水泥土搅拌墙的适用条件

从广义上讲，型钢水泥土搅拌墙以水泥土搅拌桩为基础，凡是能够施工三轴水泥土搅拌桩的场地都可以考虑使用该工法。从黏性土到砂性土，从软弱的淤泥和淤泥质土到较硬、较密实的砂性土，甚至在含有砂卵石的地层中经过适当的处理都能够进行施工，适用土质范围较广。

从型钢水泥土搅拌墙在实际工程中的应用来看，基坑围护设计方案选用型钢水泥土搅拌墙主要考虑以下几点因素：

1. 型钢水泥土搅拌墙的适用条件与基坑的开挖深度、基坑周边环境条件、场地土层条件、基坑规模等因素有关，另外与基坑内支撑的设置也密切相关。

2. 型钢水泥土搅拌墙的选择也受基坑开挖深度的影响。根据上海及周边软土地区的工程经验，在常规支撑设置下，搅拌桩直径为 650 mm 的型钢水泥土搅拌墙，一般开挖深度不大于 8. 0 m；搅拌桩直径为 850 mm 的型钢水泥土搅拌墙，一般开挖深度不大于11. 0 m；搅拌桩直径为 1 000 mm 的型钢水泥土搅拌墙，一般开挖深度不大于 13. 0 m。

3. 当施工场地狭小或距离用地红线、建筑物等较近时，采用钻孔灌注桩 + 截水帷幕等围护方案常常不具备足够的施工空间，而型钢水泥土搅拌墙只需在三轴水泥土搅拌桩中内插型钢，所需施工空间仅为三轴水泥搅拌桩的厚度和施工机械必要的操作空间，具有较明显的优势。

4. 与地下连续墙、钻孔灌注桩相比，型钢水泥土搅拌墙的刚度较低，因此常常会产生相对较大的变形，在对周边环境保护要求较高的工程中，应慎重选用。

5. 当基坑周边环境对地下水位变化较为敏感，搅拌桩桩身范围内大部分为砂（粉）性土等透水性较强的土层时，若型钢水泥土搅拌墙变形较大，搅拌桩桩身易产生裂缝、造成渗漏，后果较为严重。

三、型钢水泥土搅拌桩的布置形式

实际工程中，型钢水泥土搅拌墙的墙体厚度、型钢截面和型钢的间距一般由三轴水泥土搅拌桩的桩径决定。三轴水泥土搅拌桩的桩径分为650 mm、850 mm、1 000 mm三种，型钢常规布置形式有密插、插二跳一和插一跳一三种，H型钢分别插入直径为650 mm、850 mm、1 000 mm三轴水泥土搅拌桩内，H型钢的间距为：密插间距450 mm、600 mm、750 mm；插二跳一间距675 mm、900 mm、1 125 mm；插一跳一间距900 mm、1 200 mm、1 500 mm。

四、型钢水泥土搅拌墙的设计计算

型钢水泥土搅拌墙中型钢是主要的受力构件，承担着基坑外侧水土压力。

对于型钢的设计计算主要包括两方面内容：一方面是型钢平面形式的确定，即确定型钢的布设方式、间距、截面尺寸等参数；另一方面是从围护结构受力平衡和抗隆起安全的角度确定型钢的入土深度。对于水泥土搅拌桩的设计计算主要是通过抗渗流和抗管涌验算确定搅拌桩的入土深度。

（一）型钢水泥土搅拌墙入土深度的确定

型钢水泥土搅拌墙的入土深度可分为型钢的入土深度D_H和水泥土搅拌桩的入土深度D_C两部分。

1. 型钢入土深度的确定。型钢的入土深度D_H主要由基坑整体稳定性、抗隆起稳定性和抗滑移稳定性综合确定，型钢尚应满足围护墙内力、变形的计算要求及考虑地下结构施工完成后型钢能顺利拔出。

2. 水泥土搅拌桩入土深度的确定。型钢水泥土搅拌墙中的水泥土搅拌桩，担负着基坑开挖过程中截水帷幕的作用。水泥土搅拌桩的入土深度D_C主要由坑内降水不影响到基坑以外周边环境的水力条件决定，防止降水引起渗流、管涌发生，同时应满足$D_C \geqslant D_H$。

（二）型钢水泥土搅拌墙截面设计

型钢水泥土搅拌墙截面设计主要是确定型钢的截面和型钢的间距。

1. 型钢的截面。型钢的截面由型钢的强度验算确定，即需要对型钢所受的应力进行验算，包括型钢的抗弯及抗剪强度问题。

（1）抗弯验算：型钢水泥土搅拌墙的弯矩全部由型钢承担，型钢的抗弯承载力应符合下式要求：

$$1.25\gamma_0 M_k / W \leqslant f \tag{2-59}$$

式中 γ_0——支护结构重要性系数；

M_k——型钢水泥土搅拌墙的弯矩标准值（N · mm）；

W——型钢沿弯矩作用方向的截面模量（mm^3）；

f——钢材的抗弯强度设计值（N/mm^2）。

（2）抗剪验算：型钢水泥土搅拌墙的剪力全部由型钢承担，型钢的抗剪承载力应符合下式要求：

$$1.25\gamma_0 Q_k S/(It_w) \leqslant f_v \tag{2-60}$$

式中　Q_k——型钢水泥土搅拌墙的剪力标准值(N)；

S——计算剪应力处的面积矩(mm^3)；

I——型钢沿弯矩作用方向的截面惯性矩(mm^4)；

t_w——型钢腹板厚度(mm)；

f_v——钢材的抗剪强度设计值(N/mm^2)。

2. 型钢的间距。型钢水泥土搅拌墙中的型钢往往是按一定的间距插入水泥土中，这样相邻型钢之间便形成了一个非加筋区。型钢水泥土搅拌墙的加筋区和非加筋区承担着同样的水土压力。但在加筋区，由于型钢和水泥土的共同作用，组合结构刚度较大，变形较小，可以视为非加筋区的支点。型钢的间距越大，加筋区和非加筋区交界面上所承受的剪力就越大。当型钢间距增大到一定程度，该交界面有可能在挡墙达到竖向承载力之前发生破坏，因此应该对型钢水泥土搅拌墙中型钢与水泥土搅拌桩的交界面进行局部承载力验算，确定合理的型钢间距。

型钢水泥土搅拌墙应该满足水泥土搅拌桩桩身局部抗剪承载力的要求。局部抗剪承载力验算包括型钢与水泥土之间的错动剪切承载力和水泥土最薄弱截面处的局部剪切承载力验算。

(1)当型钢隔孔设置时，按下式验算型钢与水泥土之间的错动剪切承载力：

$$\tau_1 = \frac{1.25\gamma_0 Q_1}{d_{e1}} \leqslant \tau \tag{2-61}$$

$$Q_1 = q_k L_1/2 \tag{2-62}$$

式中　τ_1——型钢与水泥土之间的错动剪应力设计值(N/mm^2)；

Q_1——型钢与水泥土之间单位深度范围内的错动剪力标准值(N/mm)；

q_k——计算截面处作用的侧压力标准值(N/mm^2)；

L_1——型钢翼缘之间的净距(mm)；

d_{e1}——型钢翼缘处水泥土墙体的有效厚度(mm)；

τ——水泥土抗剪强度设计值(N/mm^2)。

(2)当型钢隔孔设置时，按下式验算水泥土最薄弱截面处的局部剪切承载力：

$$\tau_2 = \frac{1.25\gamma_0 Q_2}{d_{e2}} \leqslant \tau \tag{2-63}$$

$$Q_2 = q_k L_2/2 \tag{2-64}$$

式中　τ_2——水泥土最薄弱截面处的局部剪应力标准值(N/mm^2)；

Q_2——水泥土最薄弱截面处单位深度范围内的剪力标准值(N/mm)；

d_{e2}——水泥土最薄弱截面处墙体的有效厚度(mm)；

L_2——水泥土最薄弱截面的净距(mm)。

(三)型钢水泥土搅拌墙构造要求

1. 冠梁的截面高度不小于600 mm。当搅拌桩直径为650 mm时，冠梁的截面宽度应不小于1 000 mm；当搅拌桩直径为850 mm时，冠梁的截面宽度应不小于1 200 mm；当搅拌桩直径为1 000 mm时，冠梁的截面宽度应不小于1 300 mm。

2. 冠梁的主筋应避开型钢设置。为便于型钢拔除，型钢顶部要高出冠梁顶面一定高度，一般不宜小于500 mm，型钢与腰梁间的隔离材料在基坑内侧应采用不易压缩的硬质材料。

3. 冠梁的箍筋宜采用四肢箍筋，直径不应小于 $\phi 8$ mm，间距不应大于 200 mm；在支撑节点位置，箍筋宜适当加密；由于内插型钢而未能设置的箍筋应在相邻区域内补足面积。

4. 为保证转角处型钢水泥土搅拌墙的成桩质量和截水效果，在转角处宜采用"十"字接头的形式，即在接头处两边都多打半幅桩。为保证型钢水泥土搅拌墙转角处的刚度，宜在转角处增设一根斜插型钢。

5. 当型钢水泥土搅拌墙遇地下连续墙或灌注桩等围护结构需断开时，或者在型钢水泥土搅拌墙施工中出现裂缝时，一般应采用旋喷桩封闭，以保证围护结构整体的截水效果。

第三章　地下结构工程设计

第一节　沉管结构

一、概述

水底隧道的施工方法主要有明挖法、矿山法、气压沉箱法、盾构法和沉管法。其中，沉管法是 20 世纪 50 年代后应用最为普遍的施工方法。20 世纪 50 年代解决了两项关键技术——水力压接法和基础处理，沉管法已经成为水底隧道最主要的施工方法之一，尤其在荷兰，除了几条公路隧道和铁路隧道外，已建的隧道均采用沉管法。

沉管法又称沉埋法，是修筑水底隧道的主要方法。沉管施工时，先在隧址附近修建的临时干坞内（或利用船厂的船台）预制管段，预制的管段采用临时隔墙封闭，然后将此管段浮运到隧址的设计位置，在隧址处预先挖好一个水底基槽。待管段定位后，向管段内灌水、压载，使其下沉到设计位置。将此管段与相邻管段在水下连接，并经基础处理，最后回填覆土，即成为水底隧道。

（一）沉管隧道的特点

沉管隧道的特点如下：

1. 对地质水文条件适应能力强。由于沉管法在隧址的基槽开挖较浅，基槽开挖和基础处理的施工技术比较简单，而且沉管受到水浮力，作用于地基的荷载较小，因而对各种地质条件适应能力较强。由于管段采用预制再浮运后沉放的方法，避免了难度很大的水下作业，故可在深水中施工。

2. 可浅埋，与曲岸道路衔接容易。由于沉管隧道可浅埋，与埋深较大的盾构隧道相比，沉管隧道路面标高可抬高，这样与道路很容易衔接，无须做较长的引道，线形也较好。

3. 沉管隧道的防水性能好。由于每节预制管段很长，一般为 100 m 左右（而盾构隧道预制管片环宽仅为 1 m 左右），因而沉管隧道的管段接缝数量很少，管段漏水的机会与盾构管片相比明显减少。而且沉管接头采用水力压接法后，可达到滴水不漏的程度，这一特点对水底隧道的营运至关重要。

4. 沉管法施工工期短。由于每节预制管段很长，一条沉管隧道只用几节预制管段就可完成，而且管段预制和基槽开挖可同时进行，管段浮运沉放也较快，这就使沉管隧道的施工工期与其他施工方法相比要短得多。特别是管段预制不在隧址，使隧址受施工干扰的时间相对较短，这对于在运输繁忙的航道上建设水底隧道十分重要。

5. 沉管隧道造价低。由于沉管隧道水底挖基槽的土方数量少，而且比地下挖土单价低，管段预制整体制作与盾构隧道管片预制相比所需费用也低，因此沉管隧道与盾构隧道相比，每延米的单价低。而且由于沉管隧道可浅埋，隧道长度相对埋深大的盾构隧道要短得多,这样工程总造价可大幅度降低,能节省大量建设资金。

6. 施工条件好。沉管隧道施工时,不论预制管段还是浮运沉放管段等主要工序大部分在水上进行,水下作业少。除少数潜水操作外,工人们都在水上操作,因此施工条件好,施工较为安全。

7. 沉管隧道可做成大断面多车道结构。由于采用先预制后浮运沉放的施工方法,故可将隧道横向尺寸做大,一个隧道横断面可同时容纳 4 ~8 个车道。

(二)沉管隧道的分类

沉管隧道的施工方式视现场条件、用途、断面大小等各异。按其管段制作方法分为两类,即船台型和干坞型。

1. 船台型。施工时,先在造船厂的船台上预制钢壳,制成后沿着滑道滑行下水,然后在漂浮状态下进行水上钢筋混凝土作业。这类沉管的断面内截面一般为圆形,外截面则有圆形、八角形、花篮形等。此外,还有半圆形、椭圆形以及组合形沉管断面。

(1)这类沉管隧道的优点如下:

①圆形结构断面受力合理。

②沉管的底宽较小,基础处理比较容易。

③钢壳既是浇筑混凝土的外模,又是隧道的防水层,这种防水层在浮运过程中不易碰损。

④当具备利用船厂设备条件时,可缩短工期,在工程需要的沉管量较大时更为明显。

(2)这类隧道的缺点如下:

①圆形断面的空间利用率不高,车道上方空余一个净空界限以外的空间,使车道路面高程压低,从而增加了隧道全长,且圆形隧道一般只容纳两个车道,不便于建造多车道隧道。

②耗钢量大,沉管造价高。

③钢壳制作时,因手工焊接不能避免,其焊接质量难以保证,可能出现渗漏,若出现此现象则难以弥补、堵截,且钢壳的抗蚀能力差。

2. 干坞型。在临时干坞中制作钢筋混凝土管段,制成后往坞内灌水使之浮起并拖运至隧址沉没。这类沉管多为矩形断面,故也称为矩形沉管。矩形管段可以在一个断面内同时容纳 2 ~8 个车道。

(1)矩形沉管的优点如下:

①不占用造船厂设备,不妨碍造船工业生产。

②车道上方没有多余空间,断面利用率较高。

③车道最低点的高程较高,隧道全长缩短,土方工程量少,建造多车道隧道时,工程量和施工费用均较省。

④一般用钢筋混凝土结构,节约大量钢材,降低造价。

(2)矩形沉管的缺点如下:

①必须建造临时干坞。

②由于矩形沉管干舷较小,在灌注混凝土及浮运过程中必须有一系列的严密控制措施。

二、沉管结构设计

（一）沉管的断面形状和尺寸

水底隧道设计中几何尺寸设计尤为重要，是隧道设计成功与否的关键。隧道截面尺寸首先取决于使用要求，应考虑车流量和道路相匹配，也应考虑其他的使用要求和辅助设施；同时还取决于施工条件和施工要求，即管段的浮运和沉放要求。一般首先根据使用要求确定管段内的净空尺寸，而沉管结构的外轮廓尺寸应满足浮运要求，同时还应满足截面的确定要求。在考虑以上综合条件的情况下，才能确定管段横断面的几何尺寸和形状。管段的长度则需要考虑经济条件、航道条件、管段断面形状、施工及技术条件等。

根据交通隧道的有关规定，对于双向行车隧道，每个方向的行车道应有各自的管道，一般车行道宽度为3.5 m，车行道边缘距侧墙的间距为0.8～1.0 m，车行道净空高度为4.5 m。车行道与侧墙的空间通常做成人行道，空间高度可低于车行道高度，可供隧道管理人员或抛锚的汽车驾驶员使用。据此可推算一条双车行道宽度大于9 m。在隧道顶部，按规定应有0.35 m留作照明和信号设备的空间，如果使用纵向通风系统，则附加净空应增加到0.85 m。

（二）沉管的浮力设计

在沉管结构设计中，有一个与其他地下结构不同的特点，就是必须处理好浮力与重力的关系，这就是所谓的浮力设计。通过浮力设计可以确定沉管结构的外廓尺寸，从而确定沉管结构横断面尺寸。

浮力设计的内容包括干舷的选定和抗浮安全系数的验算。

1. 干舷。这里干舷是指管段在浮运时，为了保持管段稳定必须使管顶露出水面的高度部分。具有一定干舷的管段，遇到风浪而发生侧倾时，干舷会自动产生反向力矩，使管段保持平衡。

一般矩形断面管段，干舷为10～15 cm，而圆形和八角形断面的管段则多为40～50 cm。干舷的高度应适当，过小其稳定性较差，过大则沉放困难。

有些情况下，由于管段的结构厚度较大，无法自浮，可以设置浮筒、钢或木围堰助浮。另外，管段制作时，混凝土重度和模壳尺寸常有一定幅度的变动，而河水密度也有一定的变化幅度，浮力设计时，按照最大混凝土重度、最大混凝土体积和最小河水密度进行干舷的计算。

2. 抗浮安全系数。在管段沉放施工阶段，应采用1.05～1.1的抗浮安全系数。管段沉放完毕回填土时，周围河水与砂、土相混，其密度大于原来河水密度，浮力也相应增加。因此，施工阶段的抗浮安全系数务必大于1.05，防止复浮。

在覆土完毕以后的使用阶段，抗浮安全系数应采用1.2～1.5，计算时可以考虑两侧填土所产生的负摩擦阻力。

设计时需要按照最小混凝土重度、最小混凝土体积和最大河水密度来计算抗浮安全系数。

3. 沉管结构的外廓尺寸。在沉管式水底隧道中，总体设计只能确定隧道的内净宽度以及车道净空高度。沉管结构的外廓尺寸必须通过浮力设计才能确定。在浮力设计中，既要保持一定的干舷，又要保证一定的抗浮安全系数。因此，沉管结构的外廓高度往往超过车道净空高度与顶底板厚度之和。

（三）作用在沉管结构上的荷载

作用在沉管结构上的荷载有结构自重、水压力、土压力、浮力、施工荷载、波浪压力、水流压力、沉降摩擦力、车辆活荷载、沉船荷载，以及地基反力、温度应力、不均匀沉降和地震等所产生的附加应力。

上述荷载中，作用在沉管上的水压力是主要荷载。尤其是覆土高度较小时，水压力常是最大荷载。水压力又非定值，受高低潮位的影响，还要考虑台风时和特大洪峰时的水位压力。

作用在沉管上的垂直向土压力，一般为河床底到沉管顶面间的土体重力。在河床不稳定地区，还要考虑水位变迁的影响。作用在沉管侧面上的水平土压力并非常量，在隧道建成初期，土的侧压力较大，随着土的固结发展而减小。设计时按最不利组合分别取用。

施工荷载是指压载、端封墙、定位塔等施工设施的重力。在计算浮运阶段的纵向弯矩时这些荷载是主要荷载，通过调整压载水箱的位置可以改变弯矩的分布。

波浪压力和水流压力对结构设计的影响很小，但对于水流压力必须进行水工模型试验予以确定，据此设计沉放工艺及设备。

沉降摩擦力则是由于回填后，沉管沉降和沉管侧回填土沉降并不同步，沉管侧回填土沉降大于沉管沉降，因此在沉管侧壁外承受向下摩擦力。为了降低摩擦系数，常在侧壁外喷软沥青以减小摩擦力。

在水底隧道中，车辆交通荷载往往可以忽略。沉船荷载由于产生的概率太小，对此项荷载是否设计计算、计算采用荷载值的大小仍存在争议。

地基反力的分布规律有各种不同的假定：（1）直线分布；（2）反力强度和各点沉降量成正比，即温克尔假定，地基系数又可以分为单一系数和多种地基系数两种；（3）假定地基为半无限弹性体，按弹性理论计算反力。

沉管内外壁之间存在温差，外壁的温度基本上与周围土体一致，视为恒温，而内壁的温度与外界一致，四季变化。一般冬季外高内低，夏季外低内高，温差将产生温度应力。由于沉管内外壁之间的温度传递需要一个过程，一般设计需要考虑持续5～7天的最高温度和最低温度的温差。

混凝土的收缩影响是由施工缝两侧不同龄期的混凝土的剩余收缩所引起的，因此应按照初步的施工计划规定龄期并设定收缩差。

地震及其他荷载可按有关规定考虑，在此不做详述。

（四）管段结构设计

按横断面和纵断面分别进行沉管段的结构设计。首先确保在各荷载作用下管段是安全的、经济的。沉管的断面结构形式大多数是多孔箱形结构。这种多孔箱形结构和其他高次超静定结构一样，其结构内力分析必须经过“假定截面尺寸—分析内力—修正尺寸—复算内力”的几次循环，工作量较大。为了避免采用剪力钢筋，改善结构性能，减少裂缝出现，在水底隧道的沉管结构中，常采用变截面或折拱形结构。即使在同一管段内，因隧道纵坡和河底标高的变化，各处截面所受的水压力、土压力不同，特别在接近岸边时由于荷载变化急剧，不能只以一个断面的结构分析结果和河中段全长的横断面配筋计算来代替整节管段，所以目前一般使用电子计算机对结果进行分析。

1. 钢壳方式的管段设计。

（1）横断面设计：钢壳方式的管段设计的特征是钢壳同时要作为混凝土灌注时的模板。而灌注后的管段与干坞方式的管段是一样的。

钢壳要与混凝土成为一体，作为永久构件存在。在设计上因存在腐蚀、残留应力和与混凝土成为一体等问题，很难视为承载的一个有效构件。因此，目前多按临时构件来设计。

钢壳方式的管段的强度是按具有一定间隔的横向肋、形成各自独立的横向闭合框架和受到作用在肋间荷载的平面骨架进行计算的。

横断面方向的钢壳断面，一般决定于混凝土灌注时的应力。随着混凝土的灌注，吃水深度增加，水压增大，设计断面也应随之变化。因此，应对每一施工阶段的混凝土重力和水压力进行应力计算，而后按最危险状态决定钢壳断面。

（2）纵断面设计：把整个钢壳视为纵断方向的梁，按施工荷载研究管段的强度和变形。设计状态可分为进水时、混凝土灌注时、拖航停泊时等。

钢壳在船台上制作，纵向进水时的状态会产生较大的应力，故多由此状态决定断面尺寸。

为使断面力最小，应按管段中央左右对称划分灌注区段。最初的灌注位置，最好设在管段全长的 1/4 处。

2. 钢筋混凝土管段的设计。

（1）横断面设计：用于船坞制作的钢筋混凝土管段，从施工角度看，在应力方面是不会有问题的。决定横断面时，要注意考虑浮力的平衡问题。

决定横断面尺寸时，一般都采用平面框架结构进行应力计算。此时，作为结构体系的支撑条件，要设定地基的反力系数，但其值的选用要考虑地层的性质、基础宽度等。

横断面构件的厚度，一般按钢筋混凝土构件计算即可。沉管隧道主要是受水压力、土压力的作用，设计荷载多为永久荷载，同时在水下维修也是困难的。因此，混凝土和钢筋的应力，要根据开裂宽度、混凝土的徐变等影响，加以充分研究后选定设计的目标值。

计算构件的厚度时，要考虑施工钢筋的布置。特别是大水深的沉管隧道和大断面的沉管隧道，应按大径钢筋、小间隔配置。

（2）纵断面设计：沉管隧道在纵断面上一般由敞开段、暗埋段、沉埋段以及岸边竖井等部分构成。管段的纵向设计，除考虑混凝土灌注时、牵引时、沉放时的状态外，还要考虑完成后的地震影响、地层下沉影响、温度变化的影响等。

（3）配筋：沉管结构的混凝土强度宜采用 C30、C35、C40。

由于沉管结构对贯通裂缝非常敏感，因此采用钢筋等级不宜过高，不宜采用 HRB400 级及以上的钢筋。

（4）预应力的作用：一般情况下，沉管隧道采用普通混凝土结构而不采用预应力混凝土结构。因为沉管的结构厚度并非是由强度决定的，而是由抗浮安全系数决定的。由抗浮安全系数决定的厚度对于强度而言常常有余而非不足。施加预应力结构虽有提高抗渗性的长处，但若只为防水而采用预应力混凝土结构并不经济。

当隧道跨度较大，达 3 车道以上或者水压力、土压力又较大时，沉管结构的顶板、底板受到的剪力也相对较大。

(五)管段接头设计

管段沉放完毕之后,必须与前面已沉放好的管段或竖井接合起来,这项连接工作在水下进行,亦称水下连接。

管段接头应具有以下功能和要求:第一是水密性的要求,即要求在施工和运营阶段均不漏水;第二是接头应具有抵抗各种荷载作用和变形的能力;第三是接头的各构件功能明确,造价适度;第四是接头的施工性好,施工质量能够保证,并尽量做到能检修。常用的接头有 GINA 止水带、OMEGA 止水带以及水平剪切键、竖直剪切键、波形连接件、端钢壳及相应的连接件。水平剪切键可承受水平剪力,竖直剪切键可承受竖直剪力及抵抗不均匀沉降,波形连接件增加接头的抗剪能力,端钢壳主要是起安装端封门和接头其他部件、调整隧道纵坡的作用。

1. 接头类型。在设计接头时,要保证其具有良好的止水性能和充分的传递力。在采用可挠性接头时,要满足伸缩等必要的功能以及施工性、经济性等条件。

接头的构造有与管段具有同样强度、刚性的连续构造接头形式和管段能够相互伸缩、转动的柔性构造的可挠性接头形式。

(1)连续构造接头的设计:此种接头在美国、加拿大采用较多,日本初期的沉管隧道也多采用这种接头。连续构造接头有扩大管段端部断面的形式、在管段外周设置橡胶密封垫的止水装置、和本体形成同一断面的结构形式,也有等断面的形式。前者的刚度、强度几乎与本体相同;后者因结合处的断面小,强度要达到与本体相同则难度更大。后者刚度也比本体小,但是管段端部无须扩大,外侧是等断面的管段,制作较方便。

使管段相互结合、传递力的方法有沉放后用内部钢筋混凝土衬砌连接接头的方式和焊接钢板传力的方式。不管哪种方式,都要能承受因地震、地层下沉、温度变化等造成的轴向拉力、压力、弯矩、剪力等。

(2)可挠性接头(柔性接头)的设计:柔性接头是能使管段接头处产生伸缩、转动的结构。但不容许无限制的位移,要根据止水性及交通功能等,规定出容许的位移值,使接头的位移在容许范围之内。

柔性接头的设置地点与构造条件、地质条件、地震条件有关。

2. 止水构造。在管段的接头处,不管采用哪种接头方式,都要进行止水构造的设计。一般橡胶密封垫的一次止水构造是最基本的构造。

决定橡胶密封垫的材质、形状尺寸时要满足以下条件:止水构件材质的长期稳定性和耐久性,管段接合时具有所规定的止水性,水力压接时具有合适的荷载-压缩变形特性,有永久的止水性能等。采用可挠性接头时,在设计的伸缩量条件下要能确保止水性;接合后,对外侧水压是安全的。

为满足这些条件,必须进行橡胶的材质试验、压缩特性试验、剪切试验、止水性能试验等,据此决定最佳形状尺寸和硬度。一般橡胶的材质多采用天然橡胶和合成橡胶。在设计橡胶密封垫时,要注意橡胶的永久变形量。对可挠性接头,还应掌握橡胶的动力特性。

目前,在初期止水上常采用 GINA 止水带,为减小初期接合时的钢壳断面的施工误差,在前面和底部设有突起,其硬度较小。

止水带在水压接合时处于压缩状态,对静水压有足够的止水能力。但是在水压接合时,如果止水带没有处于充分压缩状态和发生地震等原因,接头会张开,使压缩荷载释放,从而降低止水性能,产生漏水。

止水带的安全性,从设置到整个使用期间,要考虑三种状态,即水压接合时的状态、正常状态和地震时的状态。止水带必须按这三种状态进行设计和安全性检验。

二次止水装置是为一次止水发生故障而设的具有止水构造的安全阀,要能承受外水压。

3. 最后接头。沉管隧道的接头,一般分为中间接头、与竖井的接头和最后接头,它们的结构形式有些差异。其中,最后接头是最后一节管段与前设管段的接头,与管段一般段的接头不完全相同。最后接头一般设在管段与竖井处。最后接头处的水深比较浅时,可在接头范围设围堰,用内部排水方式施工。也可采用与水力压接相同的方法做最后接头,即在最后接头周围安设橡胶密封垫的止水板,而后排出内部的水,使止水板水压压接。此法与水深关系不大,是比较合理的方法。

总之,最后接头必须考虑施工作业条件和安全性,合理确定位置、结构和施工方法等。从目前采用的最后接头的施工方法来看,一般有干施工、水下混凝土、接头箱体、止水板、楔形箱体等形式。

(六)基础设计

1. 地质条件与沉管基础。在一般地面建筑中,如果建筑物基底下的地质条件差,就需做合适的基础设计,否则就会发生有害的绝对和差异沉降,甚至有发生建筑物坍塌的危险。

在水底沉管隧道中,情况就完全不同。首先不会产生由于土固结或剪切破坏所引起的沉降。因为作用在沟槽底部的荷载在设置沉管后非但未增加,反而减小了,所以沉管隧道很少需要构筑人工基础以解决沉降问题。此外,沉管隧道施工是在水下开挖沟槽的,没有产生流沙现象的问题,不像地面建筑或其他方法施工的水底隧道那样,遇到流沙时必须采用费用较高的疏干措施。因此,沉管隧道对各种地质条件的适应性很强,正因如此,一般水底沉管隧道施工时不必像其他水底隧道施工法那样,须在施工前进行大量的深水钻探工作。

2. 基础处理。沉管隧道对各种地质条件的适应性很强,这是它的一个很重要的特点。然而在沉管隧道中,也仍需要进行基础处理,不过其目的不是为了应对地基土的沉降,而是因为在开槽作业中,不论是使用哪一类型的挖泥船,完成后的槽底表面总有不同程度的不平整,这种不平整使槽底表面与沉管底面之间存在很多不规则的空隙。这些不规则的空隙会导致地基土受力不均而局部破坏,从而引起不均匀沉降,使沉管结构承受较高的局部应力,从而导致开裂。因此,在沉管隧道中必须进行基础处理——垫平,以消除这些有害的空隙。

沉管隧道的各种基础处理方法,按照时间在沉管设置前后分为先铺法和后填法两类。先铺法是在管段沉放之前,先在槽底铺上砂、石垫层,然后将管段沉放在垫层上。先铺法适用于底宽较小的沉管工程。后填法是在管段沉放完毕之后,再进行垫平作业。后填法大多适用于底宽较大的沉管工程。

沉管隧道的各种基础处理方法均以消除有害空隙为目的,所以各种不同的基础处理方法之间的差别,仅是垫平途径不同而已。但其效率、效果以及费用的差别,在设计时必须详细斟酌。

刮铺法属于先铺法。在管段沉放前采用专用刮铺船上的刮板在基槽底刮平铺垫材料(粗砂、碎石或砂砾石)作为管段基础。采用刮铺法开挖基槽底应超挖 60 ~ 80 cm,在槽底两侧打数排短桩安设导轨,以便在刮铺时控制高程和坡度。

喷砂法和压注法属于后填法。喷砂法是从水面上用砂泵将砂水混合料通过伸入管段底下的喷管向管段底喷注、填满空隙。砂垫层厚度为 1 m 左右,可沿着轨道纵向移动的桁架外侧挂三根 L 形钢管,中间为喷管,两侧为吸管。砂的平均粒径约为 0. 5 mm。砂水混合料的浓度和排出速度与喷出形成的砂饼直径有直接关系。

压注法是在管段沉放后向管段底面压注水泥砂浆或砂作为管段基础。根据压注材料不同分成压浆法和压砂法两种。压浆法是在开挖基槽时应超挖1 m左右,然后摊铺一层厚40 ~ 60 mm的碎石,两侧抛堆砂石封闭后,通过隧道内部的压浆设备,在管段底板上带单向阀的压浆孔,向管底空隙压注注入由水泥、膨润土、黄砂和缓凝剂配成的混合砂浆。压砂法与压浆法相似,但注浆材料为砂水混合物。

3. 软弱土层中的沉管基础。如果沉管下的地基土特别软弱,容许承载力非常小,仅做垫平处理是不够的,解决的办法有以砂置换软土层,打砂桩并加荷预压,减小沉管质量,采用桩基。在这些办法中,以砂置换软土层会增加很多工程费用,且在地震时有液化危险,故在砂源较远时是不可取的。打砂桩并加荷预压的方法也会大量增加工程费用,且不论加荷多少,要使地基土达到固结密实所需的时间很长,对工期影响较大,所以一般不采用此办法。减小沉管质量的方法对于减少沉降有效,但沉管的抗浮安全系数本来就不大,减小沉管质量的办法并不实用。因此,比较适宜的办法为采用桩基。

沉管隧道采用桩基后,也会遇到一些通常地面建筑所遇不到的问题。首先,基桩桩顶标高在实际施工中不可能达到完全齐平。因此,在管段沉放完毕后,难以保证所有桩顶与管底接触。为使基桩受力均匀,在沉管基础设计中必须采取一些措施,主要包括以下三种:

(1)水下混凝土传力法:基桩打好后,先浇一两层水下混凝土将桩顶裹住。而后再在水下铺上一层砂石垫层,使沉管荷载经砂石垫层和水下混凝土层传到桩基上去。

(2)砂浆囊袋传力法:在管段底部与桩顶之间,用大型化纤囊袋灌注水泥砂浆加以垫实,使所有基桩均能同时受力。所有囊袋既要具有较高的强度,又要有充分的透水性,以保证灌注砂浆时,囊内河水能顺利排出囊外。砂浆的强度不需要太高,略高于地基土的抗压强度即可,但流动性要高些,故一般均在水泥砂浆中掺入膨润土泥浆。

(3)活动桩顶法:在所有的基桩顶端设一小段预制混凝土活动桩顶。在管段沉放完毕后,向活动桩顶与桩身之间的空腔中灌注水泥砂浆,将活动桩顶升到与管底密贴接触为止。

(七)竖井和引道设计

1. 竖井。竖井分别位于沉管隧道的两端,是沉管隧道和陆上隧道的接续点。对公路隧道还具有风井的功能。对于其他用途的隧道,多用于排水设施、电气设施、附属设施等的收容空间。竖井设计的主要任务是确保其稳定性。竖井的稳定,一般是由地震及施工时的稳定性要求决定的。

在公路沉管隧道中,在竖井中通常要设置通风、电力、监视控制及排水设备。而在铁路沉管隧道中,这些设备的规模要小很多。

在竖井的工程实例中,通常采用以下基础形式:直接基础,钢管桩基础,现浇混凝土基础,钢管板桩基础,沉箱基础,复合基础 + 现浇混凝土基础,钢管桩 + 钢沉箱。基础形式要根据地质条件、隧道规模、埋深以及竖井的功能要求等条件选定。

2. 引道。引道构造通常是明渠式的。此时视引道深度的变化,可采用 U 形挡墙、L 形挡墙或反 T 形挡墙、重力式挡墙等多种形式的构造。采用挡墙形式的区间的开挖深度一般不要超过15 m。

陆上隧道一般采用明挖法施工。若深度很深,则可采用沉箱法。

引道设计应特别注意 U 形挡墙的上浮性,为此要选定合理经济的结构形式。

对浮力的上浮安全系数一般取 1.1 ~ 1.2。为此,可加大底板厚度或底板伸出,并对管段在基础两侧和顶部进行回填或在基础上设置抗拔桩。

第二节　顶管法施工设计

一、顶管的关键技术

(一)方向控制

管道能否按设计轴线顶进,是顶管(尤其是长距离顶管)工程成败的关键。顶进方向失去控制会导致管道偏离设计轴线,造成所需顶力的增大,严重的甚至会导致工程无法正常进行。高精度的方向控制也是保证中继环正常工作的必要条件。

(二)顶力大小及方向

如仅采用管尾顶进方式,顶管的顶推力必然随着顶进长度的增加而增大。但由于受到顶推动力和管道强度的制约,顶推力并不能无限制地增大。因此,只采用管尾推进方式,管道的顶进距离必然受到限制。一般采用中继环接力顶推技术加以解决。此外,顶力的方向控制也十分重要,能否保证顶进中顶推合力的方向与管道轴线的方向一致是控制管道方向,同时也是确保顶管工程正常实施的关键。

(三)工具管开挖面正面土体的稳定性

在开挖和顶进过程中,尽量减小对正面土体的扰动是防止坍塌、涌水和确保正面土体稳定的关键。正面土体的失稳会导致管道受力情况急剧变化,甚至会造成顶进方向的偏离。

(四)承压壁后靠结构及土体的稳定性

顶管工程中,多数情况下必须有顶管工作井。顶管工作井一般采用沉井结构或钢板桩支护结构,除了需要验算结构的强度和刚度外,还应确保后靠土体的稳定性,可以采用注浆、增加后靠土体地面超载等方式限制后靠土体的滑动。若后靠土体失稳,不仅会影响顶管的正常施工,严重的还会影响周围环境。

二、顶管工程设计

顶管工程设计主要应解决好工作井的设置、顶管顶力的估算和顶管承压壁后靠土体的稳定性验算问题。

（一）工作井的设置

顶管施工常需设置两种形式的工作井：(1)供顶管机头安装用的顶进工作井（顶进井）；(2)供顶管工具管进坑和拆卸用的接收工作井（接收井）。

工作井实质上是方形或圆形的小基坑，其支护形式同普通基坑，与一般基坑不同的是因其平面尺寸较小，支护经常采用钢筋混凝土沉井和钢板桩。在管径不小于 1.8 m 或顶管埋深不小于 5.5 m 时普遍采用钢筋混凝土沉井作为顶进工作井。当采用沉井作为工作井时，为减少顶管设备的转移，一般采用双向顶进；而当采用钢板桩支护工作井时，为确保土体稳定，一般采用单向顶进。

有的工作井既是前一管段顶进的接收井，又是后一管段顶进的顶进井。

当上下游管线的夹角大于 170°时，一般采用矩形工作井施行直线顶进，常规的矩形工作井平面尺寸可根据表 3－1 选用；当上下游管线的夹角不大于 170°时，一般采用圆形工作井施行曲线顶进。

表 3－1　矩形工作井平面尺寸选用表

顶管内径 /mm	顶进井（宽×长）	接收井（宽×长）	顶管内径 /mm	顶进井（宽×长）	接收井（宽×长）
800～1 200	3.5 m×7.5 m	3.5 m×(4.0～5.0) m	1 800～2 000	4.5 m×8.0 m	4.5 m×(4.0～5.0) m
1 350～1 650	4.0 m×8.0 m	4.0 m×(4.0～5.0) m	2 200～2 400	5.0 m×9.0 m	5.0 m×(5.0～6.0) m

从经济、合理的角度考虑，工作井在施工结束后，一部分将改为阀门井、检查井。因此，在设计工作井时要兼顾一井多用的原则。工作井的平面布置应尽量避让地下管线，以减小施工的扰动影响，工作井与周围建筑物及地下管线的最小平面距离应根据现场地质条件及工作井的施工方法确定。采用沉井或钢板桩支护的工作井，其地面影响范围可按有关公式进行计算，在此范围内的建筑物和管线等均应采取必要的技术措施加以保护。

顶管工作井的深度如图 3－1 所示，其计算公式如下：

1. 顶进井

$$H_1 = h_1 + h_2 + h_3 \tag{3-1}$$

式中　H_1——顶进井的深度(m)；

h_1——地表至导轨顶的高度(m)；

h_2——导轨高度(m)；

h_3——基础厚度（包括垫层）(m)。

2. 接收井

$$H_2 = h_1 + t + h_3 + h_4 \tag{3-2}$$

式中　H_2——接收井的深度(m)；

h_1——地表至支承垫顶的高度(m)；

t——管壁厚度(m)；

h_3——基础厚度（包括垫层）(m)；

h_4——支承垫厚度(m)。

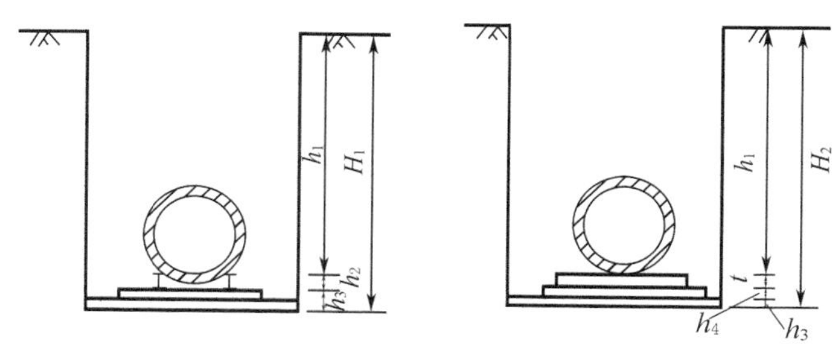

图 3－1 顶管工作井深度示意图

工作井的洞口应进行防水处理，设置挡水圈和封门板，进出井的一段距离内应进行井点降水或地基加固处理，以防止土体流失，保持土体和附近建筑物的稳定。工作井的顶标高应满足防汛要求，坑内应设置集水井，在暴雨季节施工时为防止地下水流入工作井，应事先在工作井周围设置挡水围堰。

(二)顶管顶力的估算

顶管顶力必须克服顶管管壁与土层之间的摩阻力及前刃脚切土时的阻力，从而把管道顶推入土体中。作为设计承压壁和选用顶进设备的依据，需要预先估算出顶管顶力。顶管顶力可按下式进行计算，即

$$P = K[N_1 f_1 + (N_1 + N_2) f_2 + 2Ef_3 + RA_1] \tag{3-3}$$

式中 P——顶管的顶力(kN)；

N_1——顶管以上的荷载(包括线路加固材料重力)(kN)；

f_1——顶管管壁与其上荷载的摩擦系数，由试验确定，无试验资料时，可视顶管上润滑处理情况，采用下列数值：涂石蜡为0.17～0.34，涂滑石粉浆为0.30，涂机油调制的滑石粉浆为0.20，无润滑处理为0.52～0.69，覆土为0.7～0.8；

N_2——全部管道自重(kN)；

f_2——管底管壁与基底土的摩擦系数，由试验确定，无试验资料时，视基底土的性质可采用0.7～0.8；

E——顶管两侧的土压力(kN)；

f_3——顶管管壁与管侧土的摩擦系数，由试验确定，无试验资料时，视土的性质可采用0.7～0.8；

R——土对钢刃脚正面的单位面积阻力(kPa)，由试验确定，无试验资料时，视刃脚构造、挖土方法、土的性质确定，对细粒土为500～550 kPa，对粗粒土为1 500～1 700 kPa；

A_1——钢刃脚正面面积(m^2)；

K——系数，一般取1.2。

(三)顶管承压壁后靠土体的稳定性验算

顶管工作井普遍采用沉井或钢板桩支护结构，对这两种形式的工作井都应首先验算支护结构本身的强度。此外，由于顶管工作井承压壁后靠土体的滑动会引起周围土体的位

移，影响周围环境和顶管的正常施工，因此在工作井设置前还必须验算承压壁后靠土体的稳定性，以确保顶管工作井的安全和稳定。

1. 沉井支护工作井承压壁后靠土体的稳定性验算。采用沉井结构作为顶管工作井时，可按图3－2所示的顶管顶进时的荷载计算图，验算沉井结构的强度和沉井承压壁后靠土体的稳定性。沉井承压壁后靠土体在顶管顶力超过其承受能力后会产生滑动，由图3－2可见，沉井承压壁后靠土体的极限平衡条件为水平方向的合力 $\sum F = 0$，即

$$P = 2F_1 + F_2 + F_p - F_a \tag{3-4}$$

式中　P——顶管的顶力(kN)；

F_1——沉井一侧的侧面摩阻力(kN)，$F_1 = \frac{1}{2}p_a HB_1\mu$（其中，$p_a$为沉井一侧井壁底端的主动土压力强度(kPa)；$H$为沉井的高度(m)；$B_1$为沉井一侧（除顶进方向和承压井壁方向外）的侧壁长度(m)；μ为混凝土与土体的摩擦系数，视土体而定）；

F_2——沉井底面摩阻力(kN)，$F_2 = W\mu$（其中，W为沉井底面的总竖向压力(kN)）；

F_p——沉井承压井壁的总被动土压力(kN)，且

$$F_p = B\left[\frac{1}{2}\gamma H^2\tan^2\left(45^\circ + \frac{\varphi}{2}\right) + 2cH\tan\left(45^\circ + \frac{\varphi}{2}\right) + \gamma hH\tan^2\left(45^\circ + \frac{\varphi}{2}\right)\right]$$

F_a——沉井顶向井壁的总主动土压力(kN)，且

$$F_a = B\left[\frac{1}{2}\gamma H^2\tan^2\left(45^\circ - \frac{\varphi}{2}\right) + 2cH\tan\left(45^\circ - \frac{\varphi}{2}\right) + \gamma hH\tan^2\left(45^\circ - \frac{\varphi}{2}\right)\right] + \frac{2c^2}{\gamma} - \frac{2cq\sqrt{K_a}}{\gamma} + \frac{q^2K_a}{2\gamma}$$

式中　B——沉井承压井壁宽度(m)；

h——沉井顶面距地表的距离(m)；

γ——土的重度(kN/m³)；

φ——内摩擦角(°)；

c——土的黏聚力(kPa)，取各层土的加权平均值；

K_a——主动土压力系数。

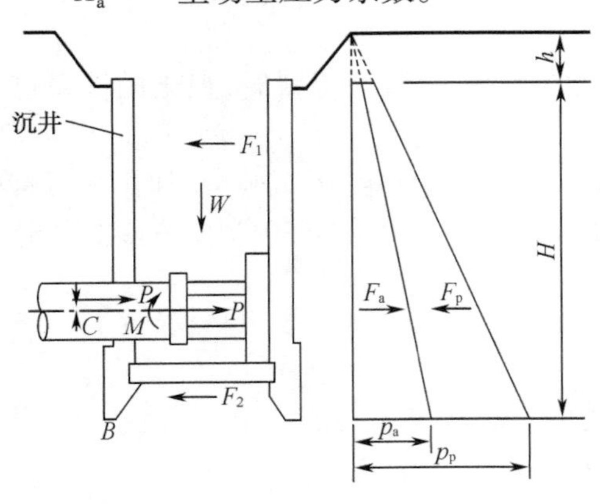

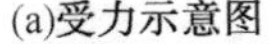
(a)受力示意图

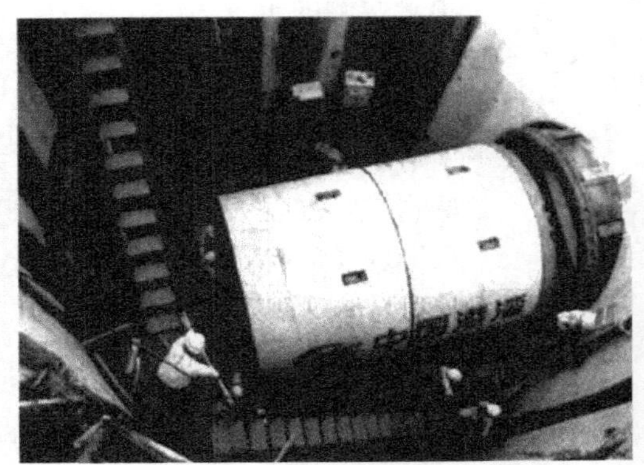
(b)实景

图3－2　沉井工作井

需要强调的是，在中压缩性至低压缩性黏性土层或孔隙比 $e \leqslant 1$ 的砂性土层中，若沉井侧面井壁与土体的空隙经密实填充且顶管顶力作用中心基本不变，可在承压壁后靠土体稳定性验算时考虑 F_1 及 F_2。实际工程中，在无绝对把握的前提下，式（3－4）中的 F_1 及 F_2 均不予考虑。若不考虑 F_1 及 F_2，一般采用下式进行沉井支护工作井承压壁后靠土体的稳定性验算，即

$$P \leqslant \frac{F_p - F_a}{S} \tag{3-5}$$

其中，S 为安全系数，一般取 1.0～1.2，土质越差，S 的取值越大。

2. 钢板桩支护工作井承压壁后靠土体的稳定性验算。顶管的顶力 P 通过承压壁传至板桩后的后靠土体，为了计算出承受壁承受顶力 P 后的平均压力 p，首先可以假设不存在板桩。

根据图 3－3（a）可得出

$$p = P/A_2 \tag{3-6}$$

式中　P——承压壁承受的顶力（kN）；

A_2——承压壁面积（m^2），且

$$A_2 = bh_2$$

其中，b 为承压壁宽度（m），其余符号如图 3－3（a）所示。

由于板桩的协调作用，便出现了一条类似于板桩弹性曲线的荷载曲线（图 3－3（b））。因板桩自身刚度较小，承压壁后面的土压力一般假设为均匀分布，而板桩两端的土压力为零，则总的土体抗力呈梯形分布（图 3－3（c），其面积 $A_5 = A_3$），由板桩静力平衡条件（水平方向的合力为零）得

$$p_0\left(h_2 + \frac{1}{2}h_1 + \frac{1}{2}h_3\right) = ph_2 \tag{3-7}$$

式中　p_0——承压壁后靠土体的单位面积反力（kPa），如图 3－3（c）所示；

p——承压壁承受顶力 P 后的平均压力（kPa），且

$$p = P/(bh_2)$$

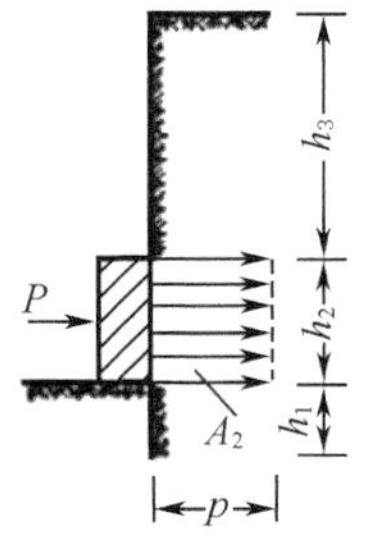

(a) 没有板桩墙的协调作用

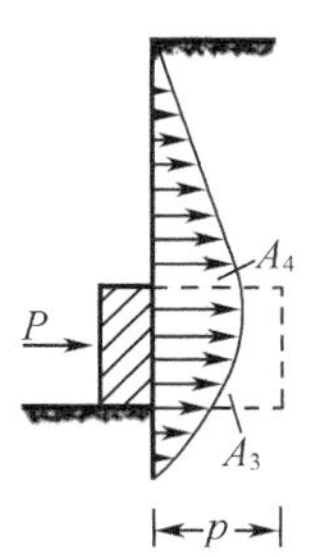

(b) 在板桩墙的协调作用下（荷载曲线类似于弹性曲线）

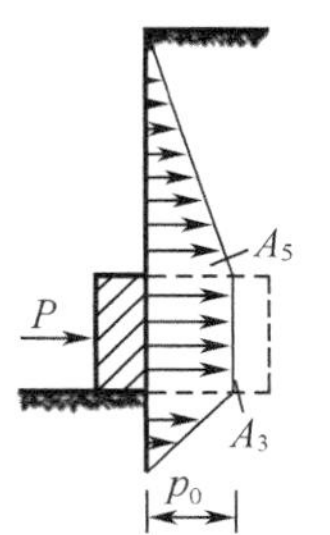

(c) 在板桩墙的协调作用下（荷载曲线类似于梯形）

(d) 实景

图 3－3　承压壁在单段支护条件下对土体的作用

当顶进管道的敷设深度较大时，顶管工作井的支护通常采用两段形式。在两段支护的情况下，只有下面的一段参与承受和传递来自承压壁的作用力，因而仍可用式（3－7）计算。

下面一段完全参与起作用的前提是要用混凝土将下段板桩与上段板桩之间的空隙填充起来,以构成封闭的传力系统。

图3-4、图3-5分别为钢板桩单段、两段支护条件下的顶管工作井承压壁稳定性计算示意图。

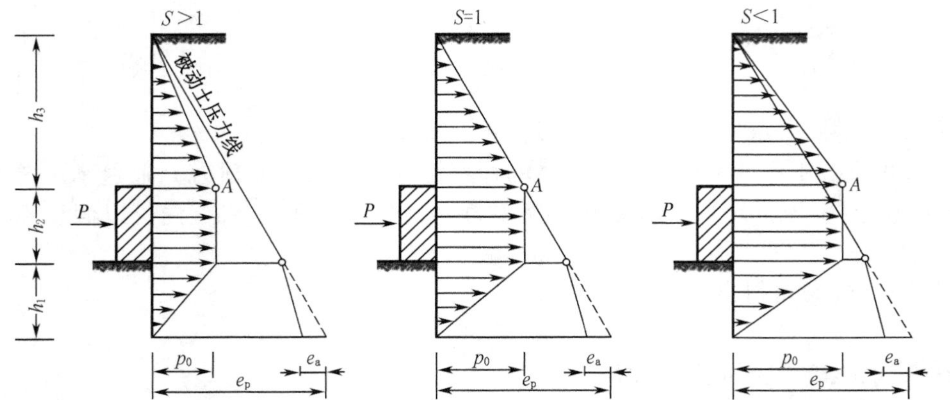

(a)安全系数S>1,表明足够稳定 (b)安全系数S=1,表明尚且稳定 (c)安全系数S<1,表明不稳定

图3-4 钢板桩单段支护条件下的顶管工作井承压壁稳定性计算

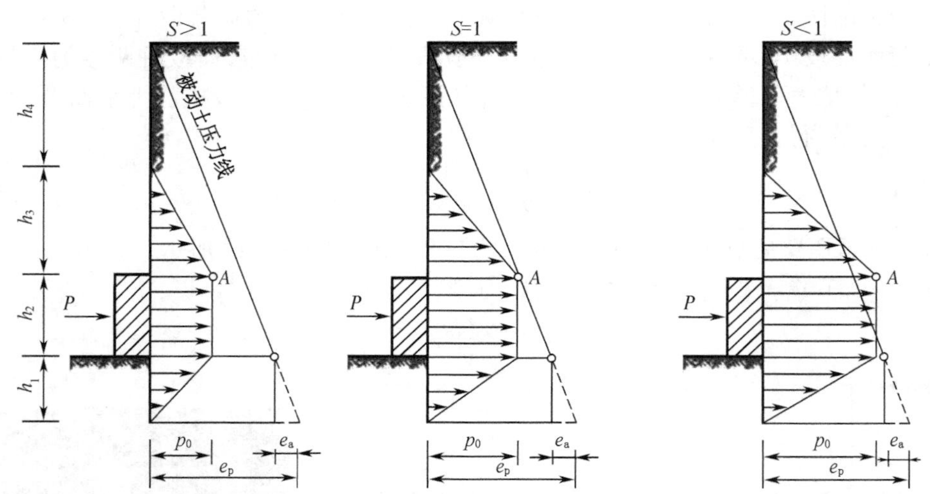

(a)安全系数S>1,表明足够稳定 (b)安全系数S=1,表明尚且稳定 (c)安全系数S<1,表明不稳定

图3-5 钢板桩两段支护条件下的顶管工作井承压壁稳定性计算

由图3-4、图3-5可知,当A点在后靠土体被动土压力线上或在其左侧(即承压壁后靠土体反力等于或小于承压壁上的被动土压力)时,则后靠土体是稳定的,由此推导得出后靠土体的稳定条件为

单段支护
$$\gamma\lambda_p h_3 \geqslant S\frac{2P}{b(h_1+2h_2+h_3)} \tag{3-8}$$

两段支护
$$\gamma\lambda_p(h_3+h_4) \geqslant S\frac{2P}{b(h_1+2h_2+h_3)} \tag{3-9}$$

式中　λ_p——被动土压力系数，$\lambda_p = \tan^2\left(45° + \frac{\varphi}{2}\right)$；

γ——土的重度（kN/m^3）；

S——安全系数，一般取 1.0～1.2，后靠土体土质越差，S 的取值越大。

上述推导是基于单向顶进的情况，若是双向顶进，即后靠板桩上留有通过管道的孔口时，则平均压力应修改为

$$p = \frac{P}{bh_2 - \frac{1}{4}\pi D^2} \tag{3-10}$$

其中，D 为管道外径（m）。

同理，后靠土体的工作稳定条件为

单段支护
$$\gamma\lambda_p h_3 \geqslant S\left[\frac{2P}{b(h_1 + 2h_2 + h_3)} \frac{h_2}{bh_2 - \frac{1}{4}\pi D^2}\right] \tag{3-11}$$

两段支护
$$\gamma\lambda_p(h_3 + h_4) \geqslant S\left[\frac{2P}{b(h_1 + 2h_2 + h_3)} \frac{h_2}{bh_2 - \frac{1}{4}\pi D^2}\right] \tag{3-12}$$

为了计算承压壁后靠土体的稳定性，首先必须估算承压壁的尺寸。如果第一次计算得出 $S<1$，那就必须增大 h_2 或者 b，直到 S 达到 1 为止。要是这样还不行，那就应该降低 P 的数值。

在顶管顶进时应密切观测承压壁后靠土体的隆起和水平位移，并以此确定顶进时的极限顶力，按极限顶力适当安排中继环的数量和间距。此外，还可采取降水、注浆加固地基以及在承压壁后靠土体地表施加超载等办法来提高土体承受顶力的能力。

第三节　沉　井　法

一、沉井的分类及其组成

（一）沉井的分类

沉井的类型较多，一般可按以下几个方面进行分类。

1. 按沉井横截面形状分类。

（1）单孔沉井：单孔沉井的孔形有圆形、正方形及矩形等。圆形沉井承受水平土压力及水压力的性能较好，而正方形、矩形沉井受水平压力作用时断面会产生较大的弯矩，因而圆形沉井的井壁可做得较正方形及矩形井壁薄一些。正方形及矩形沉井在制作和使用时常比圆形沉井方便，为改善正方形及矩形沉井转角处的受力条件，并减缓应力集中现象，常将其四个外角做成圆角。

（2）单排孔沉井：单排孔沉井有两个或两个以上的井孔，各孔以内隔墙分开并在平面上按同一方向排布。按使用要求，单排孔也可以做成矩形、长圆形及组合形等形状。各井孔间的隔墙可提高沉井的整体刚度，利用隔墙可使沉井能较均衡地挖土下沉。

（3）多排孔沉井：多排孔沉井即在沉井内部设置数道纵横交叉的内隔墙。这种沉井刚度较大，且在施工中易于下沉，如发生沉井偏斜，可通过在适当的孔内挖土校正。这种沉井

的承载力很高,适于做平面尺寸大的建筑物的基础。

2. 按沉井竖直截面形状分类。

(1)柱形沉井:柱形沉井的井壁按横截面形状做成各种柱形且平面尺寸不随深度变化。柱形沉井受周围土体的约束较均衡,只沿竖向切沉,不易发生倾斜,且下沉过程中对周围土体的扰动较小。其缺点是沉井外壁面上土的侧摩阻力较大,尤其当沉井平面尺寸较小、下沉深度较大而土又较密实时,其上部可能被土体夹住,使其下部悬空,容易造成井壁拉裂。因此,柱形沉井一般在入土不深或土质较松散的情况下使用。

(2)阶梯形沉井:阶梯形沉井井壁平面尺寸随深度呈阶梯形加大。由于沉井下部受到的土压力及水压力较上部的大,故阶梯形结构可使沉井下部刚度相应提高。阶梯可设在井壁的内侧或外侧。

(3)锥形沉井:锥形沉井的外壁面带有斜坡,坡比一般为1/50~1/20。锥形沉井也可减小沉井下沉时土的侧摩阻力,但下沉不稳定且制作较难,较少用。

(二)沉井结构组成

沉井一般由井壁、刃脚、隔墙、井孔、凹槽、射水管、封底和盖板等部分组成,井孔即为井壁内由隔墙分成的空腔。

刃脚能减小下沉阻力,使沉井依靠自重切土下沉。根据土质软硬程度和沉井下沉深度来决定刃脚的高度、角度、踏面宽度和强度,在土层坚硬的情况下,刃脚或踏面常用型钢加强。

刃脚的支设方式取决于沉井重力、施工荷载和地基承载力。常用的方法有垫架法、砖砌塑座和土模。在软弱地基上浇筑较重的沉井,常用垫架法。垫架的作用是将上部沉井重力均匀地传给地基,使沉井井身浇筑过程中不会产生过大不均匀沉降,使刃脚和井身产生裂缝而破坏;使井身保持垂直;便于拆除模板和支撑。

采用垫架法施工时,应计算井身一次浇筑高度,使其不超过地基承载力,其下砂垫层厚度亦需计算确定。直径(或边长)不超过 8 m 的较小的沉井,土质较好时可采用砖垫座,砖垫座沿周长分成6~8段,中间留 20 mm 空隙,以便拆除,砖垫座内壁用水泥砂浆抹面。

井壁用于承受井外水压力、土压力和自重,同时起防渗作用。根据下沉系数和地质条件决定井壁厚度和阶梯宽度等。

设置内隔墙能增大沉井刚度,缩小外壁计算跨度,同时又将沉井分成若干个取土井,便于掌握挖土顺序,控制下沉方向。

沉井视高度不同,可一次浇筑,也可分节浇筑,应保证在各施工阶段都能克服侧壁摩阻力顺利下沉,同时保证沉井结构强度和下沉稳定。沉井分节制作时,其高度应保证其稳定性并能使其顺利下沉。采用分节制作,一次下沉时,制作高度不宜大于沉井短边或直径,总高度超过 12 m 时,需有可靠的计算依据和采取确保稳定的措施。

二、沉井的下沉阻力

(一)刃脚反力的计算

根据刃脚反力分析法,为保证沉井顺利下沉,作用在刃脚上的平均压力应等于或略大于刃脚下土体的极限承载力。

$$R_b = G - N_w - R_f \geqslant (1.15 \sim 1.25) R_{mp} \tag{3-13}$$

式中　G——沉井自重(kN);

R_b——作用在刃脚上的平均压力(kN);

R_{mp}——刃脚踏面上土的极限承载力(kN);

N_w——井壁排出的水重,即水的浮力(kN),当采用排水下沉时,$N_w=0$;

R_f——土体与井壁的总摩阻力(kN)。

《给水排水工程钢筋混凝土沉井结构设计规程》(CECS 137:2015)提供了地基极限承载力的经验数值,见表3-2。

表3-2　地基的极限承载力

土的种类	极限承载力/kPa	土的种类	极限承载力/kPa
淤泥	100~200	软塑、可塑状态粉质黏土	200~300
淤泥质黏土	200~300	坚硬、硬塑状态粉质黏土	300~400
细砂	200~400	软塑、可塑状态黏性土	200~400
中砂	300~500	坚硬、硬塑状态黏性土	300~500
粗砂	400~600		

(二)侧摩阻力的计算

沉井基础的关键技术是确保其平稳下沉,而下沉过程中侧摩阻力的大小往往是下沉过程中的一个重要参数。因此,侧摩阻力历来是岩土工程领域比较关注的问题之一,也是比较棘手的问题。长期以来,设计中采用的摩阻力分布图式和现行规范中给出的建议模式均是由大直径桩的下沉机理分析得出的。

对于井壁高度大于5 m的沉井,《给水排水工程钢筋混凝土沉井结构设计规程》(CECS 137:2015)对沉井井壁外侧摩阻力的分布做出了如下规定:

(1)当井壁外侧为直壁时,摩阻力随入土深度线性增大,并且在5 m深处增大到最大值f_k,5 m以下保持常值,如图3-6(a)所示;

(2)当井壁外侧为阶梯形时,在5 m深处增到$(0.5\sim0.7)f_k$,5 m以下不变,在台阶处增大到f_k,如图3-6(b)所示。

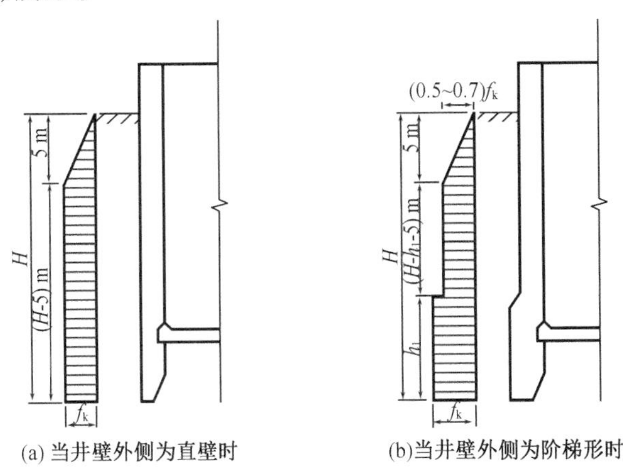

图3-6　摩阻力沿井壁外侧的分布图形

图 3－6(a)为主要用于井壁外侧无台阶的沉井，目前采用较多；图 3－6(b)所示沉井主要由于井壁外侧台阶以上的土体与井壁接触并不紧密，可在空隙中灌砂助沉，因此摩阻力有所减小，故目前采用也较多。

还应指出，在淤泥质黏土及亚黏土中，由于土壤的内聚力等因素的作用，若沉井停止下沉的时间越长，f_k值就越大，有时可能高达 40 kN/m^{2}以上；当沉井在开始起步下沉时，f_k值又下降到较小值。但由于淤泥质土的承载力很低，这时沉井就会突然下沉，其最大沉降量可达 3～5 m，只需数十秒就能完成。所以，沉井在淤泥质黏土和亚黏土中下沉时，土体须进行加固处理，否则会造成严重的质量事故。

沉井下沉过程中，井壁与土的摩阻力可根据工程地质条件及施工方法和井壁外形等情况，并参照类似条件沉井的施工经验确定。当缺乏可靠的地质资料时，井壁单位面积的摩阻力可参考表 3－3 选用。

表 3－3　土体与井壁的单位面积摩阻力标准值 f_k

序号	土层类别	单位面积摩阻力 f_k/(kN·m^{-2})
1	流塑状态黏性土	10～15
2	可塑、软塑状态黏性土	10～25
3	硬塑状态黏性土	25～50
4	泥浆土	3～5
5	砂性土	12～25
6	砂砾石	15～20
7	卵石	18～30

注：井壁外侧为阶梯式且采用灌砂助沉时，灌砂段的单位摩阻力标准值可取 7～10 kN/m^2。

沉井下沉时，土体与井壁的总摩阻力 R_f则为

图 3－6(a)
$$R_f = (H-2.5)f_kU \tag{3-14}$$

图 3－6(b)
$$R_f = \left[\frac{1}{2}(H+h_1-2.5)\right]f_kU \tag{3-15}$$

式中　R_f——土体与井壁的总摩阻力(kN)；

U——沉井井壁外围周长(m)；

H——沉井下沉深度(m)；

f_k——单位面积侧摩阻力(kPa)；

h_1——沉井下部台阶高度(m)。

(三)稳定系数和下沉系数

沉井的下沉运动十分复杂，如假设土介质是均匀的并且没有任何外界干扰及不均匀开挖等因素的影响，它在土介质中只做下沉运动。然而，实际施工中，由于沉井规模大，施工场地存在诸多不确定因素，并受周围环境的干扰的影响，使得沉井实际下沉呈现一种复杂的空间运动。

沉井下沉所受的阻力，主要包括沉井外壁与土体的侧摩阻力、刃脚踏面和隔墙下土体

的正面阻力两种。实际工程中，一般用稳定系数来保证沉井首次接高期间的稳定性，用下沉系数法来验算沉井的下沉条件。

$$K_s' = (G - N_w)/(R_f + R_b) \tag{3-16}$$

$$K' = (G + G' - F)/(R_f + R_1 + R_2) \tag{3-17}$$

式中　K_s'——下沉系数；

K'——稳定系数，又称接高系数；

G——沉井自重（kN）；

G'——施工荷载，按沉井表面 0.2 t/m^{2}进行计算（kPa）；

N_w——井壁排出的水重，即水的浮力（kN），当采用排水下沉时，$N_w=0$；

R_b——作用在刃脚上的平均压力（kN），当刃脚底面和斜面的土方被挖空时，$R_b=0$；

R_f——沉井侧面的总摩阻力（kN）；

R_1——接高期间，沉井刃脚踏面及斜面下土的支承力（kN）；

R_2——接高期间，沉井隔墙下土的支承力（kN）。

小型沉井下沉时，刃脚底面和斜面的土方均被取走，因此在计算下沉系数时，一般取 $R_b=0$。大型沉井下沉期间，常保留部分支承面积 $R_b=0$，按照支承面积不同，分为三种情况：支承面积可能取刃脚踏面和隔墙底部面积之和，即全截面支承；也可能取刃脚踏面面积，即全刃脚支承；也可仅取刃脚踏面面积的一半，即半刃脚支承。

沉井接高期间，为防止地基承载力不足而发生突沉，要求稳定系数 $K'<1$，一般取 0.8～0.9。当 $K'>1$ 时，说明地基土的极限承载力有限，不足以支承巨大的沉井重力，需要进行地基处理，以提高地基承载力，从而保证沉井接高期间的稳定性。

工程中，下沉系数 K_s'取值一般为 1.15～1.25，在 K_s'取值时，尚需针对工程下沉速度的具体情况加以考虑。在刚开始下沉及下沉速度快时，K_s'的取值稍小些；位于淤泥质土层和沉井下沉速度快时，K_s'取小值；位于其他土层中，K_s'取大值。

三、沉井的结构设计计算

（一）沉井底节验算

沉井底节为沉井的最下部一节，沉井底节自抽除垫木开始，刃脚的支承位置就在不断变化。

1. 在排水或无水情况下下沉的沉井，可以直接看到并控制挖土的情况，可以将沉井的支承点控制在使井体受力最为有利的位置上。对于圆端形或矩形沉井，当其长边大于 1.5 倍短边时，支承点可设在长边上，两支承点的间距等于 0.7 倍边长，以使支承处产生的顶部弯矩与长边中点处产生的底部弯矩大致相当，并按此条件验算和控制由于沉井自重而产生的井壁顶部混凝土的拉应力。

2. 不排水下沉的沉井，由于不能直接看到挖土的情况，刃脚下土的支承位置难以控制，可将底节沉井作为梁类构件并按照下列假定的不利位置进行验算：

（1）假定底节沉井仅支承于长边中点，两端下部土体被挖空，按照悬臂构件验算沉井自重在长边中点附近最小竖向截面上所产生的井壁顶部混凝土拉应力。

（2）假定底节沉井支承于短边的两端点，验算由于沉井自重在短边处引起的刃脚底面混凝土的拉应力。

桥梁上的大型沉井一般都设有纵横隔墙，为控制大型沉井的姿态，一般对刃脚内侧的土块保护性地保留 3 ~4 m，沉井的下沉总是内部下沉带动刃脚的下沉，不会出现外井壁下部临空现象。

（二）沉井井壁计算

沉井井壁应进行竖直和水平两个方向的内力计算。

1. 竖直方向。

竖直方向的计算工况主要考虑“卡井”的时候，沉井被四周土体嵌固而沉井端部土体已被完全掏空，一般在下部土层比上部土层软的情况下出现，这时下部沉井呈悬挂状态，井壁会有在自重作用下被拉断的可能，因而应验算井壁的竖向拉应力。

拉应力的大小与井壁摩阻力分布图有关，在判断可能夹住沉井的土层不明显时，可近似假定沿沉井高度成倒三角形分布。

在地面处摩阻力最大，而刃脚底面处为零。

该沉井自重为 G，h'为沉井的入土深度，U 为井壁的周长，τ 为地面处井壁上的摩阻力，τ_x为距刃脚底 x 处的摩阻力，则

$$G = \frac{1}{2}\tau hU$$

$$\tau = 2G/(hU)$$

$$\tau_x - \frac{\tau}{h}x = 2Gx/(h^2U)$$

离刃脚底 x 处井壁的拉力为 S_x，其值为

$$S_x = \frac{Gx}{h} - \frac{\tau_x}{2}xU = \frac{Gx}{h} - \frac{Gx^2}{h^2}$$

为求得最大拉应力，令 $\mathrm{d}S_x/\mathrm{d}x = 0$

$$\mathrm{d}S_x/\mathrm{d}x = G/h - (2G_x/h^2) = 0$$

所以

$$x = \frac{h}{2}$$

$$S_{\max} = \frac{G}{h}\frac{h}{2} - \frac{G}{h^2}\left(\frac{h}{2}\right)^2 = \frac{1}{4}G \qquad (3-18)$$

最危险截面在沉井入土深度的 1/2 处，最大计算拉力为沉井全部重力标准值的 1/4，沉井处于轴心受拉的状态。假定接缝处混凝土不承受拉应力而完全由钢筋承担，计算竖向受拉纵筋所需的面积。此时钢筋的抗拉安全系数可取 1.25，且需验算钢筋的锚固长度。

对于不同安全等级最大轴向拉力的规定详见表 3－4，等截面井壁的最大计算拉力为沉井全部重力标准值的比值。

表 3－4　沉井竖向拉力计算及其最小配筋率

沉井施工状态	沉井结构或受其影响建筑物的安全等级与拉力计算取值			纵向钢筋最小构造配筋率
	一级	二级	三级	
排水下沉	0.50G	0.30G	0.25G	钢筋混凝土最小配筋率不宜小于 0.1%；少筋混凝土不宜小于 0.05%
不排水下沉	0.40G	0.25G	0.20G	
泥浆套中下沉	0.30G	0.25G	0.20G	

2. 水平方向。

(1)水平方向应验算刃脚根部以上,高度等于该处壁厚的一段井壁。

计算时除计入该段井壁范围内的水平荷载外,并应考虑由刃脚悬臂传来的水平剪力。根据排水或不排水的情况,沉井井壁在水压力和土压力等水平荷载作用下,应作为水平框架验算其水平方向的弯曲。

如图 3-7 所示,作用在该段井壁上的荷载为

$$q = W + E + Q \tag{3-19}$$

式中　q——作用在井壁 t(框架)段上的荷载(kN/m^2);

W——作用在井壁 t 段上的水压力(kPa),其作用点距刃脚根部的水压力为 $[(W' + 2W'')/(W' + W'')](t/3)$,$W = [(W' + W'')/2]t$,其中 W'、W''分别为 A 点和 B 点的水压力强度;

E——作用在井壁 t 段上的土压力,$E = [(E' + E'')/2]t$,其中 E'和 E''分别为作用在 A 点和 B 点的土压力强度,其作用点距刃脚根部的土压力为$[(E' + 2E'')/(E' + E'')](t/3)$;

Q——由刃脚传来的剪力,其值等于计算刃脚竖直外力时分配于悬臂梁上的水平力(kN/m)。

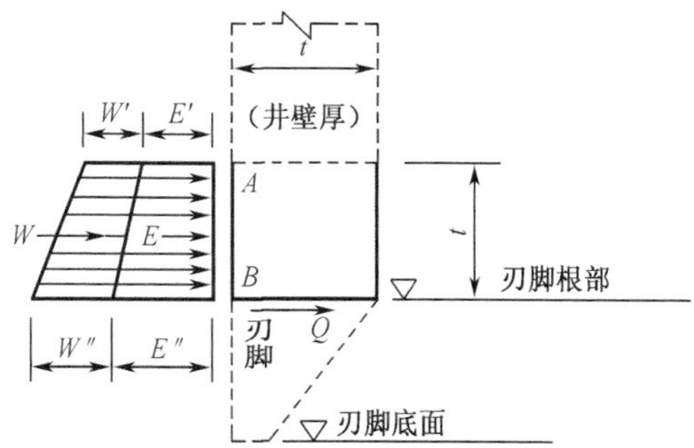

图 3-7　刃脚底部以上 1 倍井壁厚处井壁的水平荷载分布

(2)其余各段井壁的计算,可按井壁断面的变化,取每一段中控制设计的井壁(位于每一段最下端的单位高度)进行计算。

采用泥浆润滑套下沉的沉井,泥浆压力大于上述水平荷载,井壁压力应按泥浆压力(即泥浆重度乘以泥浆高度)计算。

采用空气幕下沉的沉井,井壁压力与普通沉井的计算相同。

第四节　盾构法隧道结构

一、概述

盾构法的设想产生于 19 世纪初的英国。目前,盾构法迅猛发展,不仅开发了适用于软土的盾构工法,而且还开发了适用于卵石地层等其他多种地层的盾构施工技术。此外,盾

构法在提高安全性、提高工程质量、缩短工期及降低成本等方面进行了系统的研发。盾构法在城市隧道施工中已成为一种必不可少的常用隧道施工技术。

(一)盾构法

盾构一词的含义为遮盖物、保护物。这里把外形与隧道横截面相同,但尺寸比隧道外形稍大的钢筒或框架压入地层中构成保护开挖机的外壳。该外壳及壳内各种作业机械、作业间的组合体称为盾构。盾构实际上是一种既能支承地层的压力,又能在地层中完成隧道掘进、出土、衬砌拼装的施工机具,以盾构为核心的一整套完整的建造隧道的施工方法称为盾构法。

盾构法存在以下优点:对环境影响小、出土量少、周围地层的沉降小、对周围构筑物的影响小;不影响地表交通,对周围居民生活、出行影响小;无明显空气、噪声、振动污染问题;施工不受天气条件限制;构筑的隧道抗震性能好;适用地层范围宽泛,砂土、软土、软岩均适用。

(二)盾构法的发展历史

18 世纪末英国人提出在伦敦地下修建横贯泰晤士河隧道的构想,并对具体的开挖工法和使用机械等问题做了讨论。由于竖井挖不到预定的深度,故计划受挫。但人们修建横贯泰晤士河隧道的愿望日益强烈,4 年后托莱维克决定在另一地点建造连接泰晤士河两岸的隧道,施工中克服了种种困难,当掘进到最后 30 m 时,开挖面急剧浸水,隧道被水淹没,横贯泰晤士河的梦想再次破灭。工程从开工到被迫终止用了 5 年时间,横贯泰晤士河隧道的计划在以后 10 年中未见显著进展。

1818 年法国工程师布鲁诺尔观察了小虫腐蚀木船底板成洞的经过,从而得到启示,在此基础上提出了盾构法,并取得了专利,这就是所谓的开放型手掘式盾构的原型。布鲁诺尔对自己的新工法非常自信,并于 1823 年拟订了建造横跨泰晤士河两岸的另一条隧道的计划。工程于 1825 年动工,隧道长 458 m,断面尺寸为 11. 4 m × 6. 8 m。初期工程进展顺利,但因地层下沉,工程被迫中止。布鲁诺尔总结了失败的教训,对盾构做了多年的改进,工程于 1834 再次开工,又经过 7 年的精心施工,终于在 1841 年贯通隧道。布鲁诺尔在该隧道中采用的是方形铸铁框盾构法。

1830 年曹克瑞为解决盾构穿越饱和含水地层的涌水问题,发明了施加压缩空气阻止涌水的压气式盾构。

自布鲁诺尔的方形铸铁框盾构法以后,盾构技术又经过了 20 多年的改进。到 1869 年建造横贯泰晤士河的第二条隧道时,首次采用圆形断面(外径 2. 18 m,长 402 m)。这项工程由柏龙和格瑞特两人负责,格瑞特采用了新开发的圆形盾构,使用铸铁扇形管片,直到隧道开挖结束未发生任何事故。1874 年在英国伦敦地铁南线建造了内径为 3. 12 m 的隧道,其穿越的地层主要为黏土和砂砾土。为解决这一问题,格瑞特综合了以往盾构法施工技术的特点,提出了压气式盾构的整套施工工艺,并首创了盾尾管片衬砌后进行注浆的施工方法,为现代盾构法奠定了基础。从起初托莱维克的反复失败,到布鲁诺尔的盾构法,进而改进成为格瑞特的盾构法,前后经过几十年的漫长岁月。

19 世纪末到 20 世纪中叶盾构法相继传入美国、法国、德国、日本等国,并得到不同程度的发展。这一时期盾构法有诸多的技术改进,在世界各国得以推广普及,仅在美国纽约就用压气式盾构修建了 19 条水底隧道,盾构法施工的隧道有公路隧道、地铁、地下水道以及其他市政公用设施管道等。美国于 1892 年最先开发了封闭式盾构；同年法国巴黎使用混凝土管片建造了下水道隧道；1896—1899 年德国使用钢管片建造了柏林隧道；1913 年德国建造了断面为马蹄形的易北河隧道；日本采用盾构法建造国铁羽越线，后因地质条件差而停止使用；1931 年苏联用英制盾构建造了莫斯科地铁隧道，施工中使用了化学注浆和冻结工法；1939 年日本采用手掘圆形盾构建造了直径为 7 m 的关门隧道；1948 年苏联建造了彼得格勒地铁隧道；1954 年中国阜新建造了直径为 2.6 m 的圆形盾构疏水隧道；1957 年中国北京建造了直径为 2.6 m 的盾构下水道隧道；1957 年日本用封闭式盾构建造了东京地铁隧道。

20 世纪 60 年代中期至 20 世纪 80 年代，盾构法继续发展完善，成果显著。尤其在日本发展迅速。1960 年英国伦敦开始使用滚筒式挖掘机；同年美国纽约最先使用油压千斤顶盾构；1964 年日本最先使用泥水盾构，该技术是对法国在 1961 年提出的泥水平衡盾构设想的实践；1969 年日本在东京首次实施泥水加压盾构施工；1972 年日本开发土压盾构成功；1975 年日本推出泥土加压盾构；1978 年日本开发高浓度泥水盾构成功；1981 年日本开发气泡盾构成功；1988 年日本开发泥水式双圆搭接盾构法成功；1989 年日本开发注浆盾构法成功。20 世纪 80 年代以来，盾构法的发展速度极快，已成为地铁和上下水道等城市隧道的主要施工方法。总之，这一时期的特点是开发了多种新型盾构法，泥水平衡式盾构和土压平衡式盾构成为主流机型。

从 1990 年至今，盾构技术进步极为显著。归纳起来有以下几个特点：

1. 盾构隧道长距离化、大直径化。

2. 盾构多样化。从断面形状方面讲，出现了矩形、马蹄形、椭圆形、多圆搭接形（双圆搭接、三圆搭接）等多种异圆断面盾构；从功能上讲，出现了球体盾构、母子盾构、扩径盾构、变径盾构、分岔盾构、途中更换刀具（无须竖井）盾构、障碍物直接切除盾构等特种盾构；从盾构机的开挖方式上看，出现了摇动、摆动开挖方式的盾构，打破以往的传统的旋转开挖方式。

3. 施工自动化。施工设备出现了管片供给、运送、组装自动化装置；盾构机掘进中的方向、姿态采用自动控制系统；出现了施工信息化、自动化的管理系统及施工故障自诊断系统。

当前是泥水盾构、土压盾构技术的普及和推广时期，但有些技术细节还有待完善及改进。如舱内注入泥水、泥土成分配合比，注入压力，出泥、出土的速度等参数的优化选取，排出泥水的分离处理等。

二、盾构的基本构造

随着盾构技术的发展，盾构设备种类越来越多，按开挖面敞开程度分为全敞开式（人工开挖式、半机械式、机械式）、半敞开式（挤压网格式）及封闭式（土压平衡式、泥水平衡式）盾构。盾构机由通用机构（外壳、开挖机构、挡土机构、推进机构、管片拼装机构、附属机构等部件）和专用机构组成。专用机构因机种的不同而异，如对土压盾构而言，专用机构即为排土机构、搅拌机构、添加材料注入装置；而对泥水盾构而言，专用机构指送排泥机构、搅拌机构。本节以封闭式盾构为重点，介绍盾构的基本构造。

（一）盾构外壳

设置盾构外壳的目的是保护开挖、排土、推进、拼装管片等所有作业设备、装置的安全，故整个外壳用钢板制作,并用环形梁加固支承。一台盾构机的外壳沿纵向从前到后可分为前、中、后三段,通常又把这三段分别称为切口部、支承部、盾尾部。

1. 切口部。该部位装有开挖机械和挡土设备,故又称为开挖挡土部。

就全敞开式、半敞开式盾构而言,通常切口的形状有阶梯形、斜承形、垂直形三种。切口的上半部较下半部突出呈帽檐状。突出的长度因地层的不同而异,通常为 300 ~ 1 000 mm。但是,半敞开式盾构也有无突出帽檐的设计。对自稳性较好的开挖地层,切口的长度可以设计得稍短一些;对自稳性较差的地层,切口的长度要设计得长一些。开挖时把开挖面分段,设置分层作业平台。有些情况下,把前檐做成靠油缸伸缩的活动前檐,切口的顶部做成刃形;对砾石层而言,应做成 T 形。

封闭式盾构与全敞开式盾构的主要区别是在切口部与支承部之间设有一道隔板,使切口部与支承部完全隔开,切口部得以封闭。切口部的前端装有开挖刀盘,刀盘后方至隔板的空间称为土舱(或泥水舱),刀盘背后土舱空间内设有搅拌装置,土舱底部设有进入螺旋输送机的排土口,土舱上留有添加材注入口。此外,当考虑更换刀具、拆除障碍物、地中对接等作业需要时,应同时考虑并用压气法和可出入开挖面的形式,因此隔板上应考虑设置入孔和压气闸。

2. 支承部。支承部即盾构的中央部位,是盾构的主体构造部。因为要支承盾构的全部荷载,所以该部位的前方与后方均设有环状梁和支承柱(支柱),由环状梁和支承柱支承其全部荷载。

对全敞开式、半敞开式盾构而言,该部位装有推动盾构机前进的盾构千斤顶,其推力经过外壳传到切口。中口径以上的盾构机的支承部还设有支承柱和平台,利用这些支承柱可以组装出多种形式(H 形、井字形等)的作业平台。

对封闭式盾构而言,支承部空间内装有刀盘驱动装置、排土装置、盾构千斤顶、中折机构、举重臂支承机构等诸多设备。

3. 盾尾部。盾尾部即盾构的后部。盾尾部为管片拼装空间,该空间内装有拼装管片的举重臂。为了防止周围地层的土砂、地下水及背后注入的填充浆液进入该部位,特设盾尾密封装置。盾尾的内径与管片外径的差称为盾尾间隙。其值的大小取决于管片的拼装裕度,曲线施工、摆动修正必需的裕度,主机外壳制作误差及管片的制作误差。

4. 盾构外壳的设计考虑。进行盾构外壳构造设计时,必须考虑土压力、水压力、自重、变向荷载、盾构千斤顶的反力、挡土千斤顶的反力等条件。覆盖土较厚时,对较好的地层(砂质土、硬黏土)而言,可把松弛土压作为竖向荷载进行设计。地下水压较大的场合下,虽然作用弯矩小,但给安全设计带来一定的难度,故须慎重地选择辅助工法(降低地下水位法、压气工法、注浆工法)。因盾尾部无腹板、加固肋加固,故刚性小,所以可看成尾部前端轴向固定,后端可按自由三维圆筒设计。选定尾板时还必须考虑变向荷载因素。通常切口部和盾尾部的外壳板厚度要稍厚一些,这是由于这两个部位没有采用环状梁和支承柱加固所致。

一般把圆形断面盾构的外壳板的厚度定在 50 ~ 100 mm。

(二)开挖系统

不同盾构设备安装有不同的开挖机构,对于手掘式盾构,开挖机包括风镐和铁锹等。对于半机械式盾构,开挖机构是铲斗和切削头。对于机械式盾构和封闭式盾构,则指的是切削刀盘或刀头。

1. 刀盘的功能和构成。刀盘可以分为转动或摇动的盘状切削器,具有边旋转、边保持开挖面稳定和边开挖岩体的功能。刀盘由切削刀具、稳定开挖面的面板、出土槽口、转动或摇动的驱动机构和轴承机构构成。

2. 刀盘的形状。刀盘的形状主要有轮辐式和面板式两种。面板式又分为平板式、轴芯式和鼓筒式。

轮辐式的刀盘实际负荷扭矩小,容易进土,多用于土压平衡式盾构。面板式的刀盘具有开挖面挡土功能,用于土压式和泥水式盾构。鼓筒式的刀盘用于开挖面自稳性很强的地层,由于砾石和硬质地层对刀盘的强度要求高,所以应安装齿轮钻切削刀头,有利于开挖砂砾石地层。

3. 刀盘扭矩。刀盘扭矩根据围岩条件、盾构形式、盾构结构和盾构直径来确定。刀盘所需扭矩由下式计算:

$$T_N = T_1 + T_2 + T_3 + T_4 + T_5 + T_6 \tag{3-20}$$

式中　T_N——刀盘所需总扭矩(N·m);

T_1——切削土阻力扭矩(N·m);

T_2——与土间摩擦力扭矩(N·m);

T_3——土的搅拌阻力扭矩(N·m);

T_4——轴承阻力扭矩(N·m);

T_5——密封决定的摩擦力扭矩(N·m);

T_6——减速装置的机械损失扭矩(N·m)。

4. 切削刀头。切削刀头的形状和材料可以根据地层条件来确定,其形状主要是确定其前角和后角,对于胶结黏性土,前角和后角要大些,而砾石则相对小些。

常见的刀具有齿形刀具、屋顶形刀具、镶嵌形刀具及盘形刀具。

刀头的安装高度常根据地层条件和旋转距离推算其磨损量、掘进速度和切削转速,以及根据设定位置求出的切入深度等确定。配置则需根据地层条件、盾构外径、切削转速及施工总长度确定。

5. 刀盘的支承方式。切削刀盘的支承方式有中心支承式、中间支承式及周边支承式三种。支承方式与盾构直径、土质对象、螺旋输送机、土体黏附状况等多种因素有关。

6. 轴承止水带。设置轴承止水带,其目的是为了保护切削轴承,防止土砂、地下水及添加剂等侵入,故要求轴承止水带能够承受压力舱内的泥水压、地下水压、泥土压、添加剂和注入压力及气压等。

轴承止水带安装位置应根据刀盘支承方式来确定,即支承方式中切削轴承的支承部位就是轴承止水带的安装位置。

轴承止水带材料应满足耐压性、耐磨损性、耐油性和耐热性等要求,一般常使用丁腈橡胶、聚氨酯橡胶等。

轴承止水带密封件形状有单唇和多唇形,不管哪一种,都是多层组合配置,应供给润滑脂或润滑油,防止止水带滑动面磨损和土砂侵入。

(三)掘进系统

掘进系统是指可以使盾构设备在土层中向前掘进的机构,它是盾构设备关键性的部件,而其主要设备是设置在盾构外壳内侧环形布置的千斤顶群。该系统的总推力和切削系统中的总扭矩是设计、制造盾构设备的最基本依据。所以,正确地选定总力与总扭矩是设计和制造盾构设备的关键。

1. 总推力的计算。盾构的总推力应根据各推进阻力的总和及其所需要的富余量决定,根据地层和盾构机的形状尺寸参数,按下式计算出的推力,称为设计推力,其计算表达式如下:

$$F' = F_1' + F_2' + F_3' + F_4' + F_5' + F_6' \tag{3-21}$$

式中 F_1'——盾构周围外表和土之间的摩擦阻力及黏结阻力(N);

F_2'——掘进时切口环刃口前端产生的贯入阻力(N);

F_3'——开挖面前方阻力(N);

F_4'——变向阻力(N);

F_5'——盾尾内的管片和板壳之间的摩擦阻力(N);

F_6'——后方台车的牵引阻力(N)。

2. 盾构千斤顶的选型和配置。

(1)选择盾构千斤顶的原则:选用压力大、直径小、质量轻、耐久性好,易于保养、维修及更换的千斤顶。

(2)千斤顶的推力:每只千斤顶的推力大小与盾构的外径、要求的总推力、管片的结构、隧道轴线的形状有关。

施工经验表明,选用的每只千斤顶的推力范围:对中小口径的盾构来说,每只千斤顶的推力以 600 ~ 1 000 kN 为宜;对大口径的盾构来说,每只千斤顶的推力以 2 000 ~ 4 000 kN为宜。

(3)千斤顶的布设方式:一般情况下,盾构千斤顶应等间隔地设置在支撑环的内侧,紧靠盾构外壳的地方。特殊情况下,如土质不均匀、存在变向荷载等客观条件时,也可考虑非等间隔设置。千斤顶的伸缩方向应与盾构隧道轴线平行。

(4)撑挡的设置:通常在千斤顶伸缩杆的顶端与管片的交界处,设置一个可使千斤顶推力均匀地作用在管环上的自由旋转的接头构件,即撑挡。另外,在混凝土管片、组合管片的场合下,撑挡的前面应装上合成橡胶或者压顶材,其目的在于保护管环。盾构千斤顶伸缩杆的中心与撑挡中心的偏离允许值一般为 30 ~ 50 mm。

考虑到在盾尾内部拼管片作用、曲线施工等作业,盾构千斤顶的最大伸缩量可按管片宽度加 150 mm 来确定。千斤顶的推进速度一般为 50 ~ 100 mm/min。

(四)管片拼装系统

管片拼装系统设置在盾构的尾部,由举重臂和真圆保持器构成。

举重臂是在盾尾内把管片按所定形状安全、迅速拼装成管环的装置。它包括搬运管片的钳夹系统和上举、旋转、拼装系统。对举重臂的功能要求是能把管片上举、旋转及挟持管片向外侧移动。

当盾构向前推进时管片拼装环(管环)就从盾尾脱出,由于管片接头缝隙、自重和作用土压的原因,管环会产生横向形变,使横断面成为椭圆形。当形变时,前面装好的管环和现拼的管环在连接时会高低不平,给安装纵向螺栓带来困难。为了避免管环的高低不平,需使用真圆保持器,修正、保持拼装后管环的正确(真圆)位置。

真圆保持器支柱上装有可上下伸缩的千斤顶,上下两端装有圆弧形的支架,该支架可在动力车架的伸出梁上滑动。当一环管片拼装结束后，就把真圆保持器移到该管环内，当支柱上的千斤顶使支架紧贴管环后，盾构就可推进。盾构推进后由于真圆保持器的作用，管环不产生形变，且一直保持真圆状态。

（五）控制系统

盾构控制系统可使各设备可靠地工作，使开挖、掘进、出土等相互关联设备和其他设备能平衡地发挥功能。

三、盾构的类型及选择

盾构的分类方法较多，可按挖掘土体的方式、开挖面的挡土形式、加压稳定开挖面的形式、组合分类法、盾构切削断面的形状、盾构的尺寸大小、施工方法、适用土质等多种方式分类。

（一）按挖掘土体的方式分类

按挖掘土体的方式，盾构可分为手掘式盾构、半机械式盾构及机械式盾构三种。手掘式盾构，即开挖和出土均靠人工操作进行的方式。半机械式盾构，即大部分开挖和出土作业由机械装置完成，但另一部分仍靠人工完成。机械式盾构，即开挖和出土等作业均由机械装备完成。

（二）按开挖面的挡土形式分类

按开挖面的挡土形式，盾构可分为开放式、部分开放式、封闭式三种。开放式盾构，即开挖面敞开，并可直接看到开挖面的开挖方式。部分开放式盾构，即开挖面不完全敞开，而是部分敞开的开挖方式。封闭式盾构，即开挖面封闭，不能直接看到开挖面，而是靠各种装置间接地掌握开挖面的方式。

（三）按加压稳定开挖面的形式分类

按加压稳定开挖面的形式，盾构可分为压气式、泥水加压式、削土加压式、加水式、泥浆式、加泥式六种。压气式盾构，即向开挖面施加压缩空气，用该气压稳定开挖面。泥水加压式盾构，即用外加泥水向开挖面加压稳定开挖面。削土加压式（也称土压平衡式）盾构，即用开挖下来的土体的土压稳定开挖面。加水式盾构，即向开挖面注入高压水，通过该水压稳定开挖面。泥浆式盾构，即向开挖面注入高浓度泥浆，靠泥浆压力稳定开挖面。加泥式盾构，即向开挖面注入润滑性泥土，使之与开挖下来的砂卵石混合，由该混合泥土对开挖面加压稳定开挖面。

（四）组合分类法

这种分类方式是把前面（二）（三）两种分类方式组合起来命名分类的方法。这种分类法目前使用较为普遍。这种分类方式的实质是看盾构机中是否存在分隔开挖面和作业面的隔板。开放式盾构不设隔板，其特点是开挖面敞开，适于在开挖面可以自立的地层中使用。开挖面缺乏自立性时，可用压气等辅助工法防止开挖面坍落，稳定开挖面。部分开放式盾构（网格式盾构），即隔板上开有取出开挖土砂出口的盾构，也称挤压式盾构。封闭式盾构是一种设置封闭隔被的机械式盾构，开挖土砂是从位于开挖面和隔板之间的土舱内取出的，利用外加泥水压或者泥土压与开挖面上的土压平衡来维持开挖面的稳定，所以封闭式分为泥水平衡式和土压平衡式两种。进而土压平衡式又分为真正的土压平衡式和加泥平衡式；加泥平衡式又分为加泥和加泥浆两种平衡方式。

（五）按盾构切削断面的形状分类

按盾构切削断面形状，盾构可分为圆形、非圆形两大类。圆形又可分为单圆形、半圆形、双圆搭接形、三圆搭接形。非圆形又分为马蹄形、矩形（长方形、正方形、凹矩形、凸矩形）、椭圆形（纵向椭圆形、横向椭圆形）。

（六）按盾构的尺寸大小分类

按盾构的尺寸大小，盾构可分为超小型、小型、中型、大型、特大型、超特大型。超小型盾构系指直径 $D \leqslant 1$ m 的盾构。小型盾构系指 $1\ \mathrm{m} < D \leqslant 3.5$ m 的盾构。中型盾构系指 $3.5\ \mathrm{m} < D \leqslant 6$ m 的盾构。大型盾构系指 $6\ \mathrm{m} < D \leqslant 14$ m 的盾构。特大型盾构系指 $14\ \mathrm{m} < D \leqslant 17$ m的盾构。超特大型盾构系指 $D > 17$ m 的盾构。

（七）按施工方法分类

按施工方法，盾构可分为二次衬砌盾构、一次衬砌盾构（ECL 工法）。二次衬砌盾构，即盾构推进后先拼装管片，然后再做内衬（二次衬砌）。一次衬砌盾构，即盾构推进的同时现场浇筑混凝土衬砌（略去拼装管片的工序）的工法，也称 ECL 工法。

（八）按适用土质分类

按适用土质，盾构可分为软土盾构、硬岩盾构及复合盾构。软土盾构，即切削软土的盾构。硬岩盾构，即开挖硬岩的盾构。复合盾构，即既可切削软土又能开挖硬岩的盾构。

盾构的主要类型见表 3－5。

表 3－5　盾构的主要类型

挖掘方式	构造类型	盾构名称	开挖面稳定措施	适用地层	附注
人工开挖（手掘式）	敞胸	普通盾构	临时挡板、支撑千斤顶	地质稳定或松软均可	辅以气压、人工井点降水及其他地层加固措施
		棚式盾构	将开挖面分成几层，利用砂的休止角	砂性土	
		网格式盾构	利用土和钢制网状格栅的摩擦	黏土淤泥	
	闭胸	半挤压盾构	胸板局部开孔依赖盾构千斤顶推力土砂自然流入	软可塑的黏性土	
		全挤压盾构	胸板无孔、不进土	淤泥	
半机械式	敞胸	反铲式盾构	手掘式盾构装上反铲挖土机	土质坚硬、稳定，开挖面能自立	辅助措施
		旋转式盾构	同上，装上软岩掘进机	软岩	

表 3 -5(续)

挖掘方式	构造类型	盾构名称	开挖面稳定措施	适用地层	附注
机械式	敞胸	旋转刀盘式盾构	单刀盘加面板、多刀盘加面板	软岩	辅助措施
	闭胸	局中气压盾构	面板和隔板间加气压	多水松软地层	不再另设辅助措施
		泥水加压盾构	面板和隔板间加压力泥水	含水地层、冲积层、洪积层	辅助措施
		土压平衡盾构(加水式、加泥式)	面板和隔板间充满土砂容积产生的压力与开挖面处的地层压力保持平衡	淤泥、淤泥混砂	辅助措施

下面主要介绍目前使用较多的泥水平衡盾构和土压平衡盾构。

1. 泥水平衡盾构。泥水平衡盾构是通过泥水舱内泥水压力平衡开挖面的土压力和水压力,以保持开挖面稳定的盾构。通过进浆管将泥水送入刀盘与隔板之间的泥水舱,通过调节进、排浆流量或气垫压力,使泥水压力平衡开挖面的水土压力,以保持开挖面的稳定;同时,控制开挖面变形和地基沉降。泥水在开挖面形成弱透水性泥膜,保持泥水压力有效作用于开挖面。盾构推进时,由刀盘切削下来的渣土搅拌后形成高浓度泥水,经排浆管输送至地面的泥水分离系统进行泥水分离,再将经过泥水分离的泥水重新送回泥水舱,如此循环完成掘进与排土。

采用泥水平衡盾构修建隧道,是一种引起地表沉降小、安全的施工方法,在含水或不含水的各种松散地层都可采用。泥水平衡盾构具有安全性高和施工环境好、对周围地层的扰动小、有利于控制地面沉降的优点,特别适合在河底、水底等高水压条件下施工。泥水平衡盾构最大的缺点是需要泥水分离设备(占用空间大、耗能大)。与其他施工方法相比,其经济性主要取决于泥水分离要求是否严格、地层的渗透性以及泥浆的质量。

2. 土压平衡盾构。土压平衡盾构是通过渣土舱内的泥土压力平衡开挖面处的地下水压和土压,以保持开挖稳定的盾构。盾构刀盘切削面与后面的承压隔板所形成的空间为渣土舱。刀盘切削下来的渣土通过刀盘上的开口进入刀盘与压力隔板之间的渣土舱,在渣土舱内搅拌混合或添加材料(泡沫剂或塑性泥浆)混合,形成具有良好塑性、流动性、内摩擦角小及渗透性小的泥土,螺旋输送机从压力隔板的底部开口进行排土。通过调整盾构推进速度和螺旋输送机排土速度控制渣土舱内的泥土压力,由泥土压力平衡开挖面地下水压和土压,从而保持开挖面的稳定。

土压平衡盾构适用范围较广,可用于冲积黏土、砂质土、砂砾、卵石等土层,以及这些土层的互层。由于土压平衡盾构适用的土质范围广,竖井用地比较少,所以得到了广泛的采用。

3. 盾构机机型的选择依据。盾构机机型是工程成功与否的主要因素,选择盾构机应综合考虑,以获得经济、安全、可靠的施工方法。一般考虑以下几点:

(1)适用于本工程水文地质条件的机型,以保证开挖面稳定;

(2)可以合理使用的辅助施工方法;

(3)满足本工程施工长度的要求;

(4)后续设备、施工竖井等施工满足盾构机的开挖能力配套;

(5)工作环境要好,比如考虑洞内的噪声、温度等。

4. 盾构对环境条件的适应性

(1)不同类型的盾构对地层条件的适应性分析。盾构有很多种不同的类型,每种盾构都有自身的适用条件。

机械式盾构与手掘式盾构、半机械式盾构相同,主要用于开挖面以自立稳定的洪积地层。对于开挖面不易自立稳定的冲积地层,应结合压气施工、地下水降低施工、化学加固施工等辅助措施而使用。

挤压式盾构最适合于冲积形成的粉质砂土层。由于是从开口部取出土砂,所以不能用于硬质地层。另外,砂粒含量如太大的话会出现土砂的压缩而造成堵塞;相反,如果地基的液性指数太高的话则很难控制土砂的流入,会出现过量取土的现象。由于能够适用的地基非常有限,加之所引起的地基变形比较大,所以近几年已没有应用的实例。

泥水加压式盾构一般比较适合于在河底、海底等高水压力条件下隧道的施工。泥水加压式盾构适用于冲积形成砂砾、砂、粉砂、黏土层、弱固结的互层地基以及含水量高、开挖面不稳定的地层,洪积形成的砂砾、砂、粉砂、黏土层以及含水量很高、固结松散、易于发生涌水破坏的地层。泥水加压式盾构是一种适用于多种土质条件的盾构形式。但是,对于难以维持开挖面稳定的高透水性地基、砾石地基,有时也要考虑采用辅助施工方法。

土压平衡盾构适用于含水量和粒度组成比较适中的粉土、黏土、砂质粉土、砂质黏土、夹砂粉黏土等土砂,以及可以直接从掘削面流入土舱及螺旋排土器的土质;但对含砂粒量过多的不具备流动性的土质,不宜选用。

(2)按地层条件选择合适的盾构。一般来说,一条隧道沿线穿越地层的地质条件是各不相同的,在选择盾构时,要选择能适用沿线大部分地层的机型。下面以稳定开挖面为中心,介绍不同的地层条件应采用的盾构机型。

①冲积黏土:如果冲积黏土的自然含水率接近或超过液限,切削面不能自稳,则应选择闭胸式盾构。当整个切削面和施工沿线都是贯入度为0~5的软弱粉砂及黏土地层时,宜采用挤压式盾构。在选用时要注意,挤压式盾构适用的地层范围较窄,在应用时必须对地层进行充分的调查研究,如果出现冲积黏土层含砂量大,有软硬交错层、液限指数过大并含有砾石的情况时,挤压式盾构就不再适用,应该采用泥水平衡或土压平衡盾构。

②洪积黏土:洪积黏土一般贯入度大,含水率低,切削面能够自稳。此外,因抗剪力大,变形小,故可无须采用挡土隔板。在洪积黏土中,采用全敞开式盾构或闭胸式盾构,视不同情况而定。

在切削面可以长时间自稳的情况下,根据切削地层的强度、隧道长度、断面并结合切削能力、施工效率和省力等因素,宜采用手掘式盾构、半机械式盾构、机械式盾构等全敞开式盾构,并通常辅以压气工法。在采用压气工法且气压压力较高的情况下,应与泥水平衡盾构进行对比,以便择优选取。

③砂土:在砂土中修建盾构隧道,可以选用泥水平衡盾构或土压平衡盾构。泥水平衡盾构通过排泥管将切削土体从泥水舱内输送到地面,安全性好,特别适用于高水压下掘进,且对周围地层的扰动小,但是若含水砂性地层具备以下条件:渗水系数大于10^{-2} cm/s,74 μm以下的微细颗粒含量低于10%,在采用泥水盾构时,开挖面易坍塌,很难保持稳定,这

种情况下不宜采用泥水平衡盾构。另外,在覆土层浅且渗透系数大的砂土中掘进时,容易出现地表割裂现象,应引起重视。

在黏土含量少的砂土中掘进时,土压平衡盾构是最适用的。但是,必须充分注意土舱充填是否密实、均匀以及对切削面土压的正确监测,另外还要注意切削刀具、搅拌机械等机械的选择。

④砂砾及巨砾地层:砂砾及巨砾地层的渗水系数大,故必须选择闭胸式盾构。切削这种地层主要考虑以下几个问题:该种地层中含有较多、较大直径砾石,排出比较困难,应考虑相应的碎石措施,以保证施工的顺利进行。该种地层的渗透系数大,注入普通泥浆容易出现喷涌现象,要考虑使切削面稳定的措施。砾石所占比例较大,在掘进时对刀具的磨损较大,需要考虑减少刀具磨损的措施。

⑤泥岩:泥岩是指堆积的粉砂、黏土经压实,脱水固结而成的土层,根据粒径的差异可分为粉砂岩和黏土岩两种。泥岩的无侧限抗压强度在 0.5 MPa 以上,切削面自稳。在选择盾构机时,水压小的地层,选用开放式盾构比较经济;在有承压地下水的泥岩层或在含水砂层、砂砾层的交错层中掘进时,由于存在喷涌问题,应选择闭胸类的泥水平衡或土压平衡盾构。

四、衬砌结构

盾构隧道的衬砌,通常分为一次衬砌和二次衬砌。在一般情况下,一次衬砌是由管片组装成的环形结构。二次衬砌是在一次衬砌内侧灌注的混凝土结构。由于在开挖后要立即进行衬砌,故将数个钢筋混凝土或钢等制造的块体构件组装成圆形等衬砌。为了提高盾构隧道的构筑速度,通常管片是在工厂制作好的预制构件,建造隧道时运至现场拼装为管环(也称管片环)。目前盾构法隧道一次衬砌最常用的管片结构是有钢筋混凝土管片和复合管片。

钢筋混凝土管片通常有铸铁管片、箱形管片、平板形管片和砌块形管片。铸铁管片的强度接近于钢材。该管片质量轻、耐腐蚀性好,管片精度高,能有效防渗抗漏。缺点是金属消耗量大,机械加工量大,价格昂贵。由于具有脆性破坏的特征,不宜用作承受冲击荷载的隧道衬砌结构。箱形管片衬砌由钢、铸铁和钢筋混凝土等不同材质制作的管片构成。平板形管片衬砌常用钢筋混凝土制成。砌块形衬砌常用钢筋混凝土或混凝土制成,主要用于能提供弹性抗力的地层。

复合管片常用于区间隧道的特殊段,如隧道与工作井交界处、旁通道连接处、变形缝处等。该管片强度比钢筋混凝土管片大,抗渗性好,但耐腐蚀性差。

装配成环衬砌一般由数块标准块 A、两块邻接块 B 和一块封顶块 K 组成,彼此之间用螺栓连接而成,环与环之间一般是错缝拼装。

单块管片的尺寸有环宽和管片的长度及厚度。管片环宽的选择对施工、造价的影响较大。管片环宽有进一步增大的趋势,目前控制在 1 000 ~ 1 500 mm。

管片的厚度应根据隧道直径、埋深、承受荷载的情况、衬砌结构构造、材质、衬砌所承受的施工荷载以及结构的刚度等因素确定。

拼装方法根据结构受力要求,可分为通缝拼装和错缝拼装。所有衬砌环的纵缝环环对齐的称为通缝,而环间纵缝相互错开$\left(\text{错开}\frac{1}{3}\sim\frac{1}{2}\text{的管片长}\right)$,犹如砖砌体一样的称为错缝。

圆形衬砌采用错缝拼装较为普遍，其优点在于能加强圆环接缝刚度，约束接缝变形。但当环面不平整时，容易引起较大的施工应力。通缝拼装是使管片的纵缝环环对齐，拼装较为方便，容易定位，衬砌圆环的施工应力较小，但其缺点是环面不平整的误差容易积累。

在错缝拼装条件下，环、纵缝相交处呈丁字形，而通缝拼装时则为十字形式，在接缝防水上丁字缝比十字缝较易处理。在某些场合中，如需要拆除管片后修建旁侧通道或有某些特殊需求时，管片常采用通缝形式，以便进行结构处理。

衬砌拼装方法按拼装顺序，又可分为“先纵后环”和“先环后纵”两种。

先纵后环是将管片逐块先与上一环管片拼接好，最后封顶成环。这种拼装顺序，可轮流缩回和伸出千斤顶活塞杆以防止盾构后退。

先环后纵是拼装前将所有盾构千斤顶缩回，管片先拼成圆环，然后拼装好的圆环沿纵向靠拢形成衬砌，拧紧纵向螺栓。这种方法的优点是环面平整，纵缝拼装质量好；缺点是在盾构机易产生后退的地段，不宜采用。

管片的连接有沿隧道纵轴的纵向连接和与纵轴垂直的环向连接。管片的连接方式有螺栓连接、无螺栓连接和销钉连接。

螺栓连接可分为纵向连接螺栓和环向连接螺栓两种。

采用错缝拼装时，为了曲线段施工方便，一般将纵向连接螺栓沿圆周等距离分置。为了均匀地向衬砌背后进行回填注浆，管片上还应设置一个以上的注浆孔，其直径一般由所用的注浆材料决定，通常其内径为 50 mm 左右。

盾构法隧道的管片上必须考虑设置起吊环。混凝土平板型管片和球墨铸铁管片大多将壁后注浆孔同时兼作起吊环使用，而钢管片则需另设置起吊配件。

五、管片结构设计

（一）设计原则

根据施工过程中的每个阶段和正常使用阶段的受力情况，选择最不利受力工况，根据不同的荷载组合，按承载能力极限状态和正常使用极限状态，对整体或局部进行受力分析，对结构强度、刚度、抗浮或抗裂进行验算。

（二）荷载计算

1. 水土压力。计算水土压力的方法有两种：一种是将水压力作为土压力的一部分来考虑；另一种是将水压力和土压力分开计算。通常前者适用于黏性土，后者适用于砂质土。对于稳定性好的硬质黏土及固结粉土也多以水土分算进行考虑。

（1）垂直土压力：将垂直土压力作为作用于衬砌顶部的均布荷载来考虑，其大小宜根据隧道的覆土厚度、隧道的断面形状、外径和围岩条件来决定。考虑长期作用于隧道上的土压力时，如果覆土厚度小于 $2D$，地基中产生成拱效应的可能性较小，故采用全覆土压力。

$$p_{e1} = p_0 + \sum \gamma_i H_i + \sum \gamma_j H_j \tag{3-22}$$

$$H = \sum H_i + \sum H_j \tag{3-23}$$

式中 p_{e1}——垂直土压力（kPa）；

γ_i——在潜水位以上的第 i 层土的单位重度（kN/m³）；

H_i——在潜水位以上的第 i 层土的厚度（m）；

γ_j——在潜水位以下的第 j 层土的单位重度（kN/m³）；

H_j——在潜水位以下的第 j 层土的单位重度（m）；

H——土的覆盖厚度（m）；

p_0——上覆荷载（kPa）。

当覆土厚度大于 $2D$ 时，地基中产生成拱效应的可能性较大，采用松弛土压力。

一般来说，当垂直土压力采用松弛土压力时，考虑到施工时的荷载以及隧道竣工后的变动，多设定一个土压力的下限值。垂直土压力的下限值一般将其取为相当于隧道外径 2 倍的覆土厚度的土压力值。

当土层为互层分布时，以地层构成中的支配地层为基础，将地层假设为单一土层进行计算或者以互层的状态进行松弛土压力的计算。

松弛土压力的计算，通常采用太沙基公式，如图 3－8 所示。

$$B_1 = \frac{D}{2}\cot\left(\frac{\pi}{8} + \frac{\varphi}{4}\right) \tag{3-24}$$

$$h_0 = \frac{B_1\left(1 - \frac{c}{B_1\gamma}\right)\left[1 - \exp\left(-K_0\frac{H}{B_1}\tan\varphi\right)\right]}{K_0\tan\varphi} + \frac{p_0\exp\left(-K_0\frac{H}{B_1}\tan\varphi\right)}{\gamma} \tag{3-25}$$

式中　B_1——隧道拱部松动区宽度的一半（m）；

D——管片外直径（m）；

φ——土的内摩擦角（°）；

h_0——太沙基隧道拱部松动区高度（m）；

c——土的黏聚力（kPa）；

γ——土的重度（kN/m³）；

K_0——侧向土压力系数。

如果隧道位于潜水位以上

$$p_{e1} = \gamma h_0 \tag{3-26}$$

如果 $h_0 < H_w$（H_w 为隧道拱部以上地下水位高度（m）），则太沙基公式

$$p_{e1} = \gamma' h_0 \tag{3-27}$$

在 $\frac{p_0}{\gamma} < H$ 的情况下，则采用

$$h_0 = \frac{B_1\left(1 - \frac{c}{B_1\gamma}\right)\left[1 - \exp\left(-K_0\frac{H}{B_1}\tan\varphi\right)\right]}{K_0\tan\varphi}$$

$$p_{e1} = \gamma h_0 = \frac{B_1\left(\gamma - \frac{c}{B_1}\right)\left[1 - \exp\left(-K_0\frac{H}{B_1}\tan\varphi\right)\right]}{K_0\tan\varphi} \tag{3-28}$$

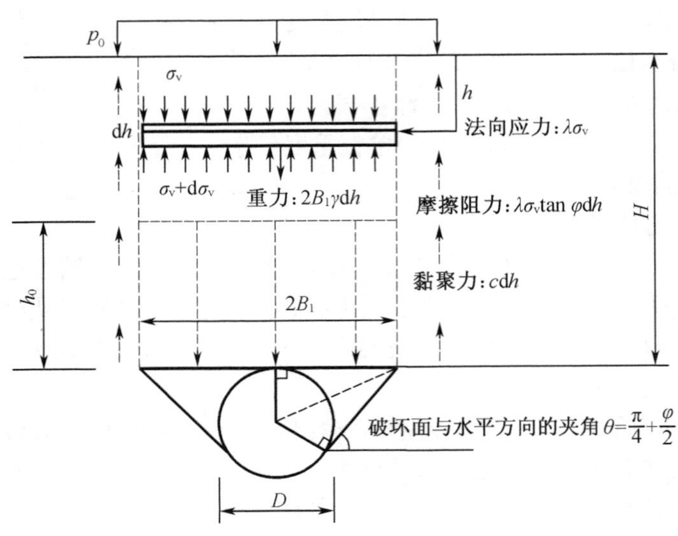

图 3－8　太沙基公式土压力计算图

(2)水平土压力：从隧道衬砌拱部至底部，作用于衬砌形心处的水平土压力为一均布荷载。它的大小由垂直土压力乘以侧压力系数确定。

在难以获得弹性抗力的情况下，可以采用静止土压力系数。在考虑弹性抗力的情况下，可以使用主动土压力系数作为侧压力系数或者采用静止土压力系数适当的折减后进行计算，设计计算采用的侧向土压力系数的值一般介于静止土压力系数与主动土压力系数之间。一般来说，侧向土压力系数可按表 3－6 所示范围采用，根据地基反力系数 k 来进行确定。当无试验值时，可以参照表 3－7 计算公式计算。

表 3－6　根据标准贯入度试验的 N 值确定 K_0 和 k 值

土种类	K_0	k	N
极密实的砂	0.35～0.45	30～50	$30<N$
非常硬的黏土	0.35～0.45	30～50	$25<N$
密实砂性土	0.45～0.55	10～30	$15<N<30$
硬黏性土	0.45～0.55	10～30	$8<N<25$
黏性土	0.45～0.55	5～10	$4<N<8$
松砂性土	0.50～0.60	0～10	$N<15$
软黏性土	0.55～0.65	0～5	$25<N<4$
非常软的黏性土	0.65～0.75	0	$N<2$

水平土压力也可以用五边形模型(图 3－9)估计为均载或均匀可变荷载。计算水平土压力 q_e 如下，即

$$q_e=p_{e1}(q_{e1}+q_{e2})/2 \tag{3-29}$$

p_{e1}——衬砌拱部的垂直土压力(kPa)；

q_{e1}——衬砌拱部的水平土压力(kPa)；
q_{e2}——衬砌底部的水平土压力(kPa)。

表 3－7　土压力计算公式表

<table>
<tr><th colspan="2">约束条件</th><th>p_{e1}</th><th>q_{e1}</th><th>q_{e2}</th></tr>
<tr><td rowspan="3">$H_w \geqslant 0$</td><td>$H<2D$</td><td>$p_0+\sum\gamma(H-H_w)+\sum\gamma' H_w$</td><td rowspan="3">$K_0\left(p_{e1}+\gamma'\frac{t}{2}\right)$</td><td rowspan="3">$K_0\left[p_{e1}+\gamma'\left(2R_c+\frac{t}{2}\right)\right]$</td></tr>
<tr><td>$H\geqslant 2D$
且 $h_0\geqslant H_w$</td><td>$\sum\gamma(h_0-H_w)+\sum\gamma' H_w$</td></tr>
<tr><td>$H\geqslant 2D$
且 $h_0<H_w$</td><td>$\sum\gamma h_0$</td></tr>
<tr><td rowspan="2">$2R_c\leqslant H_w<0$</td><td>$H<2D$</td><td>$p_0+\sum\gamma H$</td><td rowspan="2">$K_0\left(p_{e1}+\gamma'\frac{t}{2}\right)$</td><td rowspan="2">$K_0\left[p_{e1}+\gamma'\left(2R_c+\frac{t}{2}\right)+H_w+\gamma(-H_w)\right]$</td></tr>
<tr><td>$H\geqslant 2D$</td><td>$\sum\gamma h_0$</td></tr>
<tr><td rowspan="2">$H_w<-2R_c$</td><td>$H<2D$</td><td>$p_0+\sum\gamma H$</td><td rowspan="2">$K_0\left(p_{e1}+\gamma\frac{t}{2}\right)$</td><td rowspan="2">$K_0\left[p_{e1}+\gamma\left(2R_c+\frac{t}{2}\right)\right]$</td></tr>
<tr><td>$H\geqslant 2D$</td><td>$\sum\gamma h_0$</td></tr>
</table>

注：K_0 的取值分为三类情况，即根据物理指标，$K_0=\mu/(1-\mu)$（其中，μ 为土的泊松比）；砂性土，$K_0=1-\sin\varphi$；软土或非常软的黏土，$K_0=0.80\sim0.85$。

表 3－7 中，t 为衬砌管片厚度(m)；R_c 为形心半径(m)；其余符号意义同前。

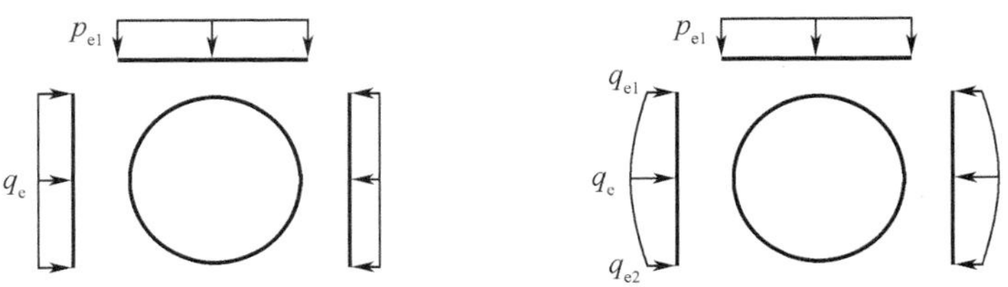

图 3－9　作用在衬砌上的五边形土压力模型

(3)水压力：一般情况下作用在衬砌上的水压力为静水压力，如图 3－10 所示。但为了简化计算，也可以将水压力分为两种情况：拱顶以上和隧道底以下其值分别为该处静水压力相等的均布垂直水压力，由拱顶至隧道底两侧的水压力取为均匀变化的水平荷载，其值分别为拱顶和隧道底处的静水压力相等，如图 3－11 所示。

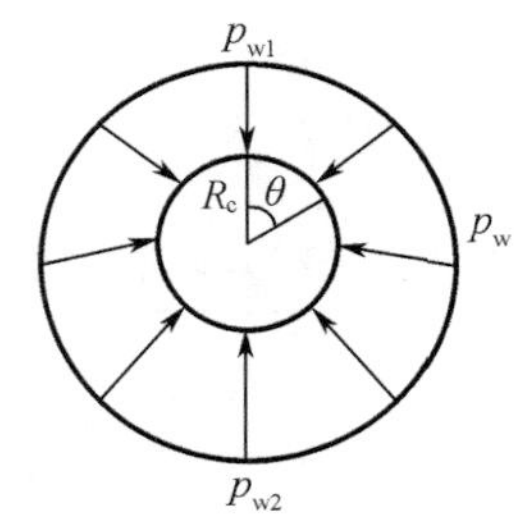

图 3-10 静水压力

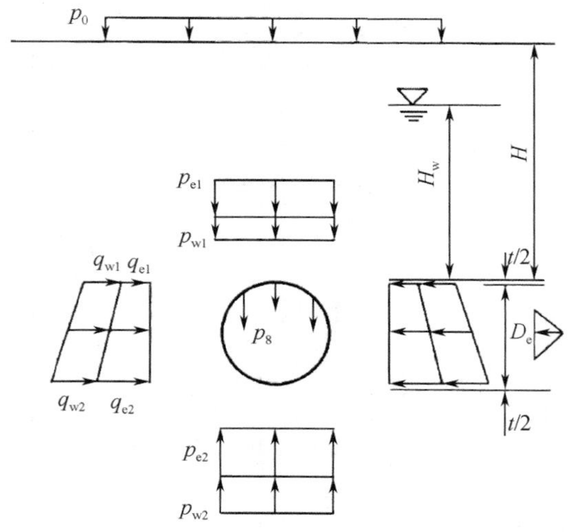

图 3-11 弹性方程方法荷载条件

由于隧道开挖，水的重力作为浮力作用在衬砌上。若拱顶处的垂直土压力和衬砌自重的合力大于浮力，其差值将是作用在隧道底的垂直土压力（地基抗力）。而当作用于衬砌顶部的垂直荷载（减去水压力）与衬砌自重的和小于浮力时，在衬砌顶部的地层中必须产生足够大的土压力以抵抗浮力作用。这种现象出现在隧道覆土厚度小、地下水位高以及地震时容易发生液化的地基中。如果顶部难以产生与浮力相当的抗力时，隧道会上浮。

若采用静水压力，则管片上各点处的水压力为

$$p_w = \gamma_w\left[H_w + \frac{t}{2} + R_c(1 - \cos\theta)\right] \tag{3-30}$$

式中 p_w——水压力（kPa）；

γ_w——水的重度（kN/m^3）；

θ——隧道上任意一点与垂直方向的夹角（°）。

若采用垂直均布荷载和水平均布变化的荷载组合，则衬砌水压力计算如下：作用在衬砌拱部的垂直水压力 p_{w1} 为

$$p_{w1} = \gamma_w H_w \tag{3-31}$$

作用在衬砌底部的垂直水压力 p_{w2} 为

$$p_{w2} = \gamma_w\left[H_w + 2\left(\frac{t}{2} + R_c\right)\right] = \gamma_w(H_w + D) \tag{3-32}$$

作用在衬砌拱部的水平水压力 q_{w1} 为

$$q_{w1}=\gamma_w\left(H_w+\frac{t}{2}\right) \tag{3-33}$$

作用在衬砌底部的水平压力 q_{w2} 为

$$q_{w2}=\gamma_w\left[H_w+\left(\frac{t}{2}+2R_c\right)\right] \tag{3-34}$$

若采用静水压力，则浮力 F_w 为

$$F_w=\gamma_w\pi R_c^2 \tag{3-35}$$

若采用垂直均布荷载和水平均匀变化的荷载组合，则浮力为

$$F_w=2R_c(p_{w2}-p_{w1})=2\gamma_w DR_c=\gamma_w D^2 \tag{3-36}$$

由弹性方程可得，隧道衬砌底部的垂直土压力 p_{e2} 为

$$p_{e2}=p_{e1}+p_{w1}+\pi p_g-p_{w2}=p_{e1}+\pi p_g-\frac{F_w}{2R_c}=p_{e1}+\pi p_g-D\gamma_w \tag{3-37}$$

其中，p_g 为静荷载。

若不考虑自重对地基的反作用力，则

$$p_{e2}=p_{e1}+p_{w1}-p_{w2} \tag{3-38}$$

2. 静荷载。静荷载是作用于隧道横断面形心上的垂直方向荷载，一次衬砌的静荷载按下式计算：

$$p_g=W/(2\pi R_c) \tag{3-39}$$

其中，W 为沿隧道轴线方向每米衬砌的重力(kN)。

如果断面是矩形

$$p_g=\gamma_c t \tag{3-40}$$

其中，γ_c 为混凝土单位重度(kN/m³)。

3. 地面超载。地面超载增加了作用于衬砌上的土压力，道路交通荷载、铁路交通荷载、建筑物的荷载作用于衬砌上的力即为地面超载。

公路车辆荷载：$p_0=10\ \text{kN/m}^2$；铁路车辆荷载：$p_0=25\ \text{kN/m}^2$；建筑物的荷载：$p_0=10\ \text{kN/m}^2$。

4. 地基反力。当计算衬砌中的内力时，必须确定地基反力的作用范围、大小及方向。地基反力通常分两种：独立于地基位移而定的反力；从属于地基位移而定的反力。

地基反力的常用计算方法中，对垂直方向与地基位移无关的地基反力，取与垂直荷载相平衡的均布反力；对于水平方向的地基反力，是伴随衬砌向围岩方向的变形而产生的，故在衬砌水平直径上下45°中心角范围内，取以三角形分布的地基抗力。按作用在水平直径点地基抗力大小与衬砌向围岩方向的水平变形成正比进行计算。

5. 内部荷载。应核算隧道拱部悬挂设备或内部水压力而引起的荷载的安全性。

6. 施工时期的荷载。以下荷载是施工时作用在衬砌结构上的荷载：

(1)盾构顶进推力：当管片生产时，应测试管片抵抗盾构顶进推力的强度，为了分析盾构千斤顶推力对管片的影响，设计者应该检查由于偏心而引起的剪力和弯矩，包括允许极限放置时的情况。

(2)运输和装卸时的荷载。

(3)背后注浆压力。

(4)直立操作时的荷载。

(5)其他荷载:储备车厢的静载、管片调整形状时的千斤顶推力、切割挖掘机的扭转力等。

盾构千斤顶推力是最主要的力,其他压力随着荷载条件的给定均取某一参考值。

$$F_s = (700 \sim 1\,000)\pi \frac{D^2}{4} \qquad (3-41)$$

其中,F_s为盾构千斤顶推力(kN)。

7. 地震影响。通常使用静态分析法,如地震变形法、地震系数法、动力学分析法等。地震变形法通常适用于调查隧道地震变形。

8. 其他荷载。如果需要,应该检查邻近隧道对开挖的影响和不均匀沉降的影响。

(三)衬砌内力计算

管环构造模型因管片接头力学处理方式的不同而异,分类如下:

1. 假定管片环是弯曲刚度均匀的环的方法。这种模型有考虑和不考虑管片接头抗弯刚度降低两种模型。

(1)不考虑管片接头抗弯刚度降低,把管环认为是具有和管片主截面同样刚度,且抗弯刚度均匀的环。

在该法中,水压力按垂直均布荷载和水平均匀变化荷载的组合计算。垂直方向的地基抗力、水平方向的地基抗力则假定为三角形分布荷载,是以隧道的起拱点为顶点的等腰三角形;其大小与位移的大小成正比,符合温克尔假定。但该法不适用于下列情况:由于土壤条件变化而产生的非均布变化的荷载;有偏压荷载。

管片截面内力的计算可用结构力学方法进行计算。

(2)考虑管片接头抗弯刚度降低,把管环认为是具有均匀抗弯刚度(为接头的抗弯刚度)的环。

因管片有接头,故对其整体刚度有影响,可以将接头部分弯曲刚度的降低评价为环整体刚度的降低,但仍然将其作为抗弯刚度均匀的圆环处理。将整体圆环刚度折减为ηEI,刚度折减系数$\eta<1$。通常情况下,取η为0.6~0.8。系数η因管片种类、管片接头的结构形式、环相互交错连接的方法和结构形式而有所不同,目前系数η是根据实验结果和经验来确定的。

2. 假定管片环是多铰环的方法。这种计算方法是一种把接头作为铰接接头的解析法。多铰环本身是非静定结构,只有在隧道围岩的作用下才会成为静定结构,并假定沿圆环分布有均匀的径向地基反力。作用于管环上的荷载以主动土压力方式作用。地层反力通常按温克尔假定进行计算。

采用该模型进行计算,得出的管片衬砌截面弯矩相当小,故采用此种模型进行设计是比较经济的。但是必须要求隧道周围的围岩比较好,能够提供足够的抗力。因此,铰接圆环模型适用通缝拼装的管片衬砌和围岩条件比较良好的情况,在英国和俄罗斯等欧洲国家使用较多。

3. 假定管片环是具有旋转弹簧的环并以剪切弹簧评价错缝接头拼装效应的方法。该方法是将管片主截面简化为圆弧梁或者直线梁构架,将管片接头看成旋转弹簧,将环接头看成剪切弹簧的构造模型,将其弹性性能用有限元法进行分析,计算截面内力。这种模型可用于计算由于管片接头引起的管片环的刚度降低和错缝接头的拼装效应。

第四章　箱形基础

第一节　概　　述

箱形基础是由顶板、底板、外墙和内墙组成的空间整体结构，一般由钢筋混凝土建造，空间部分可结合建筑使用功能设计成地下室，是多层和高层建筑中广泛采用的一种基础形式。

一、箱形基础的特点

1. 箱形基础有很大的刚度和整体性，因而能有效地调整基础的不均匀沉降，常用于上部结构荷载大、地基软弱且分布不均的情况。当地基特别软弱且复杂时，可在箱形基础下设置桩基础，即桩箱基础。

2. 箱形基础有较好的抗震效果，因为箱形基础将上部结构较好地嵌固于基础，基础又埋置得较深，因而可降低建筑物的重心，从而增加建筑物的整体性。在地震区，对抗震、人防和地下室有要求的高层建筑，宜采用箱形基础。

3. 有较好的补偿性，箱形基础的埋置深度一般比较大，基础底面处土的自重应力和水压力在很大程度上补偿了由于建筑物自重和荷载产生的基底压力。如果箱形基础有足够的埋深，使得基底土的自重应力等于基底接触压力，从理论上讲，此时的基底附加压力等于零，在地基中就不会产生附加应力，因而也就不会产生地基沉降，也不存在地基承载力问题。按照这种概念进行地基基础设计称为补偿性设计。但在施工过程中，由于基坑开挖卸去了土自重，使坑底发生回弹，当建造上部结构和基础时，土体会因再度受荷而发生沉降，在这一过程中，地基中的应力发生一系列变化，因此实际上不存在那种完全不引起沉降和强度问题的理想情况，但如果能精心设计、合理施工，就能有效地发挥箱形基础的补偿作用。

二、上部结构的嵌固部位

当地下室的四周外墙与土层紧密接触时，上部结构的嵌固部位按下列规定确定：

1. 上部结构为剪力墙结构，地下室为单层或多层箱形基础地下室，地下一层结构顶板可作为上部结构的嵌固部位。

2. 上部结构为框架、框架－剪力墙或框架－核心筒结构，地下室为单层箱形基础，箱形基础顶板作为上部结构的嵌固部位。

当地下一层结构顶板作为上部结构的嵌固部位时，应能保证将上部结构的地震作用或水平力传递到地下室抗侧力构件上，沿地下室外墙和内墙边缘的板面不应有大洞口；地下一层结构顶板应采用梁板式楼盖，板厚不应小于 180 mm，其混凝土强度等级不宜小于 C30；楼面应采用双层双向配筋，且每层每个方向的配筋率不宜小于 0.25%。

箱形基础的设计与计算比一般基础要复杂得多，长期以来没有统一的计算方法，合理的设计应考虑上部结构、基础和地基的共同作用。我国于20世纪70年代在北京、上海等地的高层建筑中进行了测试研究工作，对箱形基础的地基反力和箱形基础内力分析等问题取得了重要成果，为箱形基础的设计与施工提供了有效的依据。

第二节　箱形基础的构造要求

一、箱形基础的平面尺寸

箱形基础的平面尺寸应根据地基强度、上部结构的布局和荷载分布等条件确定。在地基均匀的条件下，基础底面形心宜与结构竖向永久荷载重心重合。当偏心较大时，可使箱形基础底板四周伸出不等长的短悬臂以调整底面形心位置。如不可避免偏心时，在荷载效应准永久值组合下，偏心距宜符合下式要求：

$$e \leqslant 0.1W/A \tag{4-1}$$

式中　W——与偏心距方向一致的基础底面的抵抗矩(m^3)；

A——基础底面积(m^2)。

根据设计经验，也可控制偏心距不大于偏心方向基础底面边长的1/60。

二、箱形基础的高度

箱形基础的高度是指箱形基础底板底面到顶板顶面的外包尺寸。它应满足结构承载力和刚度的要求，并考虑使用要求，一般取建筑物高度的1/8～1/12，也不宜小于箱形基础长度(不包括底板悬挑部分)的1/20，且不宜小于3 m。

三、箱形基础的埋置深度

在确定高层建筑的基础埋置深度时，应考虑建筑物的高度、体型、地基土质、抗震设防烈度等因素，并应满足抗倾覆和抗滑移的要求。抗震设防区天然土质地基上的箱形基础，其埋深不宜小于建筑物高度的1/15；当桩与箱形基础底板连接的构造符合《高层建筑筏形与箱形基础技术规范》(JGJ 6—2011)的规定时，桩箱形基础的埋置深度(不计桩长)不宜小于建筑物高度的1/18。

四、箱形基础的顶板、底板

箱形基础的顶板、底板厚度应按跨度、荷载、基底反力大小确定，底板应进行斜截面抗剪和抗冲切验算。考虑上部结构嵌固在箱形基础顶板时，顶板厚度不应小于180 mm；底板厚度不应小于400 mm，且底板厚度与最大双向板格的短边之比不应小于1/14。

顶板、底板配筋应根据抗弯计算确定，跨中钢筋则按实际配筋全部连通，其纵、横方向支座钢筋中应有不少于1/4贯通全跨，底板上下贯通钢筋配筋率不应小于0.15%。

五、箱形基础的墙体

箱形基础的墙体是保证箱形基础整体刚度和纵、横方向抗剪强度的重要构件。

外墙沿建筑物四周布置，内墙一般沿上部结构柱网和剪力墙纵横均匀布置。

墙体要有足够的密度，当上部结构为框架或框剪结构时，要求墙体水平截面积不宜小于箱形基础水平投影面积的 1/12。对基础平面长宽比大于 4 的箱形基础，其纵墙水平截面面积不宜小于箱形基础水平投影面积的 1/18。在计算墙体水平截面面积时，可不扣除洞口部分。当墙体满足上述要求时，墙距可能仍很大，建议墙的间距不宜大于 10 m。

墙体的厚度应根据实际受力情况确定，外墙厚度不应小于 250 mm，内墙厚度不宜小于 200 mm。

墙体内应设置双面钢筋，竖向和水平钢筋的直径不应小于 10 mm，间距不应大于 200 mm。除上部为剪力墙外，内、外墙的墙顶处宜配置两根直径不小于 20 mm 的通长构造钢筋。

六、墙体开洞的限制

洞口对墙体削弱很大，应尽量不开洞、少开洞。必须开洞时，宜开小洞、圆洞或切角洞。避免开偏洞和边洞（指在柱边、墙端开洞）及高度大于 2 m 的高洞，宽度大于 1.2 m 的宽洞，一个柱距内开两个以上的连洞和对位洞（使弱点集中在同一断面上）；也不宜在内力最大的断面上开洞，否则要采取加强措施。

门洞宜设在柱间居中部位，洞边至上层柱中心的水平距离不宜小于 1.2 m，洞口上过梁的高度不宜小于层高的 1/5。洞口面积与墙体面积之比称为开洞系数 γ，如图 4－1(a) 所示，γ 应符合下式要求：

$$\gamma = bh/(BH) \leqslant 1/6 \tag{4-2}$$

式中　b、h——分别为洞口的宽、高(m)；

B——墙体轴线距离(m)；

H——箱形基础全高(m)。

墙体洞口周围应设置加强钢筋，如图 4－1(b) 所示。洞口四周附加钢筋面积不应小于洞口内被切断钢筋面积的一半，且不应少于两根直径为 14 mm 的钢筋，附加钢筋应从洞口边缘处延长 40 倍钢筋直径。洞口每个角部各加不少于两根直径为 12 mm 的斜筋，长度不小于 1 m。

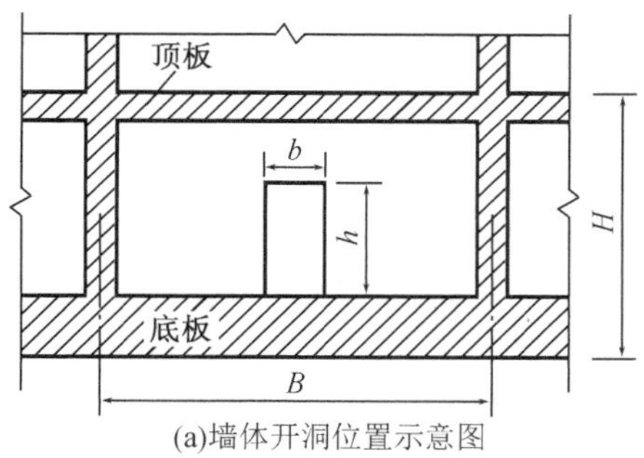

(a)墙体开洞位置示意图

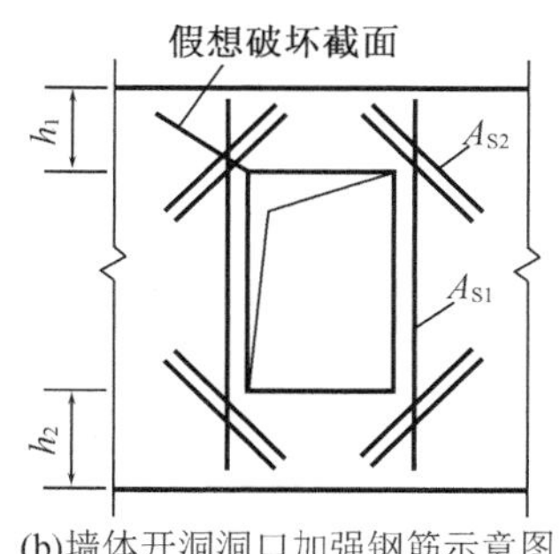

(b)墙体开洞洞口加强钢筋示意图

图 4－1　墙体开洞位置与洞口加强钢筋示意图

七、其他构造要求

1. 在底层柱与箱形基础交接处，应验算墙体的局部承压强度，当承压强度不能满足时，应增加墙体的承压面积，且墙边与柱边或柱角与八字角之间的净距不宜小于 50 mm。

2. 底层现浇柱主筋伸入箱形基础的深度，对三面或四面与箱形基础墙相连的内柱，除四角钢筋直通基底外，其余钢筋伸入顶板底面以下的长度不应小于其直径的 40 倍。外柱、与剪力墙相连的柱及其他内柱的主筋应直通到基础底板的底面。

3. 箱形基础在相距 40 m 左右处应设置一道施工缝，并应设在柱距三等分的中间范围内。

4. 箱形基础的混凝土强度等级不应低于 C25，并应采用密实混凝土刚性防水。当要求较高时，宜采用自防水并设置架空排水层。

第三节　箱形基础的地基验算

一、地基强度验算

目前箱形基础的地基强度验算和一般天然地基上的浅基础大体相同，但在总荷载中扣除了水浮力，并且对偏心荷载做了更严格的限制。基础底面压力应满足如下要求。

(一)在非地震区

$$p_k \leqslant f_a \tag{4-3}$$

$$p_{kmax} \leqslant 1.2 f_a \tag{4-4}$$

$$p_{kmin} \geqslant 0 \tag{4-5}$$

式中　p_k——相应于荷载标准组合时，基础底面的平均压力(kPa)；

p_{kmax}、p_{kmin}——分别为相应于荷载标准组合时，基础底面边缘的最大压力和最小压力(kPa)；

f_a——修正后的地基承载力特征值(kPa)。

(二)在地震区，除应符合 p_k 和 p_{kmax} 要求外，还应符合下式要求

$$p_E \leqslant f_{aE} \tag{4-6}$$

$$p_{Emax} \leqslant 1.2 f_{aE} \tag{4-7}$$

$$f_{aE} = \zeta_a f_a$$

式中　p_E——相应于地震作用效应标准组合时，基础底面的平均压力(kPa)；

p_{Emax}——相应于地震作用效应标准组合时，基础底面边缘的最大压力(kPa)；

f_{aE}——调整后的地基抗震承载力(kPa)；

ζ_a——地基土的抗震承载力调整系数。

在地震作用下，对于高宽比大于 4 的高层建筑，基础底面不宜出现零应力区；对于其他建筑，当基础底面边缘出现零应力时，零应力区的面积不应超过基础底面面积的 15%；与裙房相连且采用天然地基的高层基础，在地震作用下主楼基础底面不宜出现零应力区。

基础底面各项压力的简化计算如下：

$$p_k = \frac{F_k + G_k}{A''}$$

$$p_{kmax} = \frac{F_k + G_k}{A''} + \frac{M_k}{W} \tag{4-8}$$

$$p_{kmin} = \frac{F_k + G_k}{A''} - \frac{M_k}{W} \tag{4-9}$$

式中 F_k——相应于荷载标准组合时，上部结构传至基础顶面的竖向力(kN)；

G_k——基础自重和基础上的土重之和(kN)，在计算地下水位以下部分时，应取土的有效重度；

A''——基础底面面积(m^2)；

M_k——相应于荷载标准组合时，作用于矩形基础底面的力矩(kN·m)；

W——基础底面边缘抵抗矩(m^3)。

当地震作用验算中基础底面出现零应力区时

$$p_{Emax} = \frac{2(F_k + G_k)}{3ba} \tag{4-10}$$

式中 b——垂直于力矩作用方向的基础底面边长(m)；

a——合力作用点至基础底面最大压力边缘的距离(m)。

二、地基变形验算

由于箱形基础埋深较大，随着施工的进展，地基的受力状态和变形十分复杂。在基坑开挖前大多用井点降低地下水位，以便进行基坑开挖和基础施工，因此由于降水使地基压缩。在基坑开挖阶段，由于卸去土重引起地基回弹变形，根据某些工程的实测，回弹变形不容忽视。当基础施工时，由于逐步加载，使地基产生再压缩变形。基础施工完成后可停止降水，地基又回弹。最后，在上部结构施工和使用阶段，由于继续加载，地基继续产生压缩变形。

为了使地基变形计算所取用的参数尽可能与地基实际受力状态相吻合，可以在室内进行模拟实际施工过程的压缩－回弹试验，但由于模拟的条件与实际情况不尽符合，故目前实用上仍以《建筑地基基础设计规范》(GB 50007—2011)推荐的方法计算箱形基础的沉降，具体应用时做一些修正。

当采用土的变形模量计算箱形基础的最终沉降量 s 时，可按下式计算：

$$s = p_k b\eta \sum_{i=1}^{n} \frac{\delta_i - \delta_{i-1}}{E_{0i}} \tag{4-11}$$

式中 p_k——长期效应组合下的基础底面的平均压力(kN/m^2)；

b——基础底面宽度(m)；

δ_i、δ_{i-1}——分别为与基础长宽比 L/b 及基础底面至第 i 层土和第 $i-1$ 层土底面的距离深度 z 有关的系数；

E_{0i}——基础底面下第 i 层土变形模量(MPa)，通过试验或按地区经验确定；

η——沉降计算修正系数。

按式(4－11)进行沉降计算时，沉降计算深度 z_n 应按下式计算：

$$z_n = (z_m + \zeta b)\beta \tag{4-12}$$

式中 z_m——与基础长宽比有关的经验值(m)；

ζ——折减系数；

β——调整系数。

箱形基础的地基变形计算值不应大于建筑物的地基变形允许值。根据工程的调查发现，许多工程的沉降量尽管很大，但对建筑物本身没有什么危害，只是对毗邻建筑物有较大影响，但过大的沉降还会造成室内外高差，影响建筑物正常使用，也可能引起地下管道的损坏。因此，箱形基础的允许沉降量应根据建筑物的使用要求和可能产生的对相邻建筑物的影响按地区经验确定。当无地区经验时，对体型简单的高层建筑基础的平均沉降量允许值为200 mm。

对于多层或高层建筑和高耸结构，整体刚度很大，可近似为刚性结构，其地基变形应由建筑物的整体倾斜值控制。整体倾斜是指基础倾斜方向两端点的沉降差与其距离的比值。由于横向边长较短，主要控制横向整体倾斜。横向整体倾斜可由下式计算：

$$\alpha_{\mathrm{T}}=(s_A-s_B)/B \tag{4-13}$$

式中 α_{T}——横向整体倾斜值；

s_A、s_B——分别为基础横向两端点沉降量(m)；

B——基础宽度(m)。

当整体倾斜超过一定数值时，会造成人们心理的恐慌，并直接影响建筑物的稳定性，使上部结构产生过大的附加应力，严重的还有倾覆的危险。此外，还会影响建筑物的正常使用，如电梯导轨的偏斜将影响电梯的正常运转等。

影响高层建筑整体倾斜的因素主要有上部结构荷载的偏心、地基土层分布的不均匀性、建筑物的高度、地震烈度、相邻建筑物的影响以及施工因素等。在地基均匀的条件下，应尽量使上部结构荷载的重心与基底形心相重合。当有邻近建筑物影响时，应综合考虑重心与形心的位置。施工因素往往很难估计，但应引起重视，应采取措施防止基坑底土结构的扰动。

三、稳定性验算

1. 高层建筑在承受地震作用、风荷载或其他水平荷载时，筏形与箱形基础的抗滑移稳定性应符合下式要求：

$$K_{\mathrm{s}}Q\leqslant F_1+F_2+(E_{\mathrm{p}}-E_{\mathrm{a}})l \tag{4-14}$$

式中 F_1——基底摩擦力合力(kN)；

F_2——平行于剪力方向的侧壁摩擦力合力(kN)；

E_{a}、E_{p}——分别为垂直于剪力方向的地下结构外墙面单位长度上主动土压力合力、被动土压力合力(kN/m)；

l——垂直于剪力方向的基础边长(m)；

Q——作用在基础顶面的风荷载、水平地震作用或其他水平荷载(kN)；

K_{s}——抗滑移稳定性安全系数，取1.3。

2. 高层建筑在承受地震作用、风荷载或其他水平荷载时，筏形与箱形基础的抗倾覆稳定性应符合下式要求：

$$K_{\mathrm{r}}M_{\mathrm{c}}\leqslant M_{\mathrm{r}} \tag{4-15}$$

式中 M_{r}——抗倾覆力矩(kN·m)；

M_{c}——倾覆力矩(kN·m)；

K_{r}——抗倾覆稳定性安全系数，取1.5。

3. 当地基内存在软弱土层或地基土质不均匀时，应采用极限平衡理论的圆弧滑动面法验算地基整体稳定性。其最危险的滑动面上诸力对滑动中心所产生的抗滑力矩 M_R 与滑动力矩 M_S 之比应符合下式要求：

$$KM_S \leqslant M_R \tag{4-16}$$

式中　M_R——抗滑力矩(kN·m)；

M_S——滑动力矩(kN·m)；

K——整体稳定性安全系数,取 1.2。

4. 当建筑物地下室的一部分或全部在地下水位以下时,应进行抗浮稳定验算。抗浮稳定性验算应符合下式要求：

$$F_k' + G_k \geqslant K_f F_f \tag{4-17}$$

式中　F_k'——上部结构传至基础顶面的竖向永久荷载(kN)；

G_k——基础自重和基础上的土重之和(kN)；

F_f——水浮力(kN),在建筑物使用阶段按与设计使用年限相应的最高水位计算,在施工阶段按分析地质状况、施工季节、施工方法、施工荷载等因素确定的水位计算；

K_f——抗浮稳定性安全系数,可根据工程重要性和确定水位时统计数据的完整性取 1.0~1.1。

第四节　箱形基础的结构设计

一、箱形基础荷载

(一)地面堆载 q_x 产生的侧压力

$$\sigma_1 = q_x \tan^2\left(45° - \frac{\varphi}{2}\right) \tag{4-18(a)}$$

其中,φ 为土的内摩擦角(°)。

(二)地下水位以上土的侧压力

$$\sigma_2 = \gamma H_1 \tan^2\left(45° - \frac{\varphi}{2}\right) \tag{4-18(b)}$$

式中　γ——土的重度(kN/m^3)；

H_1——地表面到地下水面的深度(m)。

(三)浸于地下水位中($H-H_1$)高度土的侧压力

$$\sigma_3 = \gamma'(H - H_1)\tan^2\left(45° - \frac{\varphi'}{2}\right) \tag{4-18(c)}$$

式中　γ'——浸入水中的土重度(浮重度)(kN/m^3),$\gamma' = \gamma_s - \gamma_w = \gamma_s - 10$(其中,$\gamma_s'$为土的饱和重度(kN/m^3);$\gamma_w$为水的重度,$\gamma_w = 10$ kN/m^3)；

H——地表面到箱形基础底面的高度(m)；

φ'——饱和土的内摩擦角(°)。

(四)地下水产生的侧压力

$$\sigma_4 = \gamma_w (H - H_1) \quad (4-18(d))$$

二、基底反力计算

在箱形基础的设计中,基底反力的确定甚为重要,因为其分布规律和大小不仅影响箱形基础内力的数值,还可能改变内力的正负号,因此基底反力的分布成为箱形基础计算分析中的关键问题。

影响基底反力的因素很多,主要有土的性质、上部结构和基础的刚度、荷载的分布和大小、基础的埋深、基底尺寸和形状以及相邻基础的影响等。要精确地确定箱形基础的基底反力是一个非常复杂和困难的问题,过去曾将箱形基础视为置于文克尔地基或弹性半空间地基上的空心梁或板,用弹性地基上的梁板理论计算,其结果与实际差别较大,至今尚无一个可靠而又实用的计算方法。

为此,探索箱形基础基底反力实测分布规律具有重要指导意义。我国于 20 世纪 70 年代曾在北京、上海等地对数幢高层建筑进行基底反力的量测工作。实测结果表明,对软土地区,纵向基底反力一般呈马鞍形,反力最大值离基础端部为基础长边的 1/8 ~ 1/9,最大值为平均值的 1.06 ~ 1.34 倍;对第四纪黏性土地区,纵向基底反力分布曲线一般呈抛物线形,反力最大值为平均值的 1.25 ~ 1.37 倍。

在大量实测资料整理统计的基础上,提出了高层建筑箱形基础基底反力实用计算法,并列入《高层建筑筏形与箱形基础技术规范》(JGJ 6—2011)中,具体方法如下。

(一)基底反力系数

对于地基土比较均匀,上部结构为框架结构且荷载比较匀称,基础底板悬挑部分不超出 0.8 m,可以不考虑相邻建筑物的影响以及满足各项构造要求的单幢建筑物箱形基础,可将矩形基础底面划分成 40 个区格(纵向 8 格、横向 5 格),第 i 区格的基底净反力按下式确定:

$$p_{ji} = \frac{\sum F}{BL} p_i \quad (4-19)$$

式中 p_{ji}——相应于荷载基本组合时,第 i 区格的基底净反力(kPa);

$\sum F$——相应于荷载基本组合时,上部结构竖向荷载总和(kN);

B、L——分别为箱形基础的宽度和长度(m);

p_i——相应于第 i 区格的基底反力系数,查表 4-1 确定。

当纵横方向荷载不很匀称时,应分别求出由于荷载偏心产生的纵横向力矩引起的不均匀基底反力,并将该不均匀基底反力与由反力系数表计算的基底反力进行叠加。力矩引起的基底不均匀反力按直线变化计算。

当 $L/B = 1$ 时,正方形底面划分成 64 个区格(纵向 8 格,横向 8 格)。

对于不符合基底反力系数法适用条件的情况,例如有相邻建筑物的影响、刚度不对称、地基土层分布不均匀等,应采用其他有效的方法,如考虑地基与基础共同作用的方法计算。

表 4－1　箱形基础基底反力系数

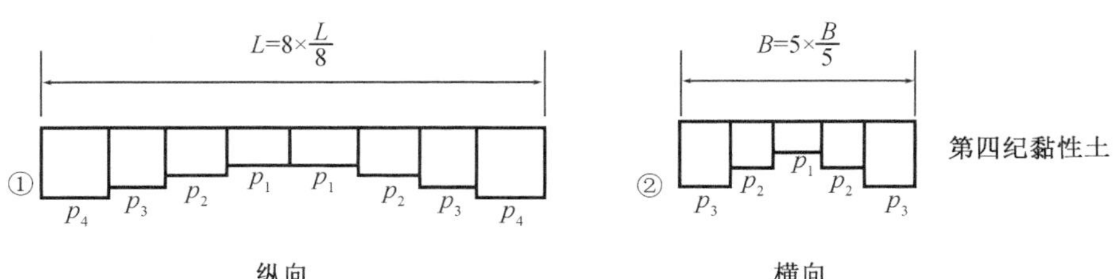

L/B	横向	纵向							
		p_4	p_3	p_2	p_1	p_1	p_2	p_3	p_4
1	4	1. 381	1. 179	1. 128	1. 108	1. 108	1. 128	1. 179	1. 381
	3	1. 179	0. 952	0. 898	0. 879	0. 879	0. 898	0. 952	1. 179
	2	1. 128	0. 898	0. 841	0. 821	0. 821	0. 841	0. 898	1. 128
	1	1. 108	0. 879	0. 821	0. 800	0. 800	0. 821	0. 879	1. 108
	1	1. 108	0. 879	0. 821	0. 800	0. 800	0. 821	0. 879	1. 108
	2	1. 128	0. 898	0. 841	0. 821	0. 821	0. 841	0. 898	1. 128
	3	1. 179	0. 952	0. 898	0. 879	0. 879	0. 898	0. 952	1. 179
	4	1. 381	1. 179	1. 128	1. 108	1. 109	1. 128	1. 179	1. 381
2～3	3	1. 265	1. 115	1. 075	1. 061	1. 061	1. 075	1. 115	1. 265
	2	1. 073	0. 904	0. 865	0. 853	0. 853	0. 865	0. 904	1. 073
	1	1. 046	0. 875	0. 835	0. 822	0. 822	0. 835	0. 875	1. 046
	2	1. 073	0. 904	0. 865	0. 853	0. 853	0. 865	0. 904	1. 073
	3	1. 265	1. 115	1. 075	1. 061	1. 061	1. 075	1. 115	1. 265
4～5	3	1. 229	1. 042	1. 014	1. 003	1. 003	1. 014	1. 042	1. 229
	2	1. 096	0. 929	0. 904	0. 895	0. 895	0. 904	0. 929	1. 096
	1	1. 082	0. 918	0. 893	0. 884	0. 884	0. 893	0. 918	1. 082
	2	1. 096	0. 929	0. 904	0. 895	0. 895	0. 904	0. 929	1. 096
	3	1. 229	1. 042	1. 014	1. 003	1. 003	1. 014	1. 042	1. 229
6～8	3	1. 214	1. 053	1. 013	1. 008	1. 008	1. 013	1. 053	1. 214
	2	1. 083	0. 939	0. 903	0. 899	0. 899	0. 903	0. 939	1. 083
	1	1. 070	0. 927	0. 892	0. 888	0. 888	0. 892	0. 927	1. 070
	2	1. 083	0. 939	0. 903	0. 899	0. 899	0. 903	0. 939	1. 083
	3	1. 214	1. 053	1. 013	1. 008	1. 008	1. 013	1. 053	1. 214
软土地基									
	3	0. 906	0. 966	0. 814	0. 738	0. 738	0. 814	0. 966	0. 906
	2	1. 124	1. 197	1. 009	0. 914	0. 914	1. 009	1. 197	1. 124
	1	1. 235	1. 314	1. 109	1. 006	1. 006	1. 109	1. 314	1. 235
	2	1. 124	1. 197	1. 009	0. 914	0. 914	1. 009	1. 197	1. 124
	3	0. 906	0. 966	0. 814	0. 738	0. 738	0. 814	0. 966	0. 906

（二）基底平均反力系数

在分析箱形基础内力时，将箱形基础看成静定梁，在基底净反力作用下求出梁上各点的内力，然后再求出箱形基础所承担的弯矩。此时基底净反力可用基底平均反力系数法求得。用平均反力系数求得沿基底长度方向各段的基底平均净反力。

$$p_{j1} = \bar{p}_1 \cdot \sum F/L \tag{4-20(a)}$$

$$p_{j2} = \bar{p}_2 \cdot \sum F/L \tag{4-20(b)}$$

$$p_{j3} = \bar{p}_3 \cdot \sum F/L \tag{4-20(c)}$$

$$p_{j4} = \bar{p}_4 \cdot \sum F/L \tag{4-20(d)}$$

式中 p_{ji}——相应于荷载基本组合时，沿基底长度方向第 $i(i=1,2,3,4)$ 区段的基底平均净反力（kN/m）；

$\bar{p}_i$——沿基底长度方向第 $i(i=1,2,3,4)$ 区段的基底平均反力系数，查表 4－2 确定。

表 4－2　箱形基础纵向平均基底反力系数

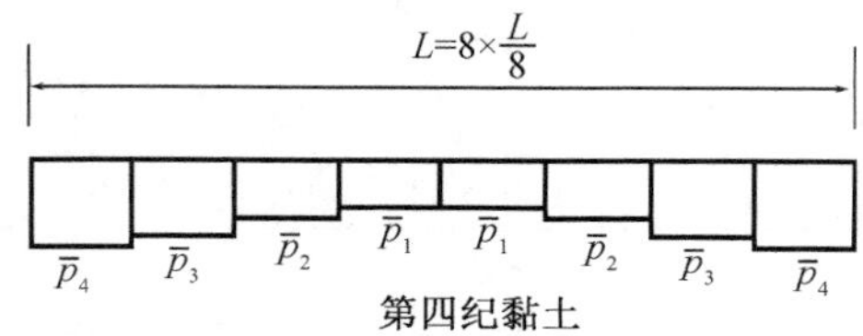

第四纪黏土

适用范围	L/B	$\bar{p}_4$	$\bar{p}_3$	$\bar{p}_2$	$\bar{p}_1$	$\bar{p}_1$	$\bar{p}_2$	$\bar{p}_3$	$\bar{p}_4$
一般第四纪黏性土	2～3	1.144	0.983	0.943	0.930	0.930	0.943	0.983	1.144
	4～5	1.146	0.972	0.946	0.936	0.936	0.946	0.972	1.146
	6～8	1.133	0.982	0.945	0.940	0.940	0.945	0.982	1.133
软黏土	3～5	1.059	1.128	0.951	0.862	0.862	0.951	1.128	1.059

基底宽度方向各段的平均基底净反力，查表 4－3 确定各区段的平均基底反力系数，把式（4－20(a)）、式（4－20(b)）、式（4－20(c)）、式（4－20(d)）中的 L 用 B 代换即可。

表 4－3　箱形基础横向平均基底反力系数

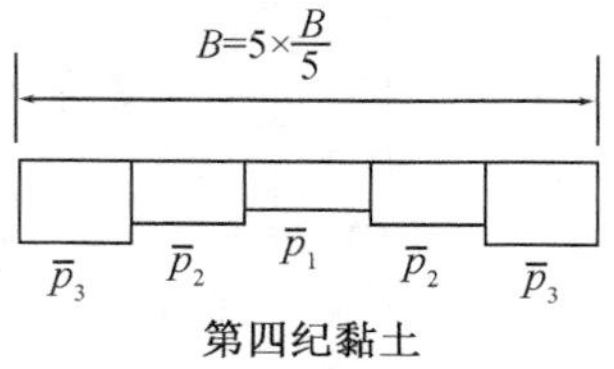

第四纪黏土

表 4－3(续)

适用范围	$\bar{p}_3$	$\bar{p}_2$	$\bar{p}_1$	$\bar{p}_2$	$\bar{p}_3$
一般第四纪黏性土	1.072	0.956	0.944	0.956	1.072
软黏土	0.856	1.061	1.166	1.061	0.856

三、箱形基础的内力计算

箱形基础的内力计算是一个比较复杂的问题。从整体来看，箱形基础承受着上部结构荷载和基底反力的作用，在基础内产生整体弯曲应力。一方面，可以将箱形基础视作一空心厚板，用静定分析法计算任一截面的弯矩和剪力，弯矩使顶、底板轴向受压或受拉，剪力由横墙或纵墙承受。另一方面，顶、底板还分别由于顶板荷载和基底反力的作用产生局部弯曲应力，可以将顶、底板按周边固定的连续板计算内力。合理的分析方法应该考虑上部结构、基础和土的共同作用，根据共同作用的理论研究和实测资料表明，上部结构刚度对基础内力有较大影响，由于上部结构参与共同作用，分担了整个体系的整体弯曲应力，基础内力将随上部结构刚度的增加而减少，但这种共同作用分析方法距实际应用还有一定距离，故目前工程上应用的是考虑上部结构刚度的影响(采用上部结构等效刚度)，按不同结构体系采用不同的分析方法。

(一)箱形基础顶、底板仅考虑局部弯曲

当地基压缩层深度范围内的土层在竖向和水平方向较均匀，且上部结构为平、立面布置较规则的剪力墙、框架、框架－剪力墙体系时，箱形基础的顶、底板可仅按局部弯曲计算，计算时基底反力应扣除底板的自重，即顶板按实际荷载、底板按基底净反力作用的周边固定双向连续板分析。

顶、底板钢筋配置量除满足局部弯曲的计算要求外，跨中钢筋按实际配筋全部连通，纵、横向支座钢筋中应有不少于1/4贯通全跨，底板上下贯通钢筋配筋率不应小于0.15%。

(二)箱形基础顶、底板同时考虑局部弯曲与整体弯曲

对不符合上述要求的箱形基础，应同时计算局部弯曲与整体弯曲。计算整体弯曲时应采用上部结构、箱形基础和地基共同作用的分析方法。

在计算整体弯曲产生的弯矩时，将上部结构的刚度折算成等效抗弯刚度，然后将整体弯曲产生的弯矩按基础刚度占总刚度的比例分配到基础。由局部弯曲产生的弯矩应乘以0.8的折减系数，叠加到整体弯曲的弯矩中去。具体方法如下：

1. 上部结构等效刚度。对于图4－2所示的框架结构，上部结构等效刚度计算公式如下：

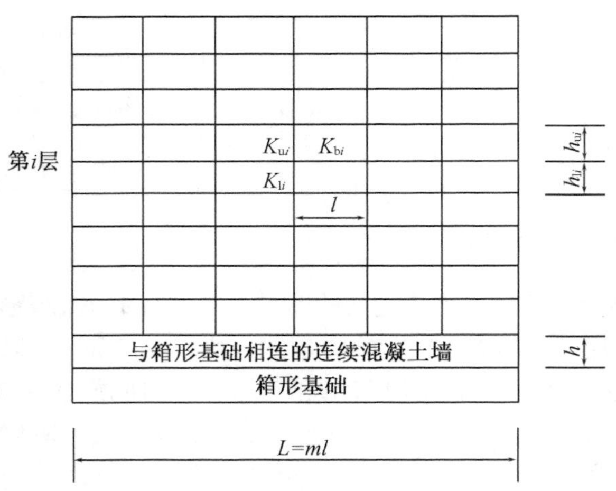

图4-2　公式中的符号示意

$$E_BI_B = \sum_{i=1}^{n}\left[E_bI_{bi}\left(1+\frac{K_{ui}+K_{li}}{2K_{bi}+K_{ui}+K_{li}}\cdot m^2\right)\right]+E_wI_w \tag{4-21}$$

式中　E_BI_B——上部结构的等效刚度($kN\cdot m^2$)；

E_b——梁、柱的混凝土弹性模量(kPa)；

K_{ui}、K_{li}、K_{bi}——分别为第 i 层上柱、下柱和梁的线刚度(m^3)，其值分别为 $K_{ui}=I_{ui}/h_{ui}$，$K_{li}=I_{li}/h_{li}$，$K_{bi}=I_{bi}/l$(其中，I_{ui}、I_{li}、I_{bi} 分别为第 i 层上柱、下柱和梁的截面惯性矩(m^4))；

h_{ui}、h_{li}——分别为第 i 层上柱、下柱的高度(m)；

m——建筑物弯曲方向的节间数，$m=L/l$；

L——上部结构弯曲方向的总长度(m)；

l——上部结构弯曲方向的柱距(m)；

E_w、I_w——分别为在弯曲方向与箱形基础相连的连续钢筋混凝土墙的弹性模量(kPa)和惯性矩(m^4)，$I_w=bh^3/12$(b、a 分别为墙的厚度和高度)；

n——建筑物层数(不包括电梯机房、水箱间、塔楼的层数)，当层数不大于 5 层时，n 取实际楼层数，当层数大于 5 层时，n 取 5。

式(4-21)适用于等柱距的框架结构，对柱距相差不超过 20% 的框架结构也可适用，此时，l 取柱距的平均值。

2. 箱形基础的整体弯曲弯矩计算。从整个体系来看，上部结构和基础是共同作用的，因此，箱形基础承担的整体弯曲弯矩 M_g 可以采用将整体弯曲产生的弯矩 M 按基础刚度占总刚度的比例求出，即

$$M_g = M\frac{E_gI_g}{E_gI_g+E_BI_B} \tag{4-22}$$

式中　M_g——箱形基础承担的整体弯曲弯矩($kN\cdot m$)；

M——由整体弯曲产生的弯矩，可按静定梁分析或采用其他有效方法计算($kN\cdot m$)；

E_g——箱形基础的混凝土弹性模量(kPa)；

I_g——箱形基础横截面的惯性矩(m^4)，按工字形截面计算，上、下翼缘宽度分别为箱形基础顶板、底板全宽，腹板厚度为箱形基础在弯曲方向的墙体厚度总和；

$E_B I_B$——上部结构等效刚度($kN \cdot m^2$)。

3. 箱形基础的局部弯曲弯矩计算。顶板按实际承受的荷载，底板按扣除底板自重后的基底净反力作为局部弯曲计算的荷载，并将顶、底板视作周边固定的双向连续板计算局部弯曲弯矩。顶、底板的总弯矩为局部弯矩乘以 0.8 折减系数后与整体弯曲弯矩叠加。

在箱形基础顶、底板配筋时，应综合考虑承受整体弯曲的钢筋与局部弯曲的钢筋配置部位，以充分发挥各截面钢筋的作用。

四、基础的截面设计与强度验算

(一)顶板与底板

由于顶、底板一般不开洞、连续性好，具有良好的刚度。箱形基础的底板尺寸较厚，受力后有起拱作用，故其弯曲内力比按平板计算时要小；反力较集中于墙下(即底板支座)。因此，箱形基础的底板按平板计算是偏于安全的，不应无根据地加大底板厚度。

底板除计算正截面受弯承载力外，还应满足斜截面受剪承载力和受冲切承载力的要求。

1. 正截面抗弯计算。如果箱形基础仅考虑局部弯曲，则直接按局部弯矩配筋，但在构造上考虑可能的整体弯曲影响，将部分钢筋拉通。如应同时考虑整体弯曲，则将局部弯矩乘以 0.8 后求出配筋量，与整体配筋叠加配置。

计算整体弯曲所需配筋时，将箱形基础视为一块空心厚板，在基底反力以及上部结构传来的荷载作用下，将产生双向弯曲。计算时将箱形基础简化成沿纵横两个方向产生单向受弯的构件进行计算，荷载和基底反力重复使用一次，即把箱形基础沿纵向(x 方向)看作一根静定梁，用静力平衡法求出任一截面的弯矩 M_x，再求出箱形基础承受的弯矩 M_{gx} 与拉力 T_x、压力 T'_x，同样沿横向(y 方向)也看作一根静定梁，求出任一截面的弯矩 M_y，再求出箱形基础承受的弯矩 M_{gy} 与拉力 T_y、压力 T'_y。这样底板在两个方向上受到 T_x、T_y 的拉力，顶板在两个方向上受到 T'_x、T'_y 的压力。

箱形基础整体弯曲时的拉力及压力按下式计算：

$$T_x = T'_x = M_{gx}/(zB) \qquad (4-23(a))$$

$$T_y = T'_y = M_{gy}/(zL) \qquad (4-23(b))$$

式中　M_{gx}、M_{gy}——分别为相应于荷载基本组合时，整体弯曲在箱形基础的 x、y 方向产生的弯矩($kN \cdot m$)；

T_x、T_y——分别为相应于荷载基本组合时，整体弯曲在箱形基础的底板力(kN/m)；

T'_x、T'_y——分别为相应于荷载基本组合时，整体弯曲在箱形基础的顶板力(kN/m)；

L、B——箱形基础底板的长度、宽度(m)；

z——箱形基础计算高度，取顶、底板中距(m)。

当顶板整体弯曲引起的压力小于顶板混凝土的抗压设计强度时，顶板可以不计算受压钢筋，否则需按压弯构件验算顶板强度。

整体弯曲时，底板受拉钢筋面积可按下式计算：

$$A_{s1x} = M_{gx}/(f_y zB) \qquad (4-24(a))$$

$$A_{s1y}=M_{gy}/(f_y zL) \tag{4-24(b)}$$

式中　A_{s1x}、A_{s1y}——整体弯曲时 x、y 方向单位长度钢筋面积(mm^2/m);

f_y——钢筋抗拉强度设计值(MPa)。

底板应将局部弯曲和整体弯曲的计算钢筋用量叠加。

底板跨中:

上层钢筋　$A_{s上}=(A_{s1}/2)+A_{s2}$

下层钢筋　$A_{s下}=A_{s1}/2$

底板支座:

上层钢筋　$A_{s上}=A_{s1}/2$

下层钢筋　$A_{s下}=(A_{s1}/2)+A'_{s2}$

式中　A_{s1}——整体弯曲计算的底板单位长度钢筋面积(mm^2/m);

A_{s2}——局部弯曲计算的底板跨中单位长度钢筋面积(mm^2/m);

A'_{s2}——局部弯曲计算的底板支座单位长度钢筋面积(mm^2/m)。

2. 斜截面抗剪计算。箱形基础顶板与底板厚度除根据荷载与跨度大小按正截面抗弯强度决定外,其斜截面抗剪强度应符合下式要求:

$$V_s \leqslant 0.7\beta_{hs} f_t (l_{n2}-2h_0) h_0 \tag{4-25}$$

$$\beta_{hs}=(800/h_0)^{1/4}$$

式中　V_s——相应于荷载基本组合时,距墙边缘 h_0 处,基底净反力产生的总剪力,如图 4-3 中阴影部分面积与基底净反力的乘积(kN);

β_{hs}——受剪切承载力截面高度影响系数,当 h_0 小于800 mm时,取800 mm,当 h_0 大于 2 000 mm时,取2 000 mm;

f_t——混凝土轴心抗拉强度设计值(kN/m^2);

l_{n2}——计算板格的长边净长度(m);

h_0——箱形基础底板的有效高度(m)。

3. 抗冲切计算。基础底板的抗冲切强度按下式验算:

$$F_l \leqslant 0.7\beta_{hp} f_t u_m h_0 \tag{4-26}$$

式中　F_l——相应于荷载基本组合时,底板承受的冲切力,为基底净反力乘以图 4-4 所示阴影部分面积(kN);

β_{hp}——受冲切承载力截面高度影响系数,h_0 小于800 mm时,取 1.0,当 h_0 大于等于 2 000 mm时,取 0.9,其间按线性内插法取用;

f_t——混凝土轴心抗拉强度设计值(kN/m^2);

u_m——距荷载边为 $h_0/2$ 处的周长;

h_0——箱形基础底板的有效高度。

当底板区格为矩形双向板时,底板的截面有效高度 h_0 可按下式计算:

$$h_0 \geqslant \frac{(l_{n1}+l_{n2})-\sqrt{(l_{n1}+l_{n2})^2-\dfrac{4p_j l_{n1} l_{n2}}{p_j+0.7\beta_{hp} f_t}}}{4} \tag{4-27}$$

式中　l_{n1}、l_{n2}——分别为计算板格的短边和长边的净长度(m);

p_j——相应于荷载基本组合时,基底平均净反力(kPa)。

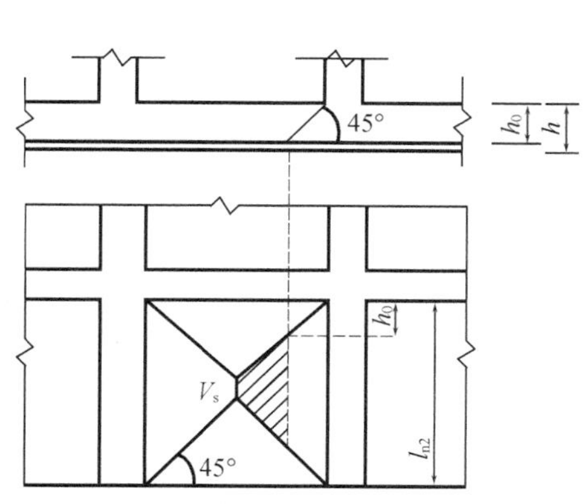

图 4－3　V_s 的计算方法示意

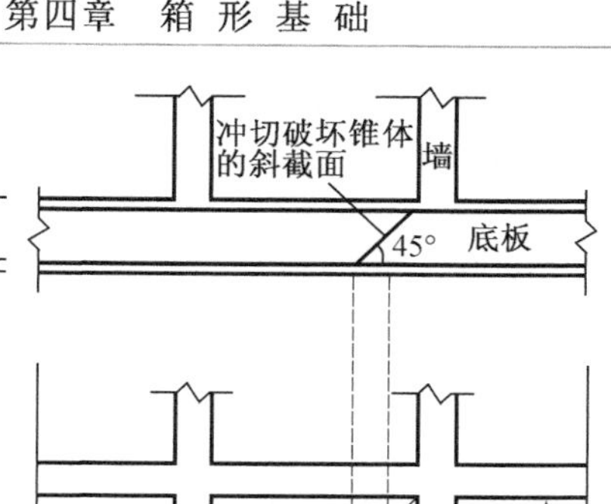

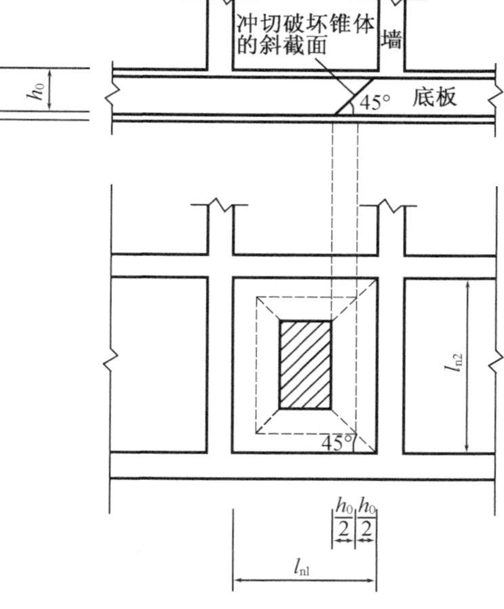

图 4－4　底板的冲切

（二）内墙与外墙

1. 箱形基础墙体截面剪力计算。箱形基础不仅承受着巨大的弯曲内力，同时还主要通过墙体承受巨大的剪力。

当仅需考虑局部弯曲时，可将基底净反力按基础底板等角分线与板中分线所围区域传给对应的纵横墙，并假设底层柱为支点，按连续梁计算基础墙上各点竖向剪力。

当需同时考虑局部弯曲与整体弯曲时，按以下方法计算墙体承担剪力。

（1）横墙截面剪力计算：如图 4－5（a）所示，考虑第 i 道纵墙和第 j 道横墙相交的节点 (i,j)。其放大示意图如图 4－5（b）所示。第 j 道横墙在 (i,j) 节点的上、下截面承担的剪力 V_{ij}^{t} 和 V_{ij}^{b} 为

$$V_{ij}^{t}=p_{j}(A_1+A'_1) \tag{4－28(a)}$$

$$V_{ij}^{b}=p_{j}(A_2+A'_2) \tag{4－28(b)}$$

式中　A_1、A'_1、A_2、A'_2——图 4－5（a）中所示各影响线范围内的底面积（m^2）；

p_j——相应于荷载基本组合时，基底平均净反力（kPa）。

其他节点处的横墙剪力计算方法相同。

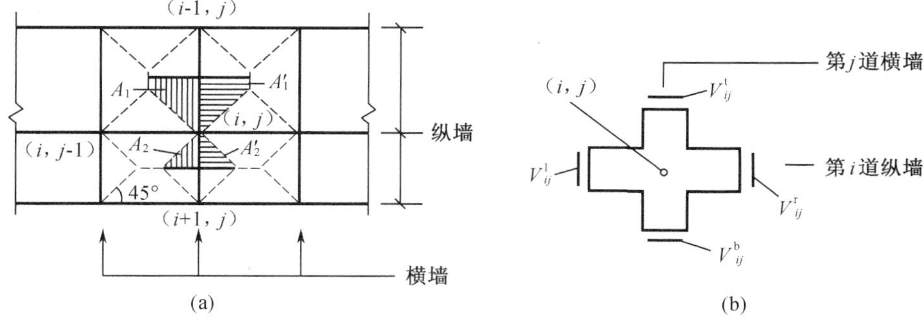

图 4－5　横墙截面剪力计算

(2)纵墙截面剪力计算:将箱形基础视为上部结构传来总荷载和基底净反力作用下的静定梁,即可求出任一横墙支座 j 截面左侧或右侧的总剪力 V_j^l 或 V_j^r。如图 4-7 所示,j 截面左侧总剪力 V_j^l 分配到第 i 道纵墙的剪力 $\bar{V}_{ij}^l$ 为

$$\bar{V}_{ij}^l = \frac{1}{2}V_j^l\left(\frac{b_i}{\sum b_i} + \frac{N_{ij}}{\sum N_{ij}}\right) \tag{4-29}$$

式中 b_i——第 i 道纵墙的宽度(m);

$\sum b_i$——纵墙宽度总和(m);

N_{ij}——第 i 道纵墙和第 j 道横墙交叉处柱子的竖向荷载(kN);

$\sum N_{ij}$——第 j 列上各柱荷载总和(kN)。

$\bar{V}_{ij}^l$ 尚应扣除横墙在左侧已经承担了的剪力 $\bar{V}_{ij}^t$ 和 $\bar{V}_{ij}^b$,才是纵墙在左侧截面实际承受的剪力 V_{ij}^t。参见图 4-5 和图 4-6,有

$$V_{ij}^l = \bar{V}_{ij}^l - p_j(A_1 + A_2) \tag{4-30}$$

式中各符号意义同前。修正后的剪力分布如图 4-7 所示。

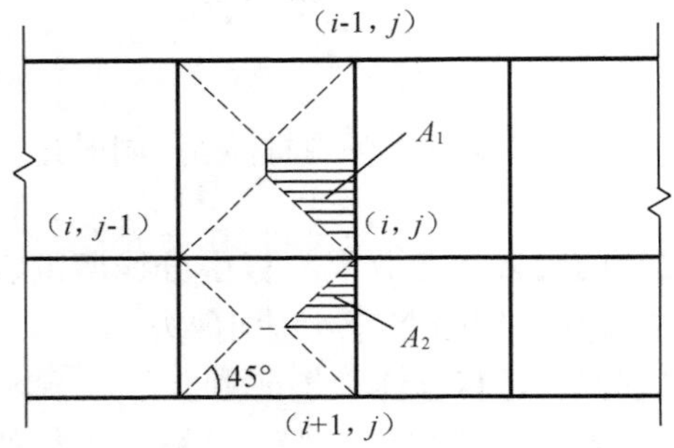

图 4-6 纵墙截面剪力计算

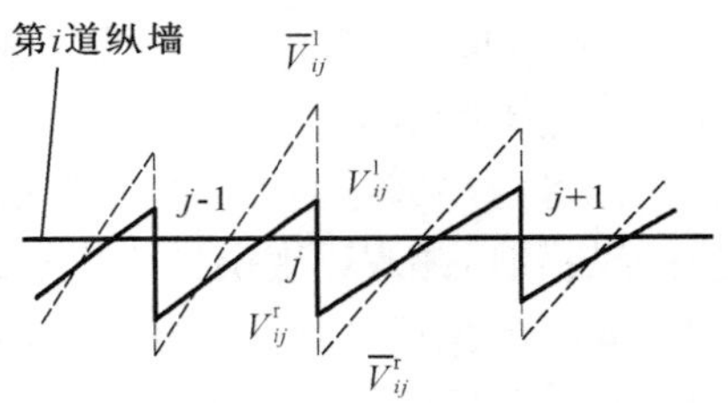

图 4-7 纵墙截面剪力修正示意图

2. 箱形基础墙身强度计算。

(1)墙身抗剪强度计算:箱形基础的内、外墙,除与上部结构剪力墙连接外,墙身的受剪截面应符合下式要求:

$$V_w \leqslant 0.20\beta_c f_c / A_w \tag{4-31}$$

式中 V_w——相应于荷载基本组合时,墙身承担的竖向剪力(kN);

β_c——混凝土强度影响系数,当混凝土强度等级不超过 C50 时,β_c 取 1.0,当混凝土强度等级为 C80 时,β_c 取 0.8,其间按线性内插法确定;

f_c——混凝土轴心抗压强度设计值(kPa);

A_w——墙身竖向有效截面积(m^2)。

(2)墙体洞口计算(图 4-8):当箱形基础纵、横墙体上开设洞口时,应进行墙体洞口强度验算。面积较大的洞口上下应设过梁。

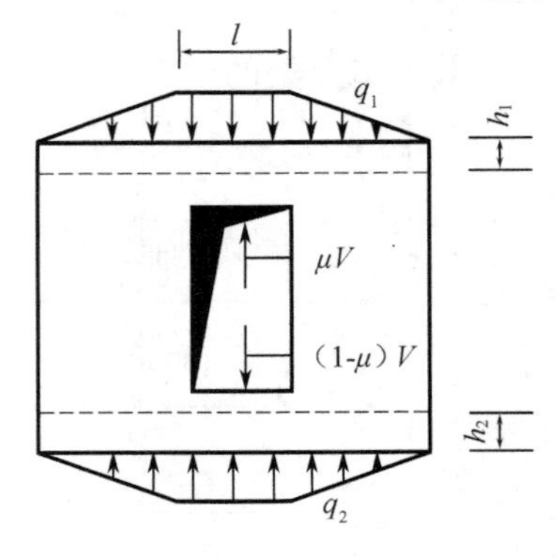

图 4-8 洞口计算图

①洞口过梁截面抗剪强度验算：单层箱形基础洞口上、下过梁的受剪截面应分别符合下列公式的要求：

当 $h_i/b \leqslant 4$ 时

$V_i \leqslant 0.25\beta_c f_c A_i$（$i=1$，为上过梁；$i=2$，为下过梁） (4-32(a))

当 $h_i/b \geqslant 6$ 时

$V_i \leqslant 0.20\beta_c f_c A_i$（$i=1$，为上过梁；$i=2$，为下过梁） (4-32(b))

当 $4 < h_i/b < 6$ 时，按线性内插法确定。

$$V_1 = \mu V + (q_1 l/2) \tag{4-33(a)}$$

$$V_2 = (1-\mu) V + (q_2 l/2) \tag{4-33(b)}$$

$$\mu = \frac{1}{2}\left(\frac{b_1 h_1}{b_1 h_1 + b_2 h_2} + \frac{b_1 h_1^3}{b_1 h_1^3 + b_2 h_2^3}\right) \tag{4-34}$$

式中 V_1、V_2——上、下过梁的剪力设计值(kN)；

V——洞口中点处的剪力设计值(kN)；

μ——剪力分配系数；

q_1、q_2——作用在上、下过梁上的均布荷载设计值(kPa)；

l——洞口的净宽(m)；

β_c——混凝土强度影响系数，当混凝土强度等级不超过 C50 时，取 1.0，当混凝土强度等级为 C80 时，β_c 取 0.8，其间按线性内插法确定；

f_c——混凝土轴心抗压强度设计值(kN/m^2)；

图 4-9 中，A_1、A_2 分别为上、下过梁的有效截面积(m^2)，上、下过梁可取图 4-9(a)及图 4-9(b)的阴影部分计算，并取其中较大值。

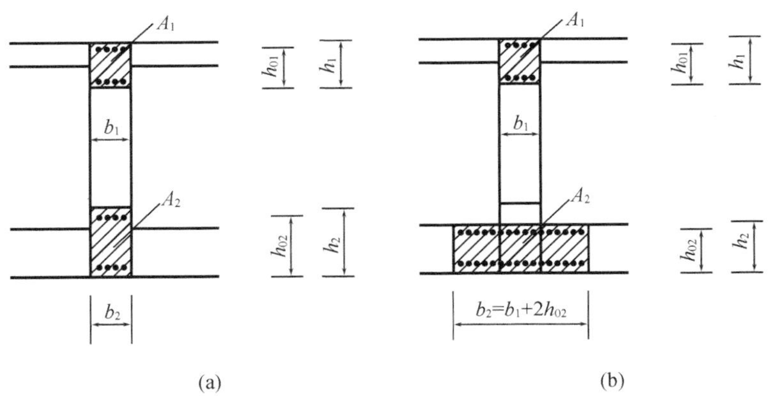

图 4-9 洞口上、下过梁的有效面积计算

多层箱形基础洞口过梁的剪力设计值也可按式(4-32)至式(4-34)计算。

②洞口过梁截面的抗弯承载力计算：计算洞口处上、下过梁的纵向钢筋，应同时考虑整体弯曲和局部弯曲的作用。单层箱形基础洞口上、下过梁截面的顶部和底部纵向钢筋，应分别按下式求得的弯矩设计值配置：

$$M_1 = \mu V l/2 + q_1 l^2/12 \tag{4-35(a)}$$

$$M_2 = (1-\mu) V l/2 + q_2 l^2/12 \tag{4-35(b)}$$

式中 M_1、M_2——上、下过梁的弯矩设计值（kN·m）。

③洞口加强钢筋：洞口两侧及四角应设加强钢筋，加强钢筋尚应按下式验算：

$$M_1 \leqslant f_y h_1 (A_{s1} + 1.4A_{s2}) \tag{4-36(a)}$$

$$M_2 \leqslant f_y h_2 (A_{s1} + 1.4A_{s2}) \tag{4-36(b)}$$

式中 M_1、M_2——上、下过梁的弯矩设计值（kN·m）；

h_1、h_2——上、下过梁截面高度（m）；

A_{s1}、A_{s2}——洞口每侧附加竖向钢筋总面积和洞角附加斜筋面积（m^2）。

（3）墙身抗弯计算：箱形基础的外墙和承受水平荷载的内墙应进行受弯计算。此时墙身视为顶、底部固定的多跨连续板，水平荷载按实际发生值取用。

①当无地面荷载时：在地下水位以上，外墙面 $z(z \leqslant H)$ 深度处单位面积上的压力为

$$p = K\gamma z \tag{4-37}$$

在地下水位以下，外墙面 $z(z > H)$ 深度处单位面积上的压力为

$$p = K[\gamma H + \gamma'(z - H)] + \gamma_w (z - H) \tag{4-38}$$

式中 γ、γ'——土的重度与有效重度（kN/m^3）；

z——自室外地坪起算的深度（m）；

H、h——自室外地坪起算的地下水位和箱形基础底板顶面深度（m）；

γ_w——水的重度（kN/m^3）；

K——土压力系数，一般取用静止土压力系数 K_0，一般可取 0.5，考虑地震荷载时为被动土压力系数 K_{p0}。

②当有地面荷载时：当室外地坪作用有均布荷载 q 时，深度 z 处的侧压力应在式（4－38）中增加 Δp

$$\Delta p = 0.5q \tag{4-39}$$

第五章　隧道掘进机施工技术

第一节　概　　述

一、隧道掘进机法的基本概念

隧道掘进机法是采用专门机械切削破岩来开挖的一种施工方法。施工时所使用的这种专门机械通常称为隧道掘进机(TBM),它利用回转刀具直接切割或破碎工作面岩石来达到破岩开挖隧道的目的,开始于20世纪30年代,是一种专业性很强的隧道掘进综合机械。

隧道掘进机一般分为盾构机和岩石掘进机两种类型。盾构机主要适用于软弱不稳定地层,目前在我国城市地铁区间隧道施工中已普遍使用;岩石掘进机主要适用于硬岩地层,习惯上所说的隧道掘进机就是专指这类岩石掘进机。这两类掘进机在破岩机理和需要解决的根本问题上也有很大不同,盾构机主要是利用刮刀开挖软土并解决掌子面不稳定和地表沉陷的问题,岩石掘进机主要是利用滚刀解决如何高效破岩的问题。不过,现在已经开发和应用了安装滚刀和刮刀的复合盾构掘进机,以适用复杂多变的地质条件。本章介绍的是适用于硬岩开挖的全断面岩石隧道掘进机。

二、隧道掘进机法的施工特点

与传统开挖技术(如钻爆法)进行隧道施工过程相比较,隧道掘进机法可一次性完成隧道全断面掘进,初期支护,石碴运输,仰拱块铺设,注浆,风、水、电管路和运输线路的延伸等,它就像一列移动的列车,具有隧道工程工厂化施工的特点。

(一)掘进机法的优点

1. 掘进快速。掘进机开挖时,可以实现破岩、出渣、支护连续作业,掘进效率高。掘进速度快是掘进机施工的最大优点。一般认为,掘进机的掘进速度为常规钻爆法的3~10倍。根据相关数据,如开挖直径为3~4 m的最佳日进尺、最佳月进尺和平均月进尺的世界纪录分别是172.4 m、2 066 m和1 189 m,即使是开挖直径为9~10 m的大直径隧道,其最佳日进尺、最佳月进尺和平均月进尺也已分别达到74 m、982 m和715 m,而常规钻爆法是远达不到这样高的掘进速度的。

虽然掘进机的成本高昂,但由于提高了掘进速度,使得工期大为缩短,因此在整体上是经济的。在国外,掘进机已广泛应用于能源、交通、国防等部门的地下工程建设。在一些发达国家,施工部门甚至还明确规定,长度在3 km以上的隧道必须用掘进机施工。

2. 施工安全。掘进机开挖断面一般为圆形,其承压稳定性好。由于采用机械方法切削成型,没有爆破法的危险因素,对围岩的扰动小,影响范围一般小于50 cm,改善了工作面的施工条件。在软弱地层中施工,可采用护盾式掘进机,作业人员在护盾内进行刀具的更换等作业,提高了作业的安全性。此外,密闭式操纵室和高性能集尘机的采用,使得作业环境有了较大的改善。

3. 施工质量好,超挖量少。掘进机开挖的隧道断面平整,洞壁光滑,不存在凹凸现象,通常不需要临时支护或仅需挂网、喷锚、钢拱架等简易支护,而且超挖量能控制在几厘米以内,从而可以减少支护工程量,降低工程费用。而钻爆法开挖的隧道内壁粗糙不平,且超挖量大、衬砌厚、支护费用高。

4. 节省劳动力,降低劳动强度。有人做过统计,一般掘进机施工所需总人数在 40 ~ 45 人即能达到月成洞 200 m,而采用钻爆法施工欲达到相同进尺则需 700 人(三班制)。更为重要的是,采用掘进机施工可大大减轻劳动强度。

(二)掘进机法的缺点

1. 主机质量大,运输不方便,安装工作量大,需要现场有良好的运输、装卸条件以及 40 ~ 100 t 的大型起重设备;此外,购买掘进机的一次性费用高,据 2003 年统计资料,对于开敞式全断面掘进机,其主机费用约为每米直径 100 万美元,双护盾掘进机约为每米直径 120 万美元,还有进口配件、技术协助、海关税和运费等;短隧道使用掘进机是不经济的,因此要求隧道有一定的长度,在国外使用掘进机的经济隧道长度为 3 ~ 10 km。

2. 对地质条件的适用性比较差,特别是遇到不良地质时,这一缺陷尤为突出。例如,天生桥二级电站前期勘探工作受地形条件、勘探手段及熔岩发育的不规则性影响,在用 11.8 m直径掘进机掘进过程中遭遇熔岩泥石流,再行推进时刀盘无法进碴,不进而退时泥沙石乘虚而入将机器掩埋,致使工程耽误半年之久,类似情况在该隧道掘进时竟遇到 4 ~ 5 次之多。另外,当遇到岩爆、暗河、断层等不良地质时,处理起来相当费事,会造成长时间的停工,甚至不得不取消掘进机。尽管目前已有了混合式掘进机,适应性已有一定程度的提高,但其造价更为昂贵,除非是十分重要的隧道工程,一般还难以采用。因此,在地质较复杂的条件下,采用掘进机法要格外慎重。

3. 掘进机必须一机一洞,即一个隧道施工完成后下一个工程的断面必须与前次相同,否则即使设备完好也难以物尽其用。开挖的隧道断面局限于圆形,对于其他形状的断面,则需二次开挖。若要机械本身来完成,则其构造将更为复杂。

4. 作业效率低。掘进作业利用率是掘进时间占总施工时间的比例,一方面取决于设备完好率,另一方面主要取决于工程地质情况和现场组织管理水平。工程中常常因设备故障、围岩支护作业、出渣作业、材料运输等原因而造成停机,降低了掘进作业利用率。目前,TBM 的平均掘进作业利用率在 40% 左右,当设备故障低、地层条件好时可达到 50% 以上,当遇到不良地质条件时可低于 20% 。

三、国内外工程应用概况

隧道掘进机自问世以来,广泛应用于世界各国能源、交通、水利以及国防等方面的地下工程建设中。据不完全统计,世界上采用掘进机施工的隧道已有 1 000 余座,总长度在 4 000 km左右。特别是在欧美等发达国家,由于劳动力昂贵,掘进机施工已成为施工方案比选时所必须考虑的施工方法。

(一)在国外的应用概况

近年来,国外采用掘进机完成的大型隧道工程有很多,比较著名的如英吉利海峡铁路隧道，它由三座平行隧道组成，每条长约 50 km，海底掘进长度约 37 km。该工程共使用了 11 台掘进机，仅用三年多的时间就全部贯通，在 1994 年底开通运营。瑞士费尔艾那铁路隧道，全长 19 km，使用直径为 7. 7 m 的掘进机，该工程 1995 年开始施工，1998 年完工。西班牙瓜达拉马高速铁路隧道工程是由两单线隧道组成，每条长 28. 4 km，分别采用 2 台直径为 9. 45 m 的掘进机施工，工期为 2002 年至 2005 年。瑞士哥特哈得铁路隧道，长达57 km，开挖直径为 9 m，最大埋深达 2 500 m，采用 4 台掘进机施工，该工程于 1996 年开工兴建，已于 2010 年 10 月贯通，这是目前世界上掘进贯通的最长铁路隧道。加拿大尼亚拉瓜水电站工程的隧洞长 10. 4 km，开挖直径达 14. 4 m，是目前世界上直径最大的 TBM 项目，已于 2006 年开工建设。在美国，芝加哥 TARP 工程是一项庞大的污水排放和引水地下工程，有大约 40 多千米的排水隧道，全部采用掘进机施工。

（二）在国内的应用概况

在我国，隧道掘进机的运用和研究起步比较晚，但随着能源开发和城市化进程的推进，隧道掘进机技术发展迅速，采用掘进机施工的隧道工程也越来越多。我国第一条采用隧道掘进机施工的隧道，是在 1985 开始修建的广西天生桥水电站工程引水隧洞，从美国引进直径 10. 8 m 的掘进机，开挖引水隧洞总长度约 10 km。另外还有一些采用外商承包的水利工程，他们采用了掘进机施工，如意大利 CMC 公司曾在甘肃引大入秦和山西万家寨引黄入晋的引水工程中用掘进机施工引水隧道获得成功。2005 年开始试掘进至 2009 年竣工通水的辽宁大伙房水库输水隧洞工程，主体工程采用 3 台开敞式掘进机进行施工，开挖了长 60. 73 km、直径为 8. 03 m 的水工隧洞。锦屏二级电站，主体引水隧洞为开挖直径 12. 4 m、长16. 7 m的 4 条长大隧洞，采用 2 台开敞式掘进机和钻爆法联合施工。隧洞最大埋深 2 525 m，该工程于 2008 年 11 月开始试掘进，2012 年 12 月已全面贯通，创造了 12. 4 m 大直径 TBM 最高月进尺 683 m 的世界纪录。

1997 年底，我国西安至安康铁路秦岭特长隧道开工，首次引入德国维尔特公司 TB880E 型隧道掘进机进行Ⅰ线隧道的施工。其后利用该掘进机又完成了西安至南京铁路桃花铺Ⅰ号隧道和磨沟岭隧道的施工。兰渝铁路西秦岭隧道是由两座长 28. 24 km 的单线隧道组成，出口段采用钻爆法施工，其余约 16 km 采用直径为 10. 2 m 的 2 台开敞式掘进机开挖。该工程于 2008 年 8 月开工，目前左线隧道已贯通。

2009 年底，重庆地铁 1 号线及 6 号线区间隧道采用 2 台开敞式掘进机施工，其刀盘直径为 6. 36 m，是国内地铁工程领域首次采用岩石隧道掘进施工。此外，青岛地铁 2 号线也开始采用 TBM 施工。

（三）世界著名的隧道掘进机制造商

世界上著名的岩石掘进机制造厂商有美国的罗宾斯公司、德国的维尔特公司和海瑞克公司、加拿大的拉瓦特公司、法国的法玛通公司、日本的小松公司和三菱公司等。

（四）隧道掘进机技术的发展

从一些数据中可以看出目前国内外掘进机的技术水平：最大开挖直径已达 14. 4 m；最高掘进速度可达 9 m/h；可在抗压强度达 360 MPa 的岩石中掘进 80 ~ 100 m^2的大断面隧道，其掘进速度平均每月可达 350 ~ 400 m；能开挖 45°的斜井；盘形滚刀的最大直径为 483 mm，其承载能力达 312 kN;刀具的寿命达 300 ~ 500 m,单台掘进机的最大总进尺已超过 40 km。目前,隧道掘进机正朝着大功率、大推力、高扭矩、高掘进速度的方向发展。可以预言,随着科学技术的进步,掘进机技术将日臻完善,今后会有更多数量的隧道采用掘进机法施工。

第二节　隧道掘进机的类型及构造

按破岩掘进方式的不同,隧道掘进机分为全断面掘进机和部分断面掘进机(又称悬臂式掘进机)两大类。其中全断面岩石隧道掘进机(TBM)是目前使用最为广泛的掘进机。本节主要介绍 TBM 的类型及构造。

一、TBM 的类型

TBM 由主机和后配套系统组成,主机主要由刀盘、刀具、主驱动(含主轴承)、护盾、主梁和后支腿、推进和撑靴系统、主机皮带机、支护系统等部分组成,是 TBM 系统的核心部分,主要完成掘进和部分支护工作。后配套系统与主机相连,由一系列彼此相连的钢结构台车组成,其上布置液压动力系统、供电及电气系统、供排水系统、通风除尘系统、出渣系统等。

TBM 一般可分为开敞式 TBM 和护盾式 TBM 两大类型,护盾式 TBM 根据盾壳的数量又有单护盾 TBM 和双护盾 TBM 之分。一般而言,开敞式 TBM 适合于硬岩隧道,护盾式 TBM 适合于软岩隧道。这两种掘进机的主要区别在于开敞式 TBM 是依靠隧道围岩的坚硬壁面来提供所需的顶推反力与刀盘的扭矩力,而护盾式掘进机则可利用尾部已经安装好的衬砌管片作为推进的支撑,或同时可以利用岩壁、管片衬砌来获得反力。

二、TBM 主机基本构造

(一)开敞式 TBM

开敞式 TBM 又称为支撑式 TBM,目前主要有两种结构形式:单水平支撑掘进机和双水平支撑掘进机。

1. 单水平支撑掘进机。它的主梁和切削刀盘支架是掘进机的构架,为其他构件提供安装支点。切削刀盘支架的前部安装主轴承和大内齿圈,它的四周安装了刀盘护盾,利用可调式顶盾、侧盾和下支撑保持一种浮动支承,从而保证了切削刀盘的稳定。主梁上安装推力千斤顶和支撑系统。由于每侧只采用了一对水平支撑,因此它在掘进过程中,方向的调整是随时进行的,掘进的轨迹是曲线。单支撑掘进机的主轴承多为三轴承组合,驱动装置直接安装在刀盘的后部,故机头较重,刀盘护盾较长。

2. 双水平支撑掘进机。在机身的前后每侧有两对水平支撑,它可以沿着镶着铜滑板的主机架前后移动。主机架的前端与切削刀盘、轴承、大内齿圈相连接,后端与后下支撑连接,推进千斤顶借助水平支撑推动主机架及切削刀盘向前,布置在水平支撑后部的驱动装置通过传动轴将扭矩传到切削刀盘。在掘进中由两对水平支撑撑紧洞壁,因此掘进方向一经定位,只能沿着直线掘进,只有在重新定位后,才能调整方向,所以掘进机轨迹是折线。

开敞式掘进机结合工程实践中取得的丰富经验,仍在不断改进和发展。例如,有的将双水平支撑改为 X 形支撑或 T 形支撑,也有的将切削刀盘三轴承组合改为前后两组轴承的简支型。

(二)护盾式 TBM

在掘进机的发展过程中,针对开敞式掘进机只能用于硬岩的缺陷,陆续开发出了各种形式的护盾式掘进机,分为单护盾掘进机和双护盾掘进机两大类。单护盾掘进机是专门针对软岩而开发的,只能用于软岩或开挖面自稳时间相对较短的地质条件较差的地层。而双护盾掘进机既可以用于软岩,又可以用于硬岩。

1. 单护盾掘进机。单护盾的主要作用是保护掘进机本身和操作人员的安全。单护盾掘进机靠支撑在管片上的推进千斤顶来提供反力,当向前掘进时,需要推进千斤顶紧紧地顶住已安装的管片,此时,管片的安装必须停止。当掘进了一个千斤顶冲程距离后,缩回千斤顶,让出管片拼装空间,进行又一轮的管片拼装。由此可见,单护盾掘进机的主要缺点是向前掘进和安装管片不能同时进行,因而影响了施工进度。

2. 双护盾掘进机。1970 年,意大利的 S. E. L. I 公司与美国的罗宾斯公司合作,将常规的硬岩掘进机与用于软岩的护盾结合起来,开发出了双护盾掘进机。

双护盾掘进机在软岩及硬岩中都可以使用,其对地质条件的适用能力比单护盾机大为增强,尤其是在自稳条件不良的地层中施工时,优越性更为突出。它与单护盾掘进机的区别在于增加了一个(尾)护盾,在硬岩中施工时利用水平撑靴,支撑洞壁传递反力;在软岩中施工,则利用尾部的推力千斤顶顶推尾部安装好的衬砌管片先前推进;还可以在利用水平撑靴进行开挖的同时安装衬砌管片,从而实现了开挖与管片安装的平行作业,使得开挖和安装衬砌管片的停机换步次数减少,时间缩短,大大加快了施工进度。

三、TBM 主机部件及结构

以单支撑开敞式 TBM 为例,介绍 TBM 主机系统的主要构成。TBM 主机部件主要由刀盘、刀具、刀盘驱动系统、护盾、主梁、后支腿、推进和撑靴系统组成。主机上的附属设备一般包括钢拱架安装器、锚杆钻机、超前钻机、主机皮带机等。

(一)刀盘

刀盘由刀盘钢结构主体、刀座、滚刀、铲斗和喷水装置等组成。刀盘是掘进机中几何尺寸最大、单件质量最大的部件。因此,它是装拆掘进机时起重设备和运输设备选择的主要依据。刀盘与大轴承转动组件通过专用大直径高强度螺栓相连接。刀盘的功能包括:

1. 按一定的规则设计安装刀具。刀具在切削刀盘上的平面布置是根据刀具的类型和合理刀间距来考虑的,一般而言,在硬岩中刀间距约是贯入度(即大盘每转动一圈,滚刀切入岩石的深度)的 10 ~20 倍(65 ~90 mm)。

2. 岩石被刀具破碎后,利用切削刀盘圆周上的若干铲斗和刮碴器以及刀盘正面上的进碴口,经刀盘内部的导引板将石碴通过漏斗传送到主机皮带输送机上运走。

3. 阻止破岩后的粉尘无序溢向洞后。

4. 必要时施工人员可以通过刀盘,进入掘进机刀盘前观察掌子面。

切削刀盘的前端是双层加强钢板,通过溜碴槽与刀盘后隔板相连接,后隔板用螺栓与刀盘轴承连接。切削刀盘具有足够的强度和刚度,从而使施加在其上的推力平均分配到全部盘形滚刀上,使它们达到同时压挤岩石至同一深度,并使掘进机处于高效率运转状态,否则不仅不能完成良好的切削，还会由于个别滚刀受到超载的推力而过早损坏，致使刀具费用急剧增加。

（二）刀具

TBM 的刀具为盘形滚刀，是掘进机主要研究的关键部件和易损件。刀具根据在刀盘上的位置不同分为中心刀、正刀和边刀。中心刀安装在刀盘中央范围内，因为刀盘中央位置较小，所以中心刀的刀体做得较薄，数把中心刀一起用楔块安装在刀盘中央部位。边刀是布置在刀盘四周圆弧过渡处的刀具。从布置要求出发，边刀的特点是刀圈偏置在刀体的向外一侧，而中心刀、正刀都是正中安置在刀体上。刀具主要由刀圈、刀体、刀轴、轴承、金属浮动环密封、端盖、挡圈、压板、加油螺栓等部分组成，其中刀圈、刀具轴承、金属浮动环密封是刀具的关键件。就刀具本身结构而言，通常正刀和边刀完全一样，中心刀与正刀不同的是，正刀有一个刀圈、一个刀体、一对轴承、两组密封、两个端盖，而中心刀则有两个刀圈、两个刀体、两对轴承、四组密封和三个端盖。

刀具是由石油钻机的牙轮钻演变而来的。从结构形式上经历了牙轮钻、球齿钻、双刃滚刀，发展到现在的单刃滚刀。刀具的直径经过几十年的工程实践，目前公认为直径 432 mm的窄形单刃滚刀是最佳刀具，这是兼顾了刀具轴承承载能力、延长刀具使用寿命、利于更换刀具等因素的综合结果。

（三）刀盘驱动系统

刀盘的驱动方式有电动机驱动和液压驱动两大类。电动机驱动又分为单速电动机驱动、双速电动机驱动和变频电动机驱动。掘进机贯入度是反映掘进能力的重要指标，它在很大程度上取决于刀盘的转速和推力。采用无级调速确定刀盘的转速就可以根据岩石的变化而产生最大的适应性，有效地控制刀盘负荷和振动，提高瞬时贯入度，减少刀具的磨耗。无级调速可以通过液压传动和变频调速两种方式来实现。利用变频技术可采用标准工业电机，它具有较高的惯性，当 0 ~ 50 Hz 时可以达到全扭矩，启动扭矩瞬时可以达到额定扭矩的 170%，启动电流小、效率高，但它要求的工作环境很严格。液压驱动方式技术上成熟，启动扭矩大，但效率低（70% 左右），维修较电动机驱动要复杂一些。

（四）护盾

护盾的主体为钢结构焊接件。单护盾 TBM 和双护盾 TBM 的护盾较长，而且与机头架间用法兰连接。而开敞式 TBM 的护盾围绕在刀盘驱动机头架周边，与机头架相连，用于 TBM 掘进时张紧在洞壁上稳定刀盘，并防止大块岩渣掉落在刀盘后部及刀盘驱动电动机处。整个护盾分为底护盾、侧护盾和顶护盾，其中底护盾又称为下支撑。

（五）主梁和后支腿

开敞式 TBM 的主梁一般为箱形钢结构，长 20 m 左右，为了制造和运输方便，一般分为前段、中段和尾段，各段之间采用螺栓连接，前段与刀盘驱动机头架也采用螺栓连接。主梁主要承受刀盘传递过来的力和扭矩作用，并将力和力矩传递到作用在洞壁的撑靴上。后支腿也称为后支撑，主要用于非掘进作业时支撑主机尾部。掘进作业时，撑靴支撑到洞壁上，需将后支腿抬起，掘进完毕，将其放下再收回撑靴缸换步。

（六）支撑和撑靴系统

支撑系统是掘进机的固定部分。当掘进时，它支撑着掘进机的重力并将开挖所需的推力和扭矩传递给岩壁以形成反力。不同结构形式的掘进机，支撑系统对掘进方向的控制也不同，双水平支撑方式的开敞式掘进机在换步时利用后下支撑来调整机器的方位，一经确定，刀盘只能按预定方向掘进。一般掘进机能提供的支撑反力是切削刀盘额定推力的 3 倍左右，足够大的支撑反力能保证在强大推力下掘进时，刀盘有足够的稳定和正确的导向，并有利于刀具减少磨耗，掘进所需的推进力是按照每个刀具所能承受的推力和刀具数量来决定的。撑靴借助球形铰自动均匀地支撑在洞壁上，可避免引起集中荷载对洞壁的破坏。

（七）主机上的附属设备

开敞式 TBM 主机上的附属设备主要有钢拱架安装器、锚杆钻机、超前钻机和主机皮带机等。钢拱架安装器布置在主梁前部护盾下面，以便在顶护盾的保护下及时支立钢拱架。钢拱架由型钢制作的多段钢拱片拼装而成，安装器需要完成旋转拼接、顶部和侧向撑紧、底部开口张紧封闭等动作。一般在主梁左右两侧各布置一台锚杆钻机，锚杆钻机的操作台布置在钻机后面，可随锚杆钻机一起纵向移动，也可固定在后面主梁的两侧。超前钻机一般布置在主梁上方，用于超前钻孔和超前注浆作业。由于前方护盾和刀盘的存在，超前钻机必须与洞轴线倾斜一个角度进行钻进，一般在 7°左右，周向钻孔范围在 120°以上，钻进距离可达掌子面前方 30 m 左右。主机出渣皮带机采用槽形皮带机，布置在主梁内，尾部伸向刀盘内腔承接刀盘溜渣槽经渣斗卸下来的石渣，运到主机头部转运到后配套系统皮带机上。

四、TBM 后配套系统

（一）后部配套设备的组成

全断面掘进机的后部配套设备是由一系列轨道工作台组成的台车，长约 150 m。其主要装置有掘进机及辅助设备的液压和电动装置、变压器及电缆、主驾驶室、通信系统、空压机、喷射混凝土设备、围岩加固堵水注浆设备以及供水系统、输送石碴的皮带机、机械传动装置、起吊设备、装卸轨道、混凝土预制管片、消尘器装置、供风系统、激光导向系统和安全保护系统等。掘进机主机与后部配套设备组成了一个完整的掘进系统。

（二）出碴与运输系统

小断面掘进机受开挖隧道空间的限制，一般采用单线运碴轨道。而较大断面的掘进机，则采用双线运碴轨道布置。皮带输送机将主机输送机运来的石碴卸入矿车，再用机车牵引到洞外。由于开挖的隧道是圆形，所以铺设轨道时，一般先将预制的仰拱块（管片）安装在隧道底部。仰拱块上预留排水槽、钢拱架沟槽及预埋轨道螺栓扣件。因此，轨道的铺设延伸，不仅能保证轨道的铺设精度，同时也提高了出碴列车的运行稳定和速度。后配套平台上的停车卸碴轨道比位于隧道仰拱上的运输轨道稍高一些，运碴列车（空车）经由后配套设备尾部的爬轨斜坡道驶上平台车上的轨道装碴。

（三）通风防尘系统

在后部配套平台车上安放通风管和接力风机，供应新鲜空气的主风机安放在洞外，通过风管与后配套上的接力风机相接。在掘进机施工中，隧道通风考虑的主要因素是施工人员的需要、设备运输中产生的热量、内燃机设备产生的废气、岩石破碎和喷射混凝土所产生的粉尘等。

（四）供水与排水系统

后部配套平台车上设有供、排水设备，用来冷却滚刀和液压系统的油，并对刀盘内腔室的水雾除尘，对驱动电机进行水冷，以及必要的空气冷却等。为了提高供水压力，往往在水箱上设置增压水泵，一般用水量可按每开挖 1 m^3岩石需要 0.5 m^3左右估算。隧道开挖中排水至关重要，必须采取强制排水措施以防止积水对主机的漫浸，尤其在安放仰拱块时更需要将水排净。顺坡开挖时，应充分利用仰拱块上的排水沟，反坡开挖时，应设多处积水槽，多处水泵站将水排至洞外。

第三节　采用 TBM 法的基本条件

随着隧道掘进机技术的不断发展与完善，并伴随着材料科学、电子技术、液压新技术等现代高科技成果的应用，大大提高了掘进机对各种复杂条件的适应性。因而全断面岩石掘进机的适用范围，如果简单地从开挖可能性看，是不全面的，需要综合隧道周围岩石的抗压强度、裂缝情况、涌水状态等地层岩性及地下水条件的实际情况，机械构造、直径等机械条件，隧道的选址条件、断面大小及形状、长度等进行判断。

一、地质条件

采用 TBM 法施工时，TBM 和掌子面是分离的，因而对于软弱层和破碎带的情况，处理起来比较困难。所以，不良地质的调查，不仅对 TBM 的选择和施工速度有很大的影响，对能否采用 TBM 法也是决定性的因素。另外，能否充分发挥 TBM 的能力，是调查研究的一个重点。

TBM 施工的地质调查主要是调查影响 TBM 使用的地质条件，如岩石的软硬，破碎带的位置、规模，涌水情况，膨胀性地质等，对 TBM 工法的适应性，以及影响 TBM 施工效率的地质因素等。大体上可分为以下两类。

（一）影响 TBM 工法适用性的地质因素

1. 隧道地压。是否存在隧道地压是决定 TBM 适用性的重要因素。在最近的 TBM 施工中，考虑到地压的作用，采用护盾式 TBM 时，多使用超挖刀具，使断面有些富余，而利用管片的反力来推进。使用开敞式 TBM 时，要从初期喷射混凝土支护中脱出，也要采取相应的措施。在这种情况下，事先正确地掌握该区间的位置，就易于采取合适的措施。对此，最好采用掌子面超前探测和钻孔探测的方法进行地质判定。

对于是否发生塑性地压的围岩评价，在软岩情况下，主要采用围岩强度比的方法；在近似土砂的软岩情况下，应采用围岩抗剪强度比的方法。

比较方便的是根据式（5－1）表示的围岩强度比的大小来进行评价的方法：

$$\alpha = R_c/(\gamma h) \tag{5-1}$$

式中　R_c——试件单轴抗压强度，kPa；

γ——围岩单位体积重力，kN/m^3；

h——埋深，m；

α——围岩强度比，其中挤出性－膨胀性围岩，$\alpha < 2$；轻微挤出性－地压大的围岩，$2 < \alpha < 4$；地压大－有地压的围岩，$4 < \alpha < 10$；几乎无地压的围岩，$\alpha > 10$。

从目前的技术水平看，在断层破碎带和软弱泥岩等地质条件以及中等以上膨胀性围岩条件下，会有很大的地压作用，掌子面难以自稳，TBM 掘进极为困难，对于这些情况，不适宜采用全断面掘进机施工。

2. 涌水状态。在软弱岩层和断层破碎带中，涌水的范围、大小、压力等，是造成掌子面坍塌和承载力低下的主要原因。在极端情况下，机体会产生下沉，此时必须采用护盾式 TBM。在涌水地段，TBM 法的优势无法体现，因而在选择时必须慎重。

（二）影响 TBM 开挖效率的地质因素

掘进机对隧道的地层最为敏感，不同的地层条件对 TBM 切削岩石的能力影响极大。影响 TBM 开挖效率的地质因素主要包括岩石强度、岩层裂隙及岩石耐磨性等。

1. 岩石强度。TBM 的开挖是利用岩石的抗拉强度和抗剪强度比抗压强度小得多这一特征。一般来说，岩石的抗拉强度为抗压强度的 1/10 ~ 1/20。开挖的难易程度与抗拉强度、抗剪强度和抗压强度有关，一般都用在试验中比较容易得到的抗压强度来判定。一般情况下，岩石抗压强度 R_c 越低，掘进机的破岩效率越高，掘进越快；R_c 越高，破岩效率越低，掘进越慢。对开挖经济性有很大影响的刀具消耗，只用抗压强度判断是不合适的，还应根据岩石中含有石英粒的情况和岩石的抗拉强度等判断。现在对局部抗压强度超过 300 MPa 的超硬岩，也可以采用 TBM 施工，但刀具和刀盘的消耗过大，是不经济的。从裂隙的程度看，适合的强度在 200 MPa 以下。

2. 岩层裂隙。岩层的裂隙（如节理、层理、片理等）对开挖效率影响很大。一般情况下，当节理较发育和发育时，掘进机掘进效率较高；当节理不发育，岩体完整时，掘进机破岩困难；当节理很发育，岩体破碎，自稳能力差时，掘进机支护工作量增大。同时，岩体给掘进机撑靴提供的反力低，造成掘进推力不足，因而也不利于掘进机效率的提高。岩体结构面越发育，密度越大，节理间距越小，完整性系数越小，掘进机掘进速度有越高的趋势。当岩体结构面特别发育，密度极大，节理间距极小，岩体完整性系数很小时，岩体已呈碎裂状或松散状，岩体强度极低，作为隧道工程岩体已不具有自稳能力，在此类围岩中进行掘进机法施工，其掘进速度不但不会提高，反会因需对不稳定围岩进行大量加固处理而大大降低。

3. 岩石耐磨性。在进行机械开挖时，刀具的磨耗问题是永远存在的。岩石的耐磨性也是影响掘进机效率的主要因素之一，它对刀具的磨损起着决定作用。岩石坚硬度和耐磨性越高，刀具、刀盘的磨损就越大。掘进机换刀量和换刀次数的增大，势必影响到掘进机的利用率。刀具、刀圈及轴承的失效，对掘进机的使用成本有很大影响。岩石的硬度、岩石中矿物颗粒特别是高硬度矿物颗粒如石英等的大小及其含量的高低，决定了岩石的耐磨性指标。一般来说，岩石的硬度越高，岩石的耐磨性越好，对刀具等的磨损越大，掘进效率也越低。

4. 断层破碎带等恶劣条件。在断层破碎带、风化带等难以自稳的困难条件下进行机械掘进施工，都需要采取辅助施工措施配合。特别是在有涌水的条件下，施工更为困难，拱顶坍塌、机体下沉、支承反力降低等问题时有发生。为了克服这一缺点，最近已开发出盾构混合型的掘进机,但还难以满足全地质型的要求。

从地层岩性条件看适用范围,掘进机一般只适用于圆形断面隧道。开挖隧道直径为1.8~14.4 m,以3~6 m直径最为成熟。一次性连续开挖隧道长度不宜短于1 km,也不宜长于10 km,以3~8 km最佳。掘进机适用于中硬岩层,岩石单轴抗压强度介于20~250 MPa,以50~100 MPa为最佳。

二、机械条件

TBM不仅受到地质条件的约束,还受到开挖机构、开挖直径的限制。一般来说,在硬岩中,大直径的开挖是很困难的。日本的实例是最大直径5 m左右。其理由是,目前的TBM大都是单轴回转式的,开挖直径越大,刀头的内周和外周的周速差越大,对刀头产生种种不良影响。此外,随着开挖直径的增大,要增大推力,支承靴也要增大,会出现运送上的困难和承载力问题。掘进机械是采用压碎方式还是切削方式,在实际应用中其适应范围也有差别。

三、隧道条件

1. 隧道长度和曲线半径:TBM进入现场后,一般要经过运输、组装过程。根据TBM的直径和形式、运输途径、组装基地的情况等,要准备1~2个月。其次,TBM的后续设备长100~200 m,为便于正常掘进,需要先修筑一段长200 m左右的隧道。所以,隧道长度短时,包括机械购置费在内的成本是很高的,也不经济。当隧道长度在1 000 m以下时,固定费的成本急剧增大,当长度达到3 000 m左右时,成本大致是一定的。一般认为,全断面掘进机在3 000 m以上的隧道中使用才具有较好的技术效果和经济效果。由于全断面掘进机的长度较大,对隧道的曲线半径有一定要求,曲线半径一般在200 m以上。

2. 隧道断面形状和大小:全断面隧道掘进机适用于圆形的隧道。断面大小基本上可决定掘进机机型的大小,每种机型都有一定的适用范围,选用时应考虑其最佳掘进断面面积。

第四节 TBM掘进施工

一、破岩机理

TBM掘进破岩机理,掘进时,由刀盘驱动系统驱动装有若干滚刀的刀盘旋转,并由推进系统给刀盘提供推进力,刀盘上的滚刀在巨大推力和回转力矩作用下切入岩石,不同部位的滚刀在岩面上留下不同半径的同心圆切槽轨迹。滚刀对岩石实施压、滚、劈、磨的作用,达到破碎岩石的目的。岩石的破碎是压裂、胀裂、剪裂、磨碎的综合过程。刀具在完整岩石中的破岩过程如下:

1. 刀具的刀刃在巨大推力作用下切入岩体,形成割痕。刀刃顶部的岩石在巨大压力下急剧压缩,随着刀盘的回转,滚刀滚动,这部分岩石首先破碎成粉状,积聚在刀刃顶部范围内形成粉核区。

2. 刀刃侵入岩石和刀刃的两侧劈入岩体,在岩石结合力最薄弱处产生多处微裂纹。

3. 随着滚刀切入岩石深度的加大,岩粉不断充入微裂纹。由于微裂纹端部容易应力集中，微裂纹逐渐扩展成显裂纹。

4. 当显裂纹与相邻刀具作用产生的显裂纹交汇，或显裂纹发展到岩石表面时，就形成了岩石断裂体。岩石断裂体一般呈以下特点：

（1）厚度 $\delta = 50$ mm；

（2）宽度 $a = \lambda$（刀间距）$- b$（刀刃宽）；

（3）长度 $l \approx 100$ mm；

（4）裂纹角 $\alpha = 18° \sim 30°$。

5. 在断裂体从掌子面落入洞底进入铲斗时，由于断裂体与刀盘及相互间的碰撞作用，又会产生新的碎裂体和岩粉。

二、TBM 循环作业原理

TBM 的掘进循环由掘进作业和换步作业交替组成。在掘进作业时，掘进机刀盘进行的是沿隧道轴线做直线运动和绕轴线做单向回转运动的复合螺旋运动，被破碎的岩石由刀盘的铲斗落入胶带机向机后输出。

（一）开敞式 TBM 掘进循环过程

以双支撑开敞式 TBM 为例，其掘进循环过程如下：

第一步，循环开始时，支撑部分已移动到主机架的前端，并撑紧在洞壁上。TBM 正确定位于线路规定的方向和坡道上。前下支撑与底部的岩面轻微接触，提起后下支撑。刀盘转动，推进液压缸活塞杆回缩，使工作部分向前推进一个行程，此步为掘进工况。

第二步，支撑部分移位换步。当向前推进到一个行程终点处时，刀盘停转，后下支撑伸出顶到仰拱上，仰拱刮削装置从浮动位置转换到支承位置，二者承重。当 TBM 两端支好后，收缩支撑靴板离开洞壁，收缩推进缸，将水平支撑向前移一个行程，此步为换步工况。

第三步，支撑部分再到位后，用仰拱刮削装置和后下支撑调整纵向坡度。后支撑靴顶住岩壁，后下支撑提起，用后支撑靴在水平面内调定 TBM 的方向。然后，前支撑靴伸出，又重新撑紧在洞壁上。此后，收回后下支撑，此时前下支撑与底部岩面又转换成浮动接触状态，刀盘切削头再次转动，TBM 准备下一个掘进循环。

（二）护盾 TBM 掘进循环过程

护盾 TBM 是从开敞式 TBM 延伸演变而来的掘进机，它既能用于能自稳并能提供支撑的岩石的掘进，也能用于能自稳但不能提供支撑的岩石的掘进，即护盾 TBM 有两种掘进循环模式：双护盾掘进模式和单护盾掘进模式。

1. 双护盾掘进模式。双护盾掘进模式是在稳定可支撑的岩石掘进中采用，此时，掘进机的辅助推进缸处于全收缩状态，不参与掘进。与开敞式掘进一样，一个循环作业分为掘进作业和换步作业。

（1）掘进作业：伸出水平支撑靴，撑紧在洞壁上，启动胶带机，旋转刀盘，伸出主推进液压缸，将刀头和前护盾向前推进一个行程实现掘进作业。推进作业的同时，在后护盾侧安装预制的混凝土管片。

（2）换步作业：当主推进液压缸推满一个行程后，刀盘停转，收缩水平支撑离开洞壁，收缩主推进液压缸，将掘进机后护盾前移一个行程，完成换步作业。至此已完成一个循环作业。

在双护盾掘进模式下,混凝土管片安装与掘进可同步进行,成洞速度快。

2. 单护盾掘进模式。在能自稳但不可支撑的岩石中掘进时可采用单护盾掘进模式,此时,掘进机的主推进缸处于全收缩状态,并将支撑靴板收缩到与后护盾外圆一致,前后护盾连成一体,跟双护盾 TBM 掘进循环一样。

(1)掘进作业:旋转刀盘,伸出辅助推进缸撑在管片上掘进,将掘进机向前推进一个行程。

(2)换步作业:刀盘停转,收缩辅助推进缸,安装混凝土管片。至此已完成一个循环作业。

在此模式下,混凝土管片安装与掘进不能同时进行,掘进效率较低。

3. 掘进循环的时间。对于开敞式掘进机,每一掘进循环所需时间一般在 20 ~ 60 min,其中换步作业只需 2 ~ 4 min。如果换步时间和每循环的总时间超过上述数值,则属于不正常掘进。护盾式掘进机在使用辅助推进油缸顶在混凝土管片上掘进时,由于掘进与衬砌不能同时进行,其每一循环时间是掘进时间和衬砌时间之和,是敞开式循环时间的 1.5 ~ 2 倍。

4. 调向、纠偏与转弯。为了确保 TBM 按设计洞线掘进,在掘进机系统中都配有定位导向装置。目前较常用的有 GPS 网、陀螺导向仪和激光导向系统。其中,激光导向在我国使用最为广泛。通过导向系统,操作人员发现掘进机的开挖洞线与设计洞线发生偏离时就必须进行调向,使开挖洞线与设计洞线方向一致。

掘进机在自稳岩石掘进中,刀盘向一个方向旋转,会造成掘进机的偏转。如果过度偏转,会引起胶带机漏渣、工作人员站立不稳等情况,需及时进行纠偏。在自稳岩石中的纠偏由纠偏缸来完成,一般左右对称设置的垂直调向油缸可同时承担纠偏的功能。双护盾掘进机在软岩中的纠偏是由刀盘翻转来实现的。单支撑掘进机因其机身较短,它的调向、纠偏较双支撑掘进机容易。开敞式 TBM 的调向、纠偏比护盾式的容易。

在进行曲线隧道掘进时,掘进机的作业是以折线代替曲线来实现的。通过控制激光靶反馈在显示屏的掘进机水平位移量来获取所需的转弯半径。一般单支撑掘进机的转弯半径比双支撑掘进机的小,护盾式 TBM 的转弯半径比开敞式的大。

三、TBM 掘进操作与控制

(一)TBM 掘进操作过程

掘进机的掘进操作是通过主控制室来进行的,因此该控制室是完成各项工作的控制核心。TBM 主控室的操作过程可分为以下五步:

1. 启动准备。启动前要考虑电、风、水是否已安全正确地输送到机器上,首先核实洞外中压电源是否输送到机器的变压器上,变压器的一次侧断路器是否已经接通。电源接通后还要确认洞外的净水是否已经接通并送入洞内,同时确认洞外新鲜风机是否启动并把新鲜风送入到机器尾部。电、水、风已具备后,则准备工作完毕。

2. 启动。在确认控制电压接通后,启动净水泵(正常水压应在 0.7 MPa 左右),启动风机(可通过成组启动按钮成组启动,亦可单独启动),启动液压动力站(与风机的启动方式相同,液压动力站可成组启动,亦可单独启动),空气压缩机的启动要到其配电柜处的操作面板启动。

3. 掘进。开始掘进前，确认以下工作：风机启动，泵站启动，电机启动，输送带启动，水系统正常，刀盘油润滑、脂润滑正常；外机架已经前移并撑紧，后支承已经收起并前移，护盾夹紧缸已经夹紧，后配套系统已经拖拉完毕，条件具备后，开始掘进。

4. 换步和调向。掘进机通常配置激光导向系统，掘进过程中可以随时监测掘进机的方向和位置。通过激光束射在掘进机激光靶面位置点，经过电脑模块精确计算，提供掘进机在掘进过程中的准确位置。操作人员根据导向系统显示屏幕提供的当前位置数字显示，预置位置和导向角来调整掘进机掘进方向。

5. 停机。掘进一个循环后，HC 系统根据传感器的信号自动停止推进。控制刀盘后退 3 ~ 5 cm，使刀圈离开岩面。并根据余碴量的大小令刀盘旋转若干时间。然后停止刀盘喷水，停止刀盘旋转，停止电机，待输送带上的碴基本出完之后，停止输送机。以上控制的相应按钮与启动时的按钮对应。与此同时，可以进行后配套的拖拉工作。

（二）TBM 掘进模式的选择

TBM 主控室的工作模式有自动控制推进模式、自动控制扭矩模式和手动控制模式三种，操作人员根据岩石状况来决定选择何种操作模式。

在均质硬岩条件下，应选择自动控制推进模式，这样设备既不会过载，又能保证有最高的掘进速度。选择此种工作模式的判断依据是：如果掘进时，推力先达到最大值，而扭矩未达到额定值时，则可判定为硬岩状态，可选择自动控制推进模式。

在均质软岩条件下，一般推力都不会太大，刀盘扭矩的变化是主要的，此时，应选择自动控制扭矩模式，这样设备既不会过载，又能保证有最高的掘进速度。选择此种工作模式的判断依据是：如果掘进时，扭矩先达到额定值，而推力未达到额定值或同时达到额定值，则可判定为软岩状态，加之地质较均匀，则可选择自动控制扭矩模式。

如果不能肯定岩石状态，或岩石硬度变化不均匀，或存在断层破碎带等情况，必须选择手动控制模式，靠操作者来判断岩石的属性。

（三）TBM 掘进参数的选择

不同的地质条件，TBM 的推力、刀盘扭矩、刀盘转速、推进速度等掘进参数是不同的。虽然掘进机配有自动操作模式，但实际中岩石往往均匀性差，因而在掘进过程中通常采用手动控制模式，根据地质条件的变化及时调整 TBM 掘进参数。

1. 推力。在硬岩条件下，推进压力一般达到额定压力的 75%；当进入软弱围岩过渡段时，推进压力呈反抛物线形态下降，下降时间与过渡段长度成正比；当完全进入软弱围岩时，压力趋于相对平稳。

2. 刀盘扭矩。在硬岩情况下，一般取为额定值的 50%；进入软弱围岩过渡段时，扭矩有缓慢上升的趋势，上升时间与过渡段程度成正比；当完全进入软弱围岩时，扭矩值一般小于额定值的 80%。

3. 刀盘转速。在硬岩情况下，刀盘转速一般为 5.4 ~ 6.0 r/min；当进入软弱围岩过渡段后期时，调整刀盘转速为 3 ~ 4 r/min；当完全进入软弱围岩时，刀盘转速维持在 2.0 r/min 左右。

4. 推进速度（贯入度）。在硬岩条件下，推进速度一般为额定值的 75%，贯入度一般为 9 ~ 12 mm；当进入软岩过渡段时，贯入度有微小的上升趋势；当完全进入软弱围岩时，贯入度一般稳定在 3 ~ 6 mm。

第五节 TBM 衬砌施工

用掘进机施工的隧道,其支护结构一般是由初期支护(或临时支护)和二次衬砌组成。采用掘进机施工,由于开挖工作面被掘进机刀盘所遮蔽,很难直接对围岩进行观察和判断,另外,掘进机机身有一定的长度,使得初期支护的位置要滞后开挖面一段距离,因此采用不同类型的掘进机施工时就要求采用不同的支护形式。一般在充分进行地质勘探后,在隧道设计阶段就应确定基本支护形式。例如,引水隧道为保证输水的可靠性,要求支护对围岩有密封性,所以大都采用护盾式掘进机进行管片衬砌的结构形式;对于一般公路和铁路隧道,除进行初期支护外,视地质情况可采用二次喷射混凝土或二次模筑混凝土作为永久衬砌,也可直接采用管片衬砌。不管是采用何种类型的衬砌,为了安放轨道运碴,都必须设置预制仰拱块,它也是衬砌结构的一部分。

一、复合式衬砌

使用开敞式掘进机,一般先施作初期支护,然后浇灌模筑混凝土二次衬砌,即复合式衬砌,其底部为预制仰拱块。由于掘进机的掘进速度很快,不可能使二次模筑混凝土衬砌作业与开挖作业保持一样的进度,当衬砌作业落后较多时,主要依靠初期支护来稳定围岩,地质条件好的隧道甚至等贯通后再施作二次衬砌。初期支护以锚杆、挂网和喷射混凝土支护为主,地质条件较差时还可设置钢拱架。

二、管片式衬砌

使用护盾式掘进机时,一般采用圆形管片衬砌。管片衬砌一般由若干块管片组成,分块数量由隧道直径、受力要求等因素确定,管片类型可分为标准块、邻接块和封顶块三类。其优点是适合软岩,当围岩承载力低,撑靴不能支撑岩面时,可利用尾部推力千斤顶,顶推已安装的管片衬砌获得推进反力。当撑靴可以支撑岩面时,双护盾掘进机的掘进和换步可以同时进行,明显提高了循环速度。利用管片安装机安装管片速度快、支护效果好,安全性强,不过其造价高。

为满足防水要求,管片之间必须安装止水带,并需在管片外壁和岩壁间隙中压入豆石和注浆。为了生产预制管片,需要设有管片生产厂,若施工现场的场地条件允许,最好就设在现场,以方便运输。

第六章　注浆法施工技术

第一节　概　　述

注浆是将具有充填胶结性能的材料制成浆液，以泵压为动力源，采用注浆设备将其注入地层，浆液通过渗透、填充、劈裂和挤密等方式挤走岩土孔(空)隙中的水分和空气，将原来松散的岩土体胶结成整体，形成一个新结构，具有强度大、防水抗渗性能高和化学稳定性良好的“结石体”，达到对地层堵水与加固的作用。

注浆法的目的如下：

1. 帷幕防渗。降低岩土体的渗透性，提高地层的抗渗能力，降低孔隙水压力。
2. 堵漏止水。截断渗透水流。
3. 固结纠偏。提高岩土体的力学强度和变形模量，加强岩土的整体性。
4. 裂缝修补。浆液渗入岩土体或结构中提高其整体性。

注浆是岩土工程中一门专业性很强的分支，采用注浆技术处理各种岩土工程问题，已成为常用的方法，其应用范围和工程规模不断扩大。注浆法在地下工程应用非常广泛，主要应用范围见表6-1。

表6-1　注浆在工程中的应用

工程类别	应用场所	目的
建筑工程	(1)建筑物地基； (2)摩擦桩侧面或端承桩底部； (3)已有建筑混凝土裂缝缺陷的修补； (4)动力基础的抗震加固	(1)改善土的力学性质，提高地基承载力或纠偏处理； (2)提高桩周摩阻力和桩端抗压强度，或处理桩底残渣过厚引起的质量问题； (3)混凝土构筑物补强； (4)提高地基土抗震能力
水利工程	(1)坝基岩溶发育或构造断裂切割破坏； (2)坝基帷幕注浆； (3)重力坝注浆	(1)提高岩土密实度、均匀性、弹性模量和承载力； (2)切断渗流； (3)提高坝体整体性、抗滑稳定性
地下工程	(1)开挖地下铁道、地下隧道、涵洞、管线路等； (2)矿山井巷、硐室建设； (3)裂隙岩体的止水和破碎岩体的补强	(1)防止地面沉降过大，限制地下水活动及制止土体位移； (2)提高围岩稳定性、防渗； (3)提高岩体整体性

表6-1(续)

工程类别	应用场所	目的
其他	(1)边坡; (2)挡土墙后; (3)桥基; (4)路基等	(1)提高土体抗滑能力,防止支挡建筑涌水; (2)增加土体抗剪能力,减小土压力; (3)桥墩防护、桥索支座加固; (4)处理路基病害等

一、注浆材料与设备

(一)注浆材料

注浆材料是注浆技术中不可缺少的一部分,注浆之所以能起到堵水与加固的作用,主要是由于注浆材料在注浆过程中物质转化的结果。

浆液是由原材料、水和溶剂经混合后的液体,按溶液所处的状态可分为真溶液、悬浊液和乳化液;按注浆工艺性质不同,又分为单液浆液和双液浆液。溶剂有主剂和助剂,对某种材料而言,主剂可能有一种或几种,而助剂根据需要掺入,并按它在浆液中所起的作用分为固剂、催化剂、速凝剂、缓凝剂等。

浆液注入岩土体中所形成的固体,通常称为结石体。结石体是浆液经过一定的化学或物理变化之后所形成的固体,用于充填、堵塞岩土体中裂隙、孔洞,达到堵水和加固围岩的目的。

1. 注浆材料的基本要求。注浆材料既是保证可灌注性的基本条件,又是应用于工程、环保领域成败的关键因素。理论研究与工程实践表明,注浆材料及浆液应具有以下性能:

(1)注浆材料的品种、标号、掺合料、外加剂等应根据注浆目的、注浆浆液中加入掺合料及外加剂的性质和数量等因素,通过试验确定。

(2)浆液应具有黏度低、流动性好、可注性好、稳定性好以及易于用注浆泵压入围岩裂隙,因而一般要求材料细度大、分散性较高并能较稳定地维持悬浮状态,不致在压注过程中沉析而堵塞。但又能在侵入围岩裂隙一定距离后,发生沉析充填岩土体的孔洞和裂隙。

(3)浆液注入岩土体裂隙后所形成的结石,应具有结石率高、强度高、透水性低,并具有抗蚀性和耐久性。

(4)浆液的凝胶时间可根据实际工程需要进行调节并能准确地控制。

(5)浆液在高压下有良好的脱水性,固化后无收缩现象,并与岩土体、混凝土等有较好的黏结性。

(6)对注浆设备、管道、混凝土结构物无腐蚀性并容易清洗。

(7)材料来源丰富,价格便宜并尽可能就地取材,没有毒性以防止对环境产生污染。

(8)浆液配制方便,操作简便。

值得指出的是,近年来注浆材料品种以及复合浆液数目繁多,且性质各不相同,而地下工程非常复杂,为了根据工程条件合理地选用注浆材料,提高注浆工程质量,在工程实施前应根据设计要求进行注浆材料的鉴定及浆液配合比的试验工作,其主要内容包括:

(1)注浆材料质量鉴定和性能测定。

(2)浆液性能测定和改善浆液性能的试验,一般包括:

①浆液的稳定性、流动性及黏度；

②浆液的析水率、沉淀速度及浆液分层沉淀离析的可能性；

③浆液的结石体强度和密度；

④结石体的可缩性及透水性。

2. 注浆材料的分类。岩土工程注浆材料品种繁多，由原材料配成的浆液则更多。其材料归结起来可分为两种（粒状、溶液）、三类（惰性材料、无机化学材料和有机化学材料）。

3. 注浆材料的选择。注浆材料的选择，关系注浆工艺、工期成本及注浆效果，因而直接影响注浆工程的技术经济指标。选用注浆材料应根据工程地质与水文地质条件以及注浆工艺的要求，同时还应考虑注浆设备特别是注浆泵的吸浆能力及造浆材料是否就近、经济、合理。

注浆法可以用于坚硬含裂隙的岩石，也可用于含碎肩、碎石及砾石的土层。当然地层必须有足够的裂隙和孔隙宽度以便浆液能注入。在砂砾土层中渗透注浆时，尤其是当浆液的浓度较大时，要求浆液中的颗粒直径比土的孔隙小，这样浆材才能在孔隙或裂隙中流动。但颗粒浆材常常以多粒的形式同时进入孔隙或裂隙，可能会导致孔隙的堵塞，因此仅仅满足颗粒尺寸小于孔隙尺寸是不够的。同时，由于浆液在流动过程中同时存在着凝结过程，有时也会造成浆液通道的堵塞。此外地基土和粒状浆材的颗粒尺寸不均匀，若想封闭所有的孔隙，要求粒状浆材的颗粒尺寸必须很小。

分散系液体是否能渗透到裂隙或孔隙中，取决于裂隙、孔隙的最小尺寸与浆液内固相颗粒尺才的比例关系。根据多年施工及试验经验得知，当裂隙开裂宽度不小于 0.15 ~ 0.25 mm时，水泥颗粒才能注入。在松散土层注装时，要求土的最小粒径大于 4 mm。如果采用细颗粒水泥浆，当土体颗粒粒径小于 2 mm 时也能注入。用沥青注浆时，黏度是决定性因素，冷却后黏度立即增大，在狭小的裂隙和孔隙中很难注入。

在基岩注浆中，水泥注浆使用最为广泛。在大裂隙岩层中注浆时，不仅需要浓度大的悬浮液，而且要求掺加大量的廉价充填材料，如粉细砂、粉土和黏性土。为了节省水泥，也可先用黏土注浆，然后再用水泥注浆。此外，岩土体的含水量大小也影响浆液材料的选择，水泥浆不适用于很大流速的地下水，一般情况下流速不得大于 200 m/d，水利工程中则将该值界定为 600 m/d。水泥黏土注浆多用于松散层的防渗注浆和对强度要求不高的基岩注浆。化学注浆在大面积基岩注浆方面尚未广泛使用，一般用来解决水泥注浆不能灌注或用于修补水工建筑物的缺陷和特殊注浆时采用。

二、注浆施工设备的作用和选择

岩土工程注浆已应用于地下工程的各个领域，其注浆量有多有少，注浆深度由几米到千米以上，但无论哪种注浆，所使用的注浆钻孔机具均应根据工程与水文地质条件、注浆方法、注浆深度、注浆材料和施工地点来选用，主要有钻孔机械、注浆泵、流量计、搅拌机、止浆塞、混合器以及输浆管路等。

（一）钻进注浆孔

钻进注浆孔主要使用钻探机械和凿岩机。选用钻机应根据岩土裂隙及水文地质条件、注浆孔深度、注浆孔大小确定钻机型号。并根据注浆孔布置、孔数、工程量大小和工程要求确定钻机台数。岩土工程的注浆，首先应钻出符合注浆需要的钻孔，选用合适的钻机是非常重要的。根据注浆区域的扩大和注浆孔深度的不同,钻机型号可分为大、中、小三类。根据钻孔施工工艺的不同,注浆孔可分为回转式钻进和冲击式钻进两种。对于深孔或是需要取芯的钻孔多用回转式钻进;对于较浅钻孔以及岩石很坚硬并且不需取芯的钻孔,可采用冲击式钻进。钻具一般包括钻杆、钻头、套管、岩芯管以及钻铤、扩扎器等,配套与否对提高钻进效率关系很大,应根据工程实际情况提前准备好。钻头是钻机的关键附件,注浆施工中,根据岩层硬度不同,常用合金钻头与金刚石钻头。

(二)注浆泵

注浆泵是浆液输送的动力设备,是注浆施工中最重要的设备之一,应满足以下要求:

1. 注浆泵排浆的能力应超过岩土裂隙最大吸浆率,并能不间断地进行注浆工作。
2. 注浆泵泵压能形成和超过注浆时所需的最大注浆终压。
3. 体积应尽量小,以便容易布置注浆工作。
4. 注浆泵应用耐磨耐腐蚀的材料制成,以便不易被水泥浆磨损及各类化学浆液和溶液腐蚀。
5. 能灌注不同成分和颗粒的大浓度浆液。

根据上述要求,离心泵因其轮叶易于磨损,不适用于注浆使用,注浆使用的是代用的往复式泥浆泵、专用的双液调速注浆泵、隔膜计量泵及双室轴向柱塞泵等。

(三)搅拌机

搅拌机是使浆液搅拌均匀的机器,对注浆的质量有重要影响。按其形状有卧式和立式两种。根据搅拌动力的不同,有电动的泥浆及灰浆搅拌机和风动的水泥搅拌机两种。根据注浆工程量大小及注浆孔吸浆量情况,所使用的搅拌机容积亦不相同,容积较小的搅拌机方便,但生产率较低,一般适用于化学注浆。对于黏土及悬浊液浆液,一般要求生产率较高。

(四)止浆塞

止浆塞可实现分段注浆防止钻孔跑浆,有效控制注浆压力和控制注浆范围,是确保注浆质量的重要工具。目前,止浆塞的种类和使用方法较多,应根据注浆孔的深度、注浆岩层硬度及含水层赋存状况进行选择,主要有机械式橡胶止浆塞、气胎止浆塞、水力止浆塞及磁性止浆塞等。

(五)混合器

混合器是使两种浆液相遇后充分混合并由此起物理、化学变化的工具,一般用于双液注浆。在地面预注浆时,浆液多在地面孔口混合或孔内混合;而在工作面预注和壁后注浆时,浆液多在工作地点混合。但无论采用哪种混合方式,其混合器应达到的要求是:(1)浆液要能充分混合均匀,并使浆液在预定时间内凝固;(2)混合器应有足够过流断面并能承受最大注浆压力;(3)当两种浆液注压不同时,不会互相窜浆,并使浆液不会在管内凝固。当用双液注浆泵送两种浆液时,常用方盒球阀混合器与注浆泵连接。

(六)管路系统

管路系统是起浆液有序流通的作用。管路系统主要是指注浆钢管,连接胶管及三通、阀门等。在注浆工程中，一方面，由于选择管路和强度不相适应，注浆时管路强度不够，致使管路局部破坏或崩裂；另一方面，由于管道选择设置不当，灰浆输送时产生不稳定流，增加阻力或设置管径过小，易于堵塞。因此，注浆对管路系统的选择具有如下特点：

1. 设备布置于地面时，管道向注浆工作面送浆，注浆越深浆柱形成的压力越大，对管路系统器材强度要求越高。

2. 浆液密度越大，黏滞性越高，初凝越快，管路易于堵塞。

3. 管道系统应能不间断地输送浆液。

第二节　注浆法分类及其特性

注浆法对岩土体加固效果不仅取决于注浆材料，也取决于注浆方法。注浆方法的选择需要考虑的因素有注浆设备、试验效果、注浆经验以及注浆管理方法等。注浆技术人员应在理解适用范围的基础上，考虑工程项目、土质改良的效果、工程地质条件、造价的高低等来确定注浆材料、注浆方法等，并进行合适的注浆设计。

注浆法作为一个综合的应用工法，既有它的共性，也有它的特性。共性指的是其施工程序和施工技术要点上，根据浆液在被灌注载体的作用机理不同，注浆法可分为充填注浆法、压密注浆法、渗透注浆法、劈裂注浆法和电动化学注浆法，以及其他介于上述各法或兼备上述各法的方法。特性指的是每个方法的特性。例如，充填注浆法的主要对象是堤身生物洞隙、地下工程隧道衬砌后渗漏水严重或衬砌壁后与围岩的空隙充填；压密注浆法的主要对象是经碾压欠密实的土坝和土堤，或经劈裂注浆工序出现的新空隙、脉径的再充填与压密；渗透注浆法的主要对象是渗透系数大于 10^{-5} cm/s 砂土层及部分砂卵石层；劈裂注浆法的主要对象是渗透系数不大于 10^{-6} cm/s 的黏土层和大部分砂土层；电动化学注浆法的主要对象是黏土质淤泥层或渗透系数小于 10^{-4} cm/s 且采用静压注浆不奏效时的特殊情况。

各种注浆方法的产生条件如下：

1. 充填注浆产生条件是被注载体中存在明显的孔洞或裂隙。

2. 压密注浆产生条件是被注载体（一般为岩土体）的孔隙率较小、浆液水灰比较小而注浆压力较大。

3. 渗透注浆一般出现在岩土体松散、孔隙率较大而注浆压力较小的情况下；对于注浆载体为低渗透性岩体，其渗透注浆作用机理主要是由浆液的浸润性决定。

4. 劈裂注浆则出现在被注载体诸如岩土体的抗拉强度较低，而注浆压力又较大的条件下。

5. 电动化学注浆产生于被注载体诸如黏土质淤泥等的电渗、电泳和离子交换三重效应上。

6. 水泥/化学复合注浆是在岩体断层破碎带或裂隙密集带以及软弱夹层等地质缺陷的条件下，先用约 30 MPa 的高压冲洗其间的夹层弱质软土及杂物，再用水泥浆液在断层破碎带中构建骨架，然后用化学浆液（主要为改性环氧树脂浆）进一步做渗透、充填、压密和劈裂灌浆，最终使破碎带连接成均质、连续和完整的岩土体。

第三节 注浆法施工工艺

注浆工艺是注浆成败的关键,没有一个合适的注浆工艺,浆液就很难按理想的方式注入地层,因此也就很难达到良好的注浆效果。注浆工艺主要是指注浆施工中所选择的注浆方法、注浆顺序、注浆参数和注浆结束标准四个方面的内容。

一、注浆方法

注浆方法按注浆的连续性可分为连续注浆、间歇注浆;按一次注浆的孔数可分为单孔注浆、多孔注浆;按地下水的径流条件可分为静水注浆、动水注浆;按浆液在管路中的运行方式分为纯压式注浆和循环式注浆;按每个注浆段的注浆顺序可分为全孔一次性注浆、下行式注浆和上行式注浆。

(一)全孔一次性注浆

全孔一次性注浆是指按设计将注浆钻孔一次完成,在钻孔内安设注浆管或孔口管,然后直接将注浆管路和注浆管(或孔口管)连接进行注浆施工。超前小导管注浆、径向注浆和大管棚注浆一般都采取全孔一次性注浆方式进行钻孔注浆施工。

超前小导管注浆和大管棚注浆采取有管注浆,为保证注浆管安设顺利,往往将注浆管前端加工成圆锥状并采取电焊封死。在注浆管上间隔一定的距离设溢浆孔,一般间隔距离为20~50 cm,溢浆孔直径为4~12 mm,溢浆孔面积为注浆管过浆面积的1~1.2倍为宜,浆液通过注浆管上钻设的溢浆孔注入地层。注浆管管尾采取丝扣连接。

(二)后退式分段注浆

针对复杂的地质构造,如果注浆施工过程中注浆段长度过长,那么由于地层构造存在较大的差异性,若采取全孔一次性注浆,一定会产生均一性很差的注浆效果。为达到设计的注浆效果,采取后退式分段注浆,针对不同地质条件,采取针对性的注浆速度、注浆量和注浆终压等参数,可取得良好的注浆效果。

后退式分段注浆是指按设计将注浆钻孔完成,在钻孔内放入袖阀式注浆管,然后将止浆塞及其配套装置放入注浆管中,对底部一个注浆段进行注浆施工,第一段注浆完成后,后退一个分段长度进行第二段注浆,如此下去,直到将整个注浆段完成。

(三)前进式分段注浆

前进式分段注浆是指经超前探测确定隧道前方涌水量较大或发育较大规模不良地质时,采取钻、注交替作业的一种注浆方式,即在施工中,钻一段、注一段,再钻一段、再注一段的钻、注交替方式进行钻孔注浆施工。每次钻孔注浆分段长度为3~5 m。前进式分段注浆可采用水囊式止浆塞或孔口管法兰盘进行止浆。

二、注浆顺序

注浆顺序选择的合理与否对注浆效果有着极其重要的影响,因此在注浆施工中,应通过对工程地质条件、水文地质条件充分掌握分析后，确定施工中所采取的注浆顺序。注浆顺序的选择从外围上讲应达到“围、堵、截”的目的，在内部应达到“填、压、挤”的目的，从而使注浆效果更好。因此，注浆施工中对八个原则应引起高度重视，即分区注浆原则、跳孔注浆原则、由下游到上游原则、由下到上原则、由外到内原则、约束发散原则、定量定压相结合原则、多孔少注原则。同时，在注浆施工中，并不是每一个原则在单项工程施工中都能用到，应根据工程特点确定 3 ~ 5 个原则进行应用，这对提高注浆效果十分有利。

（一）分区注浆原则

在基坑帷幕注浆和隧道基底钢管桩注浆时，往往注浆范围和注浆规模较大，由于地质条件存在较大的差异性，因此很有必要将注浆范围进行分区，每区长度为 10 ~ 20 m。这样，可以及时对每个区进行注浆试验，确定各自的注浆材料和注浆参数，从而使注浆更加可靠。

（二）跳孔注浆原则

注浆施工中，由于受前期注浆孔的影响，后期注浆孔所注入的浆液将会随着注浆压力或其他因素而发生偏流，同时，注入量也会减少。因此，在注浆施工中，采取分序跳孔注浆原则可以有效地逐步实现约束注浆，使浆液逐渐达到挤压密实，促进注浆帷幕的连续性，并且通过逐序提高注浆压力，有利于浆液的扩散和提高浆液结石体的密实性。同时，后序孔注浆也是对前序孔注浆效果的检查与评定。因此，原则上所有的注浆工程都应采取跳孔注浆原则。

跳孔注浆往往可采取两序孔原则和四序孔原则。

两序孔原则是将单号孔作为一序孔先进行注浆，然后对剩余的双号孔作为二序孔进行注浆。四序孔原则是将单排单号孔作为一序孔进行注浆，然后对双排双号孔作为二序孔进行注浆，之后对单排双号孔作为三序孔进行注浆，最后对双排单号孔作为四序孔进行注浆。

（三）由下游到上游原则

在注浆施工中，当存在着较大的水流时，应考虑水流对注浆效果的影响。为了防止上游注浆时浆液顺流而下，避免上游注浆形成假象，因此原则上应先对下游进行注浆截水，形成挡墙，以防止浆液的不断流失。

（四）由下到上原则

在注浆施工中，由于浆液存在重力作用，因此当地层存在较大的空隙时，浆液在重力作用下会向下沉积，同时，由于钻孔中泥砂也会对下部造成堆积，从而影响下部注浆的顺利进行，因此在现场注浆施工中，宜采取由下到上原则进行注浆施工。

（五）由外到内原则

在帷幕注浆施工中，采取先对外圈孔进行注浆，从而先将注浆区域围住，然后逐步注内圈孔，形成注浆的挤密、压实，有效地实现约束注浆，这更有利于提高注浆效果。

（六）约束发散原则

约束发散型注浆对提高注浆效果十分有利。当地层以加固为主时，宜先注周边孔，然后注内圈孔，形成约束，从而实现地层注浆的逐步挤压密实作用。当地层以堵水为主时，地层存在一定的水流影响,可先对三个周边进行注浆,从而形成对中间部位水流方向的约束,留下一个边成为排水流的出口,注浆过程中逐步将水排出,从而提高整体注浆效果。

(七)定量定压相结合原则

在注浆施工中,出于注浆扩散半径是一个选取值,它不代表浆液在地层中最大的扩散距离,因此注浆时一定要采取定量定压相结合原则。否则,若在注浆施工中仅想通过注浆压力达到设计终压进行注浆控制,那么,既造成了浆液大量流失形成浪费,又浪费了注浆时间,且起不到注浆作用。在注浆施工中,当采取跳孔分序注浆时,对先序孔往往采取定量注浆,对后序孔采取定压注浆。

(八)多孔少注原则

在注浆设计时,一般都考虑了扩散半径,设计了很多孔,每个孔都是要注浆的,如果现场对一个孔注浆量很大,结果很多孔注不进浆,这样会导致注浆均一性很差,产生很多注浆盲区,施工中易发生盲区崩溃。因此,在注浆施工中,一定要采取定量定压相结合原则,从而实现注浆的多孔少注,使设计的每个注浆孔都发挥其应有的作用,减少注浆盲区的存在,提高整体注浆效果。

三、注浆参数

注浆参数是保证注浆施工顺利进行,确保注浆质量的关键,在注浆施工中,应对注浆参数进行不断地动态调整,以适应现场注浆需要。

(一)浆液凝胶时间

浆液凝胶时间是注浆施工的重要参数之一。浆液的凝胶时间不但影响着浆液的扩散范围,还影响着浆液的堵水性能。在注浆施工中,单液浆的凝胶时间原则上不宜越过 8 h,否则难以控制浆液的扩散范围。对于双液浆,浆液的凝胶时间与地层的涌水量、现场注浆操作人员对工艺掌握的熟练程度有关。一般情况下,双液浆凝胶时间宜控制在0.5 ~3 min。当地层中涌水量较大时,现场操作人员对工艺熟练时取小值,否则取大值。

(二)单孔单段注浆量

在注浆施工中,对于以加固地层为主要目的的注浆,往往以定量注浆为主要原则,对于以堵水和加固地层为目的的注浆,先序孔往往也以定量注浆为原则,因此对注浆量的计算必须合理。对于单孔单段注浆量采用下式进行计算:

$$Q = \pi R^2 H n \alpha (1 + \beta) \tag{6-1}$$

式中 Q——单孔单段注浆量(m^3);

R——浆液扩散半径(m);

H——注浆分段长度(m);

n——地层空隙率或裂隙度;

α——地层空隙或裂隙充填率;

β——浆液损失率。

（三）注浆分段长度

注浆分段长度也称注浆步距，它是指采取分段注浆时，每一个分段的注浆段长度。在注浆施工中，地层越复杂，注浆分段长度应越短，否则将严重影响注浆效果。根据大量工程实践，对于砂层、粉质黏性土地层，采取后退式分段注浆时，分段长度宜取 0.4 ~ 0.6 m。对于断层破碎带、充填型溶洞地层，采取前进式分段注浆时，分段长度宜取 3 ~ 5 m。

（四）注浆终压

注浆压力是浆液在地层空隙或裂隙中扩散、填充、压实脱水的动能。终压反映出地层经注浆后的密实程度，对于注浆终压的选取，若取值太小，浆液不能充满地层空隙或裂隙，扩散的范围也会受到限制，达不到注浆堵水的目的，注浆质量就很差；注浆压力大一些，可以提高浆液结石体强度和不透水性，使地层渗水量减少，同时使浆液扩散范围增大。因此，原则上可以在保证注浆质量的前提下尽可能采用较大的注浆压力，从而扩大注浆孔布设间距，减少注浆孔数量，加快注浆速度，缩短注浆工期。但是，若注浆压力过大，易引起地层裂隙的扩大，岩层的位移和抬升，浆液也会扩散到不必要的注浆范围以外，造成注浆浪费。因此，在注浆施工中一定要制定一个合理的注浆终压。

1. 对于以堵水为主要目的的注浆，注浆终压按下式计算：

$$P_{终} = P_{水} + (2 \sim 4) \tag{6-2}$$

式中　$P_{终}$——注浆终压（MPa）；

$P_{水}$——现场实测静水压力（MPa）。

2. 对于以加固为主要目的的注浆，$P_{水}$取 0 MPa，即注浆终压为 2 ~ 4 MPa。
3. 对于浅埋工程注浆施工，注浆终压按下式计算：

$$P_{终} = 0.001K\gamma H \tag{6-3}$$

式中　$P_{终}$——注浆终压（MPa）；

K——系数；

γ——覆盖地层的容重（kN/m^3）；

H——覆盖层厚度（m）。

（五）注浆速度

注浆速度的选取主要取决于注浆加固的目的、注浆材料的种类、注浆机械的特点、地层的吸浆能力，以及施工工期要求。注浆速度的合理选择影响着注浆压力和注浆量的匹配关系，从而严重地影响着注浆效果。若注浆速度过快，虽可加快注浆进程、缩短注浆工期，但会因地层吸浆能力的影响而使注浆压力过大，这样，当注浆量达到设计标准时，终压会远远大于设计值，易造成地表隆起过大，形成危害；同时，注浆机理也会发生变化，严重影响注浆效果。若注浆速度过慢，那么很难保证工艺实施的连续性。

参考以往的实际工程，建议采取以下注浆速度进行注浆施工：

1. 对于粉质黏性土注浆，注浆速度宜取 20 ~ 40 L/min。
2. 对于砂砾石层等孔隙较大的地层注浆，注浆速度宜取 40 ~ 60 L/min。
3. 对于断层破碎带注浆，注浆速度宜取 60 ~ 120 L/min。

四、注浆结束标准

注浆结束标准不尽相同,矿山行业与水利水电行业有各自的标准,但其共同点有两方面:一是注浆量(注浆结束时的单位注浆量与总注入量);二是注浆终压均达到设计要求。水利水电行业一般执行以下标准:

(一)帷幕灌浆

采用自上而下分段灌浆法时,在规定的压力下,当注入率不大于0.4 L/min时,继续灌注60 min;或不大于1 L/min时,继续灌注90 min,灌浆可以结束。采用自下而上分段灌浆法时,继续灌注的时间可相应地减少为30 min和60 min,灌浆可以结束。

(二)固结灌浆

在规定的压力下,当注入率不大于0.4 L/min时,继续灌注30 min,灌浆可以结束。

(三)帷幕灌浆

采用自上而下分段灌浆法时,灌浆孔封孔应采用“分段压力灌浆封孔法”;采用自下而上分段灌浆时,应采用“置换和压力灌浆封孔法”或“压力灌浆封孔”。

矿山行业一般执行以下标准:

1. 注浆终压和终量。在正常条件下,每次注浆中,注浆压力由小逐渐增大,注浆量则由大到小。当注浆压力达到设计的终压时,单液注浆终量为50～60 L/min,双液终量为100～120 L/min,稳定20～30 min即可结束注浆。

2. 对于较软弱岩层或松散充填物较多的岩溶含水层,在第一次达到上述标准后,经过水力压裂检查、重新注浆,再达到以上标准,才能结束注浆。

3. 注浆后的岩层渗透系数应有明显地下降,一般$K<0.8\sim0.01$ m/d。

4. 注浆后期,钻孔最终单位吸浆量已小于允许的最小单位吸浆量,一般应小于0.000 2 L/(s·m·m)。

5. 注浆后井筒掘进段的最大涌水量一般应小于10 m^3/h。

6. 岩芯裂隙被浆液充填饱满,具有一定强度,且达到设计的有效扩散半径。

五、注浆检查

注浆检查包括灌浆质量和灌浆效果两个方面的检查。灌浆质量与灌浆效果的概念不完全相同,灌浆质量一般是指灌浆施工是否严格按设计和施工规范进行,例如灌浆材料的品种规格、浆液的性能、钻孔角度、灌浆压力等,都要求符合规范的要求,不然则应根据具体情况采取适当的补充措施;灌浆效果则指灌浆后地基土的物理力学性质提高的程度。灌浆质量好不一定灌浆效果好,但是灌浆效果好,却可以看作灌浆质量总体良好。

(一)灌浆质量控制

控制好注浆过程的质量一般就可以保证灌浆质量,注浆控制分为过程控制和标准控制。过程控制是把浆液控制在所要注浆的范围内;标准控制是控制浆液达到注浆要求。过程控制主要调整浆液的性质和注浆压力、流量,使浆液既能扩散到预定注浆范围又不能过多跑出注浆范围而流失掉，调整的依据是地质条件和注浆理论。标准控制方法有定浆量控制法、定压控制法、定时控制法和注浆强度控制法。

1. 定浆量控制法。

(1)注浆总量控制。当注浆扩散半径确定后，注浆总量就确定了，在地层均匀无空洞的条件下，调整注浆压力，使总注浆量达到设计值。

(2)吸浆速率(吸浆率)控制法。在设计时，吸浆率小到一定程度，即达到注浆要求。这种方法适用于防渗帷幕注浆。水电部门规定 $Q=0.01\sim0.05$ t/(min·m·m)。在施工中帷幕注浆和固结注浆的吸浆量不大于0.4 L/min，继续注浆30～60 min，即可结束注浆。

2. 定压控制法。土体注浆加固，一方面靠注进土体的浆液起作用，另一方面靠浆体对土体挤压作用使土体力学指标提高，反过来土体密实度增加又使浆体的强度充分发挥作用，形成复合地基。因此，注浆最终压力对加固效果起主要作用。

注浆过程中压力控制分为一次升压法和逐级升压法，压力大小除与浆液特性有关外，还与注浆速率、地层吸浆率有关。因此，升压的快慢应不使地层抬动，而又能在此压力下使地层充分注实为佳。

3. 定时控制法。定时控制法是指控制注浆过程历时以达到控制浆液扩散半径的方法。注浆历时是指一个注浆段所需要的注浆持续时间，可根据注浆公式确定。

4. 注浆强度控制法。注浆强度控制法已成功地应用于许多大坝的现场注浆，在以注浆压力 P 为纵坐标和已灌注浆液总体积 V 为横坐标的坐标系中，绘出两者乘积为常数的曲线，此乘积称为注浆强度值，其大体上等于泵入岩体的能量。

(二)灌浆效果检查

评价注浆效果主要包括堵水和加固两个方面。注浆堵水常以注浆后涌水量的减少程度来评价注浆效果，并以方便施工为原则。评价注浆加固效果，主要检验注浆后岩土体抗压强度，在施工过程中还可以利用声波测试强度的改善情况以及在施工中进行位移观测等。灌浆效果的检验，通常在注浆结束后28 d才可进行，检验方法如下：

1. 统计计算灌浆量，可利用灌浆过程中的流量和压力自动曲线进行分析，从而判断灌浆效果。

2. 利用静力触探测试加固前后土体力学指标的变化，用以了解加固效果。

3. 在现场进行抽水试验，测定加固土体的渗透系数。

4. 采用现场静载荷试验，测定加固土体的承载力和变形模量。

5. 采用钻孔弹性波试验测定加固土体的动弹性模量和剪切模量。

6. 采用标准贯入试验或动力触探方法测定加固土体的力学性能，此法可直接得到灌浆前后原位上的强度，进行对比。

7. 进行室内试验：通过室内加固前后土的物理力学指标的对比试验，判定加固效果。

8. 采用射线密度计法：它属于物理探测方法的一种，在现场可测定土的密度，用以说明注浆效果。

9. 使用电阻率法：将灌浆前后对土所测定的电阻率进行比较，根据电阻率差说明土体孔隙中浆液的存在情况。

在以上方法中，动力触探试验和静力触探试验最为简便实用。检验点一般为灌浆孔数的2%～5%，如检验点的不合格率大于或等于20%，或虽小于20%但检验点的平均值达不到设计要求，在确认设计原则正确后应对不合格的注浆孔实施重复注浆。

第七章　钢筋与混凝土的力学性能

第一节　混　凝　土

混凝土,简称"砼",是指由胶凝材料将集料胶结成整体的工程复合材料的统称。普通混凝土是指用水泥做胶凝材料,砂、石做集料;与水(加或不加外加剂和掺合料)按一定比例配合,经搅拌、成型、养护而得的水泥混凝土,广泛应用于土木工程。混凝土中的砂、石子、水泥胶体中的晶体、未水化的水泥颗粒组成了错综复杂的弹性骨架,主要承受外力,并使混凝土具有弹性变形的特点。水泥胶体中的凝胶、孔隙和界面初始微裂缝等,在外力作用下使混凝土产生塑性变形。而且混凝土中的孔隙、界面微裂缝等缺陷又往往是混凝土受力破坏的起源,在荷载作用下,微裂缝的扩展对混凝土的力学性能有着极为重要的影响。由于水泥胶体的硬化过程需要多年才能完成,所以混凝土的强度和变形也随时间逐渐增长。

一、混凝土的强度

混凝土的强度是其受力性能的一个基本指标。荷载的性质不同及混凝土受力条件不同,混凝土就会具有不同的强度。立方体抗压强度、棱柱体轴心抗压强度、轴心抗拉强度是工程中常用的三种混凝土强度。

(一)混凝土的基本强度指标

1. 立方体抗压强度。《混凝土结构设计规范》(GB 50010—2010)规定采用标准试块,即边长为 150 mm 的混凝土立方体,在标准条件下(温度为 20 ℃ ±3 ℃,相对湿度在 90% 以上)养护 28 d,按规定的标准试验方法(中心加载,平均速度为 0.3 ~0.8 MPa/s,试件上下表面不涂润滑剂)测得的具有 95% 保证率的抗压强度称为混凝土立方体抗压强度 $f_{uc\cdot k}$(N/mm^2)。

为适应工程设计、施工及质量验收的需要,必须对混凝土的强度规定统一的级别,即混凝土强度等级。GB 50010—2010 规定,混凝土强度等级按立方体抗压强度标准值确定,用符号 $f_{uc\cdot k}$ 表示,共 14 个等级,即 C15、C20、C25、C30、C35、C40、C45、C50、C55、C60、C65、C70、C75、C80。譬如 C40 即表示立方体抗压强度标准值为 40 N/mm^2。其中 C50 及 C50 以上为高强混凝土。

立方体抗压强度受试件尺寸、试验方法和龄期等因素的影响。试验表明,对于同一种混凝土材料,采用不同尺寸的立方体试件所测得的强度不同。尺寸越大则测得的强度越低,反之越高。边长为 100 mm 或 200 mm 的立方体试件测得的强度要转换为边长150 mm 的试件的强度时,应分别乘以尺寸效应换算系数 0. 95 或 1. 05。

美国、日本等国家采用直径为 6 英寸(约 150 mm)和高度 12 英寸(约 300 mm)的圆柱体作为标准试块。不同直径圆柱体的强度值也不同。对圆柱体试块尺寸 ϕ100 mm × 200 mm和 ϕ250 mm ×500 mm 的强度要转换为 ϕ150 mm ×300 mm 的强度时,应分别乘以尺寸效应换算系数 0.97 或 1.05。混凝土圆柱体强度不等于立方体强度，对普通强度等级混凝土来说，圆柱体强度约为立方体强度乘以系数 0.83 或 0.85。

混凝土测定强度还与试验方法有关，其中有两个因素影响最大，一是加载速度，加载速度越快，所测得的数值越高，因此通常规定的加载速度是每秒增加压力 0.3 ~ 0.8 MPa；二是压力机垫板与立方体试块接触面的摩擦阻力对试块受压后的横向变形的约束作用。如果在接触面上涂一层油脂，使摩擦力减小到不能约束试件的横向变形的程度，后者测得的强度较前者低，GB 50010—2010 规定采用前一种试验方法。

2. 棱柱体轴心抗压强度。实际工程中的混凝土构件高度通常比截面边长大很多，因此采用棱柱体比立方体能更好地反映混凝土结构的实际抗压能力。GB 50010—2010 规定棱柱体试件试验测得的具有 95% 保证率的抗压强度为混凝土轴心抗压强度标准值，用符号 f_{ck} 表示。

棱柱体试件与立方体试件的制作条件相同，试件上下表面不涂润滑剂。棱柱体试件的高度越大，试验机压板与试件之间摩擦力对试件高度中部的横向变形的约束影响越小，所以棱柱体试件的抗压强度比立方体的抗压强度值低，棱柱体试件高宽比越大，强度越小，但当高宽比达到一定值后棱柱体抗压强度变化很小，因此试件的高宽比一般取为 3 ~ 4。《普通混凝土力学性能试验方法标准》(GB/T 50081—2002) 规定以 150 mm × 150 mm × 300 mm 的棱柱体作为混凝土轴心抗压强度试验的标准试件，试件制作、养护和加载试验方法同立方体试件。

我国所做的混凝土轴心抗压强度与立方体抗压强度对比试验的结果，如图 7 - 1 所示。从图 7 - 1 中可以看出试验值与统计平均值大致成一条直线，它们的比值为 0.7 ~ 0.92，强度越大比值也越大。

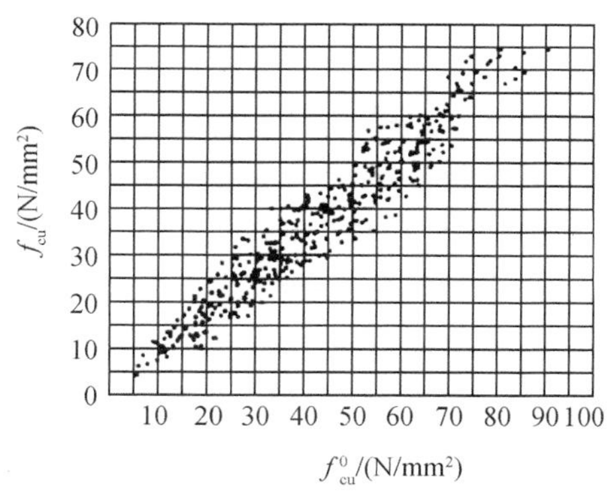

图 7 - 1　混凝土轴心抗压强度与立方体抗压强度的关系

考虑到实际构件强度与试件强度在构件制作、养护与受力状态等方面的差异，轴心抗压强度标准与立方体抗压强度标准值的关系可按下式确定：

$$f_{ck} = 0.88\alpha_{c1}\alpha_{c2}f_{uc,k} \tag{7-1}$$

式中　α_{c1}——棱柱体强度与立方体强度之比值，对 C50 及 C50 以下混凝土取 $\alpha_{c1} = 0.76$，C80 混凝土取 $\alpha_{c1} = 0.82$，中间按线性规律取值；

α_{c2}——高强度混凝土的脆性折减系数，对 C40 及以下取 $\alpha_{c2} = 1.00$，对 C80 取 $\alpha_{c2} = 0.87$，中间按线性规律取值；

0.88——考虑实际构件与试件混凝土强度之间的差异而取用的折减系数。

3. 轴心抗拉强度。抗拉强度也是混凝土的基本力学指标之一，可用于确定混凝土抗裂能力，也可用于间接衡量混凝土的冲切强度等其他力学性能。混凝土的轴心抗拉强度可以采用直接轴心受拉的试验方法来测定，也可以采用间接的方法来测定。由于混凝土内部的不均匀性、安装试件的偏差等，加上混凝土轴心抗拉强度很低，一般为立方体抗压强度的1/18～1/10，所以准确测定抗拉强度是很困难的。因此，国内外常采用间接的方法来测定混凝土轴心抗拉强度，按图7－2所示的圆柱体或立方体的劈裂试验来间接测定混凝土的轴心抗拉强度。根据弹性理论，劈裂试验的水平拉应力即为混凝土的轴心抗拉强度f_{tk}，可按下式计算：

$$f_{tk}=2P_u/(\pi d^2) \quad (7-2(a))$$

$$f_{tk}=2P_u/(\pi dl) \quad (7-2(b))$$

式中 P_u——破坏荷载；

d——立方体试件的边长或圆柱体试件的直径；

l——圆柱体试件的长度。

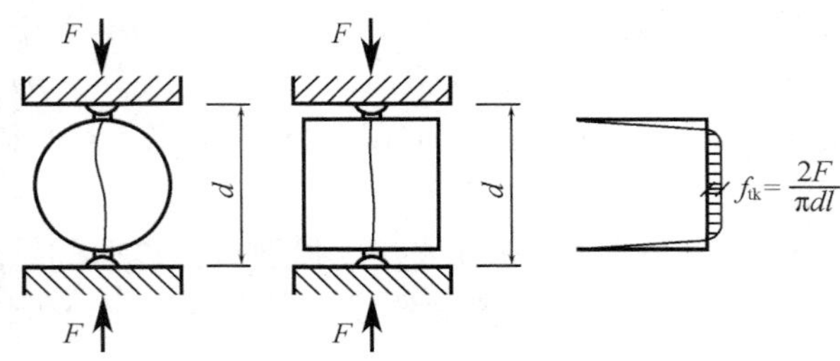

图7－2 混凝土劈裂试验示意图

试验表明，劈裂抗拉强度略大于直接受拉强度，劈裂抗拉试件大小对试验结果有一定影响，标准试件尺寸为150 mm×150 mm×150 mm。若采用100 mm×100 mm×100 mm非标准试件时，所得结果应乘以尺寸换算系数0.85。

考虑从普通强度混凝土到高强度混凝土的变化规律，轴心抗拉强度标准值f_{tk}与立方体抗压强度标准值$f_{uc,k}$的关系为

$$\begin{aligned} f_{tk} &= 0.88\times 0.395 f_{uc,k}^{0.55}(1-1.645\delta)^{0.15}\times\alpha_{c2} \\ &= 0.348\alpha_{c2} f_{uc,k}^{0.55}(1-1.645\delta)^{0.15} \end{aligned} \quad (7-3)$$

其中，δ为变异系数。

（二）混凝土复合受力强度

在实际工程中，结构构件的受力情况中单向受力很少，而往往受轴力、弯矩、剪力、扭矩等不同组合力的作用，处于复杂的复合应力状态。如框架梁、柱节点区的混凝土，既受到柱轴向力的作用也受到两个方向梁的约束；处于局部受压状态下的混凝土，所受力也是多向应力。因此，研究这种应力状态下的混凝土强度问题具有重要意义。由于混凝土材料的复杂性，当前主要依据一些试验研究结果，得出近似的公式。

1. 双向受力。对于双向应力状态，两个相互垂直的平面上作用有法向应力σ_1和σ_2时，双向应力状态下混凝土强度变化如图7－3所示。

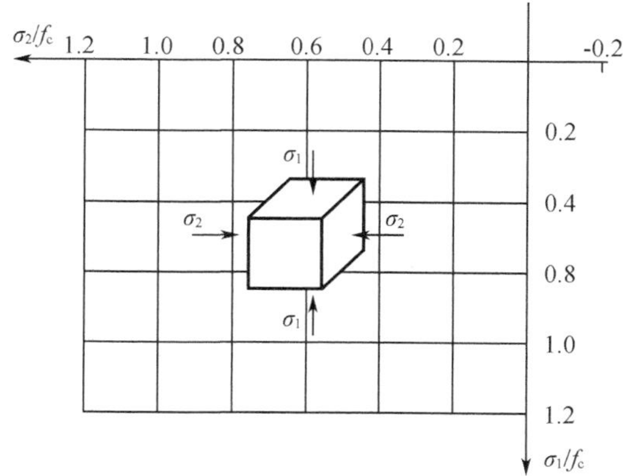

图 7－3　双向应力状态下混凝土强度变化

当双向受压时（第Ⅲ象限），混凝土一个方向的强度随另一方向压应力的增加而增加。双向受压混凝土的强度要比单向受压的强度可提高约 27%。当双向受拉时（第Ⅰ象限），混凝土一个方向的抗拉强度与另一方向拉应力大小基本无关，即抗拉强度和单向应力时的抗拉强度基本相等。当一向受拉，一向受压时（第Ⅱ、Ⅳ象限）混凝土一向的强度几乎随另一向应力的增加而呈线性降低。

2. 三向受压。混凝土在三向受压的情况下，由于受到侧向压力的约束作用，延迟和限制了沿轴线方向的内部微裂缝的发生和发展，因而混凝土受压后的极限抗压强度和极限应变均有显著的提高与发展。由试验得到的经验公式如下：

$$f_{cc}=f_c+4.1\sigma_2 \tag{7-4}$$

式中　f_{cc}——三轴受压状态混凝土圆柱体沿纵轴的抗压强度；

f_c——混凝土的单向抗压强度；

σ_2——侧向约束压应力。

三轴受压时，混凝土的强度及变形能力均有较大的提高。在实际工程中，常利用此特性来提高混凝土构件的抗压强度和变形能力。例如，采用螺旋箍筋、加密箍筋及钢管混凝土等。

3. 局部受压强度。当构件的承压面积 A 大于荷载的局部传力面积 A_c 时（图 7－4），承压混凝土局部受力，周围混凝土对核心混凝土受压后产生的侧向变形有约束作用，所以局部承压强度比棱柱体强度要高。此时混凝土的极限承压强度称为局部承压强度，以 f_{cl} 表示。局部承压强度可按下式计算：

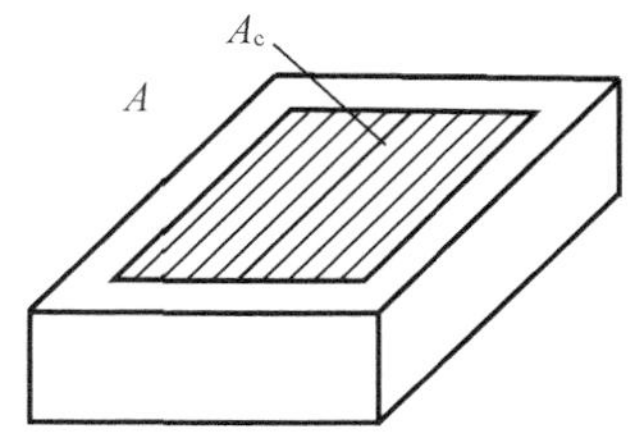

图 7－4　混凝土局部承压示意图

$$f_{c1} = \beta f_c \tag{7-5}$$

其中,β_t为局部承压强度提高系数,大于1,其值可用$\beta_t = \sqrt{\frac{A}{A_c}}$计算。

(四)单轴正应力和剪应力共同作用时的强度

图7－5所示为法向正应力和剪应力组合受力时的混凝土强度曲线,图中面积可分为三个区域,Ⅰ区为拉剪状态,随着τ的加大,抗拉强度下降,随着σ的增大,抗剪强度下降;Ⅱ区为压剪状态,随增大抗剪强度增加,这是因为压应力在剪切面产生的约束,阻碍剪切变形的发展,使抗剪强度提高;Ⅲ区为压剪状态,随σ进一步加大,抗剪能力反而开始下降,同时可以看出,由于剪应力的存在,混凝土的极限抗压强度要低于单向抗压强度f_c,所以当结构中出现剪应力时,其抗压强度会有所降低,而且抗拉强度也会降低。

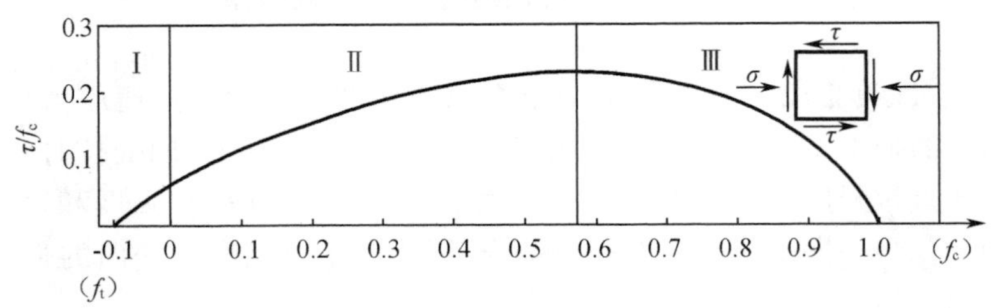

图7－5 法向正应力和剪应力组合受力时的混凝土强度曲线

二、混凝土的变形性能

变形也是混凝土的一个重要力学指标。混凝土的变形一般有两种,一种是体积变形,如混凝土由于硬化过程中的收缩以及温度和湿度变化而产生变形;另一种是受力变形,如混凝土在一次短期加载、荷载长期作用和多次重复荷载作用下会产生变形。

(一)单轴向受压时混凝土应力－应变关系

1. 一次短期加载(加荷)下混凝土的变形性能。如图7－6所示为棱柱体试件一次短期加载下混凝土受压应力－应变曲线,反映了受荷各阶段混凝土内部结构变化及破坏机理,是研究混凝土结构极限强度理论的重要依据。曲线分为上升段OC和下降段CE两部分。上升段又可分为三段:

(1)$0A$段为第Ⅰ阶段,$\sigma \leqslant 0.3f_c$,应力－应变关系接近直线,称为弹性阶段,A点为比例极限点,这时混凝土变形主要取决于骨料和水泥石的弹性变形,而水泥胶体的黏性流动以及初始微裂缝变化的影响一般很小。

(2)AB段为第Ⅱ阶段,$\sigma = (0.3 \sim 0.8)f_c$,由于水泥凝胶体的塑性变形,应力－应变曲线开始凸向应力轴,随着σ加大,微裂缝开始扩展,并出现新的裂缝,在AB段,混凝土表现出明显的塑性性质,$\sigma = 0.8f_c$,可作为混凝土长期荷载作用下的极限强度。

(3)BC段为第Ⅲ阶段,$\sigma > 0.8f_c$,此时,微裂缝发展贯通,e增长更快,曲线曲率随荷载不断增加,应变加大,表现为混凝土体积加大,直至应力峰值点C,这时的峰值应力σ_{max},通常作为混凝土棱柱体的抗压强度f_c,相应的应变称为峰值应变ε_0,其值取0.001 5～0.002 5,

通常取为0.002。

C点以后,裂缝继续扩展、贯通,使裂缝迅速发展,由于坚硬骨料颗粒的存在,沿裂缝面产生摩擦滑移,试件能继续承受一定的荷载,并产生变形,使应力-应变曲线出现下降段CE,下降段曲线的凹向开始改变,即曲率为0的点D称为拐点。点D以后,试件破裂,但破裂的碎块逐渐挤密,仍保持一定的应力,至收敛点E,曲线平缓下降,这时贯通的主裂缝已经很宽,对无侧限的混凝土,点E以后的曲线已失去结构意义。

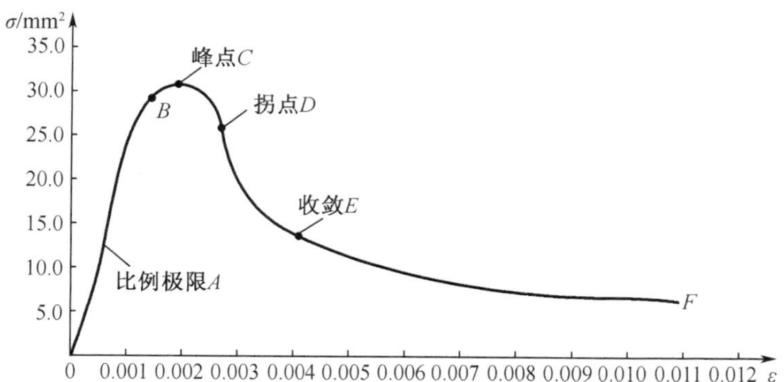

图7-6 棱柱体试件一次短期加载下混凝土受压应力-应变曲线

进行混凝土结构理论分析需要准确拟合混凝土受压应力-应变曲线。为此,国内外学者做了大量的研究工作,提出了多种数学表达式。目前较常用的有美国E. Hognestad建议的方程和德国Rusch建议的方程。

(1)E. Hognestad应力-应变曲线(图7-7)。如图7-10所示,该模型上升段为二次抛物线,下降段为斜直线。

上升段 $\varepsilon \leqslant \varepsilon_0$
$$\sigma = f_c\left[2\frac{\varepsilon}{\varepsilon_0} - \left(\frac{\varepsilon}{\varepsilon_0}\right)^2\right] \tag{7-6(a)}$$

下降段 $\varepsilon_0 \leqslant \varepsilon \leqslant \varepsilon_u$
$$\sigma = f_c\left[1 - 0.15\frac{\varepsilon - \varepsilon_0}{\varepsilon - \varepsilon_0}\right] \tag{7-6(b)}$$

式中 f_c——峰值强度;

ε_0——相应于峰值应力时的应变,取$\varepsilon_0 = 0.002$;

ε_u——极限压应变,取$\varepsilon_u = 0.0035$。

(2)Rusch应力-应变曲线(图7-8)。该模型上升段为二次抛物线,下降段为水平直线。

上升段 $\varepsilon \leqslant \varepsilon_0$
$$\sigma = f_c\left[2\frac{\varepsilon}{\varepsilon_0} - \left(\frac{\varepsilon}{\varepsilon_0}\right)^2\right] \tag{7-7(a)}$$

下降段 $\varepsilon_0 \leqslant \varepsilon \leqslant \varepsilon_u$
$$\sigma = f_c \tag{7-7(b)}$$

(3)规范GB 50010—2010采用的模型。采用Rusch应力-应变曲线,但取$\varepsilon_u = 0.0033$。

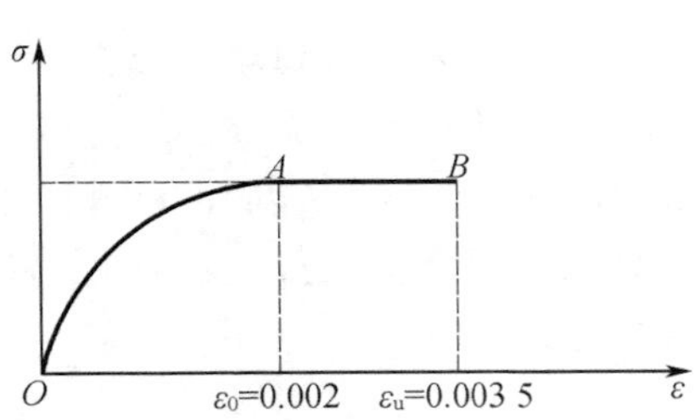

图 7－7　E. Hognestad 应力－应变曲线

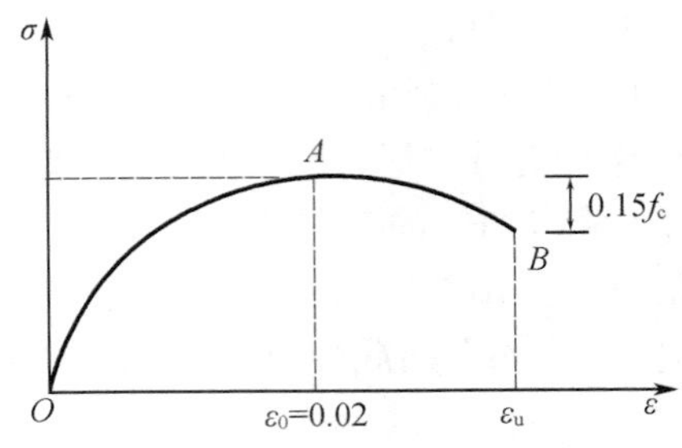

图 7－8　Rusch 应力－应变曲线

2. 混凝土的变形模量。混凝土与弹性材料不同，受压应力－应变关系不是一条曲线，在不同的应力阶段，应力与应变之比的变形模量不是一个常数。混凝土的变形模量有如下三种表示方法。

(1) 混凝土的弹性模量 E_c（原点模量）：E_c 为应力－应变曲线原点处的切线斜率，称为混凝土的弹性模量。

$$E_c = \tan \alpha_0 \tag{7-8}$$

其中，α_0 为混凝土应力－应变曲线在原点处的切线与横坐标的夹角。

由于要在混凝土一次加载应力－应变曲线上做原点的切线，找出 α_0 角是不容易做准确的，所以通用的做法是采用棱柱体（150 mm×150 mm×300 mm）试件，先加载至 $\sigma=0.5f_c$，然后卸载至零，再重复加载卸载。由于混凝土不是弹性材料，每次卸载至应力为零时，存在残余变形，随着加载次数增加（5～10 次），应力－应变曲线渐趋稳定并基本上趋于直线，该直线的斜率即定为混凝土的弹性模量。统计得混凝土弹性模量 E_c 与立方体强度 $f_{uc\cdot k}$ 的关系为

$$E_c = \frac{10^2}{2.2 + \dfrac{34.7}{f_{uc,k}}} \tag{7-9}$$

与弹性材料不同，混凝土进入塑性阶段后，初始的弹性模量 E_c 已不能反映此时的应力－应变性质，因此有时用变形模量或切线模量来表示这时的应力－应变关系。

(2) 混凝土的变形模量 E'_c：在图 7－9 中 O 点至曲线任一点应力为 σ_c 处割线的斜率，称为任意点割线模量或称变形模量。它的表达式为

$$E'_c = \tan \alpha_1 \tag{7-10}$$

由于总变形 ε_c 中包含弹性变形 ε_{ela} 和塑性变形 ε_{pla} 两部分，因此所确定的模量也可称为弹塑性模量或割线模量。混凝土的变形模量是个变值，它与原点模量的关系如下：

$$E'_c = \frac{\sigma_c}{\varepsilon_c} = \frac{\varepsilon_{ela}}{\varepsilon_c}\frac{\sigma_c}{\varepsilon_{ela}} = \lambda E_c \tag{7-11}$$

其中，λ 为弹性特征系数，$\lambda = \dfrac{\varepsilon_{ela}}{\varepsilon_c}$，与混凝土所受的应力大小有关。

当 $\sigma=0.5f_c$ 时，$\lambda=0.8\sim0.9f_c$。混凝土强度越高，λ 越大，弹性特征越明显。

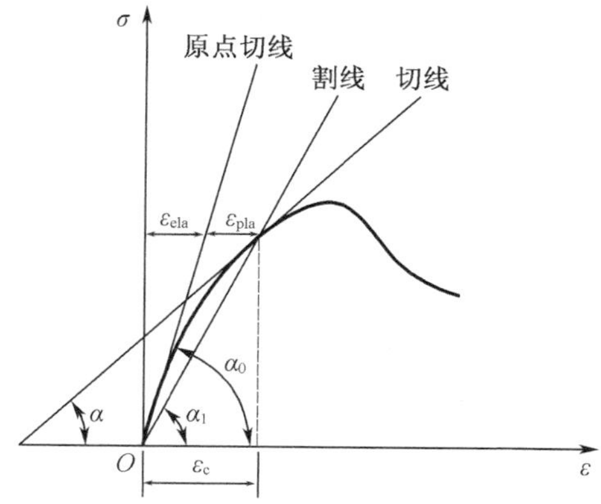

图 7－9　混凝土变形模量的表示方法

与混凝土所受的应力大小有关。

(3)混凝土的切线模量 E''_c：在混凝土应力－应变曲线上某一应力值处做一切线，其应力增量与应变增量的比值称为该应力值时混凝土的切线模量。

$$E''_c = \tan \alpha \tag{7-12}$$

从式(7－12)可以看出，混凝土的切线模量是一个变值，它随着混凝土应力的增大而减小。

(二)重复荷载下混凝土应力－应变关系(疲劳变形)

工业建筑中的钢筋混凝土吊车梁受到重复荷载的作用，港口海岸的混凝土结构受到波浪冲击而损伤等，这种重复荷载作用下引起的结构破坏称为疲劳破坏。其破坏特征是裂缝小而变形大，在重复荷载作用下，混凝土的强度和变形有着重要的变化。

如图 7－10(a)所示是混凝土棱柱体(150 mm × 150 mm × 450 mm)在多次重复荷载作用下的应力－应变曲线。当混凝土棱柱体一次短期加荷，其应力达到 A 点时，应力－应变曲线为 OA，此时卸荷至零，其卸荷的应力－应变曲线为 AB。如果停留一段时间，再量测试件的变形，发现变形恢复一部分而到达 B'，则 BB' 恢复的变形称为弹性后效，而不能恢复的变形 $B'O$ 称为残余变形。可见，一次加荷、卸荷过程的应力－应变图形是一个环状曲线。

如图 7－10(b)所示是混凝土棱柱体在多次重复荷载作用下的应力－应变曲线。若加荷、卸荷循环往复进行，当 σ_1 小于疲劳强度 f_c^t 时，在一定循环次数内，塑性变形的累积是收敛的，滞回环越来越小，趋于一条直线 CD。继续循环加载、卸载，混凝土将处于弹性工作状态。如加大应力至 σ_2(仍小于 f_c^t)时，荷载多次重复后，应力－应变曲线也接近直线 EF；CD 与 EF 直线都大致平行于在一次加载曲线的原点所做的切线。如果再加大应力至 σ_3(大于 f_c^t)，则经过几次循环，滞回环变成直线后，继续循环，塑性变形会重新开始出现，而且塑性变形的累积成为发散的，即累积塑性变形一次比一次大，且由凸向应力轴转变为凹向应变轴，如此循环若干次以后，由于累积变形超过混凝土的变形能力而破坏，破坏时裂缝小但变形大，这种现象称为疲劳。

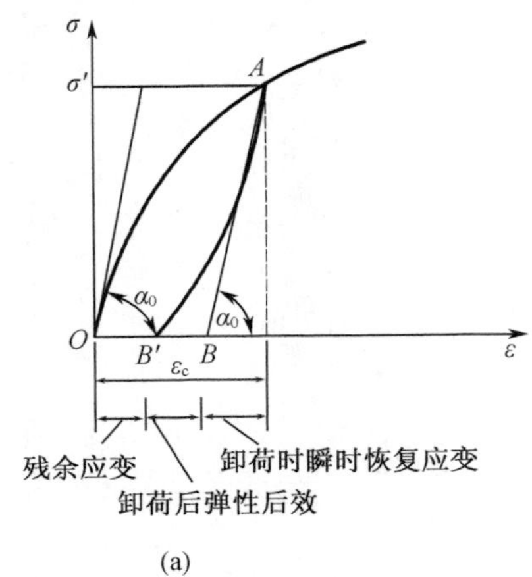

(a)

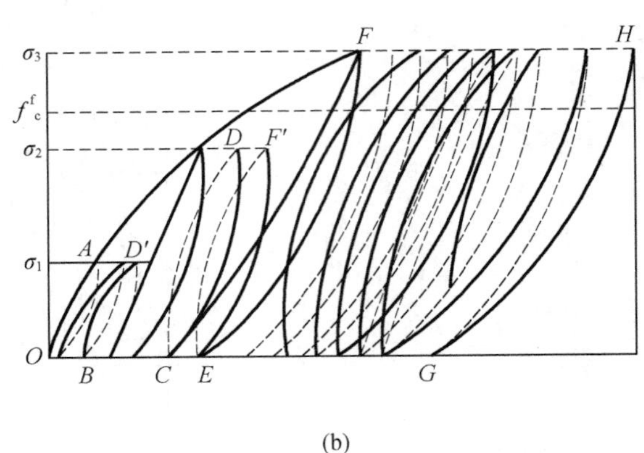

(b)

图 7-10 混凝土在重复荷载作用下的应力-应变曲线

塑性变形收敛与不收敛的界限，就是材料的疲劳强度，为$(0.4 \sim 0.5)f_c$，小于一次加载的棱柱强度f_c^t，此值与荷载的重复次数、荷载变化幅值及混凝土强度等级有关，通常以使材料破坏所需的荷载循环次数不少于200万次时的疲劳应力作为疲劳强度。

施加荷载时的应力大小是影响应力-应变曲线不同的发展和变化的关键因素，即混凝土的疲劳强度与重复作用时应力变化的幅度有关。在相同的重复次数下，疲劳强度随着疲劳应力比值的增大而增大，疲劳应力比值ρ_c^f按下式计算：

$$\rho_c^f = \frac{\sigma_{c \cdot min}^f}{\sigma_{c \cdot max}^f} \tag{7-13}$$

式中 $\sigma_{c \cdot min}^f$、$\sigma_{c \cdot max}^f$——分别表示构件截面同一纤维上的混凝土最小应力及最大应力。

(三)单轴向受拉时混凝土应力-应变关系

混凝土受拉时的应力-应变曲线形状与受压时是相似的，如图7-11所示。采用等应变速度加载，可以测得应力-应变曲线的下降段，只不过其峰值应力和应变均比受压时小很多。采用一般的拉伸试验方法，只能测得应力-应变曲线的上升段。受拉应力-应变曲线的原点切线斜率与受压时是基本一致的，因此受拉弹性模量可取与受压弹性模量相同的值。

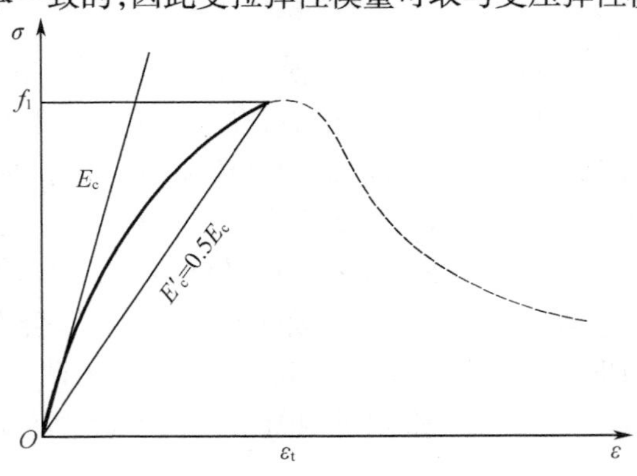

图 7-11 混凝土受拉时的应力-应变曲线

当拉应力 $\sigma \leqslant 0.5f_t$ 时，应力－应变曲线接近于直线，随着应力的增大，曲线逐渐偏离直线，反映了混凝土受拉时塑性变形的发展。一般试验方法得出的极限拉应变为 $0.5 \times 10^{-1} \sim 2.7 \times 10^{-1}$，与混凝土的强度等级、配合比、养护条件有关。在构件计算中常取 $1 \times 10^{-1} \sim 1.5 \times 10^{-1}$。达到最大拉应力 f_t 时，弹性特征系数 $\lambda \approx 0.5$，f_t 的变形模量为

$$E'_c = \frac{f_t}{\varepsilon_t} = \frac{\lambda f_t}{\varepsilon_{ela}} = \lambda E_c = 0.5E_c \tag{7-14}$$

（四）混凝土的收缩

混凝土在空气中结硬时体积减小的现象称为收缩；在水中结硬时体积增大的现象称为膨胀。一般情况下，混凝土的收缩值比膨胀值大很多，因此分析研究收缩和膨胀的现象以分析研究收缩现象为主。

图 7－12 所示为中国铁道科学研究院的混凝土自由收缩试验结果（测试试件尺寸 100 mm×100 mm×400 mm；f_{uc} = 42.3 N/mm^2；水灰比 = 0.45，525 号桂酸盐水泥，恒温 20 ℃ ±1 ℃，恒湿 65% ±5%）。混凝土的收缩值随时间而增长，结硬初期收缩较快，1 个月约可完成 1/2 的收缩，3 个月后收缩增长缓慢，一般在 2 年后趋于稳定，最终收缩应变为 $(2 \sim 5) \times 10^{-1}$，一般取收缩应变值为 3×10^{-1}、引起收缩的重要因素是干燥失水。所以，构件的养护条件、使用环境的温湿度都对混凝土的收缩有影响。使用环境的温度越高、湿度越低，收缩越大，蒸汽养护的收缩值要小于常温养护的收缩值，这是因为在高温、高湿条件下养护可加快水化和凝结硬化作用。

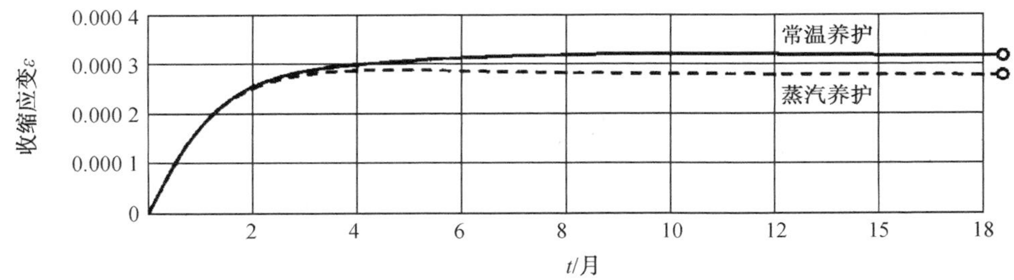

图 7－12　混凝土的收缩

在工程中，养护不好或混凝土构件的四周受约束而阻止混凝土的收缩时，会使混凝土构件表面或水泥地面出现收缩裂缝。

试验表明，水泥强度等级越高制成的混凝土收缩越大；水泥用量越多、水灰比越大，收缩越大；骨料的级配越好、弹性模量越大，收缩越小；养护时温、湿度越大，收缩越小；构件的体积与表面积比值大时收缩小。

（五）混凝土的徐变

结构在荷载或应力保持不变的情况下，变形或应变随时间增长的现象称为徐变。徐变对于结构的变形和强度、预应力混凝土中的钢筋应力有重要的影响。

图 7－13 所示为中国铁道科学研究院的试验结果。由图 7－13 可见，某一组棱柱体试件，当加荷应力达到 $0.5f_c$ 时，其加荷瞬间产生的应变 ε_{ela} 为瞬时应变，若荷载保持不变，随着加荷时间的增长，应变也将继续增长，这就是混凝土的徐变应变 ε_{er}，通常徐变开始时增长较

快,以后逐渐减慢,经过一定时间后,徐变趋于稳定,徐变应变值为瞬时弹性应变的 1 ~4 倍。两年后卸载,试件瞬时恢复的应变 ε'_{ela}略小于瞬时应变 ε_{ela},卸载后经过一段时间量测,发现混凝土并不处于静止状态,而是逐渐地恢复,这种恢复变形称为弹性后效 ε''_{ela},弹性后效的恢复时间为 20 天左右,其值约为徐变变形的 1/12,最后剩下的大部分不可恢复变形为 ε'_{er},称为残余应变。

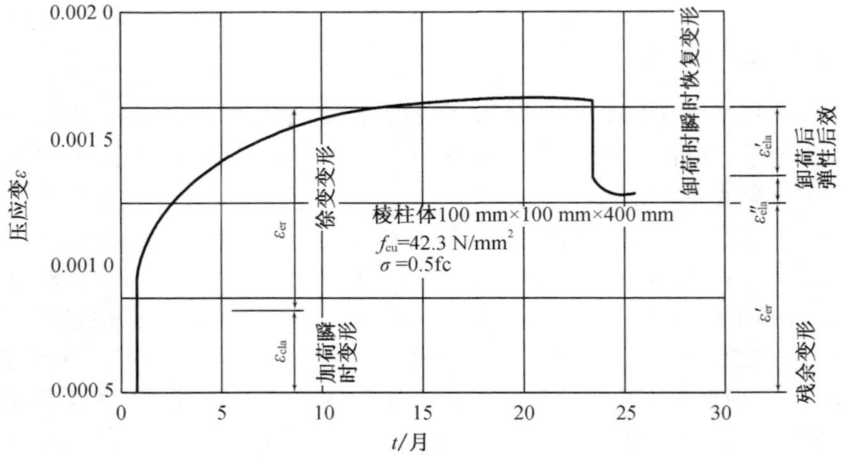

图 7 –13　混凝土的徐变

混凝土的应力条件是影响徐变的主要因素。加荷时混凝土的龄期越长,徐变越小,混凝土的应力越大,徐变越大。随着混凝土应力的增加,徐变将发生不同的情况,如图 7 – 14 所示,当应力 $\sigma \leqslant 0.5f_c$时,曲线接近等距离分布,说明徐变与初应力成正比,这种情况称为线性徐变。在线性徐变的情况下,加载初期徐变增长较快,6 个月时,一般已完成徐变的大部分,后期徐变增长逐渐减小,1 年以后趋于稳定,一般认为 3 年徐变基本终止;当 $\sigma = (0.5 \sim 0.8)f_c$时,徐变与应力已不成正比,徐变变形增长较快,这种情况称为非线性徐变;当 $\sigma > 0.8f_c$应力时,徐变的发展不再收敛,最终将导致混凝土破坏。实际工程中,$\sigma = 0.8f_c$ 即为混凝土的长期抗压强度。

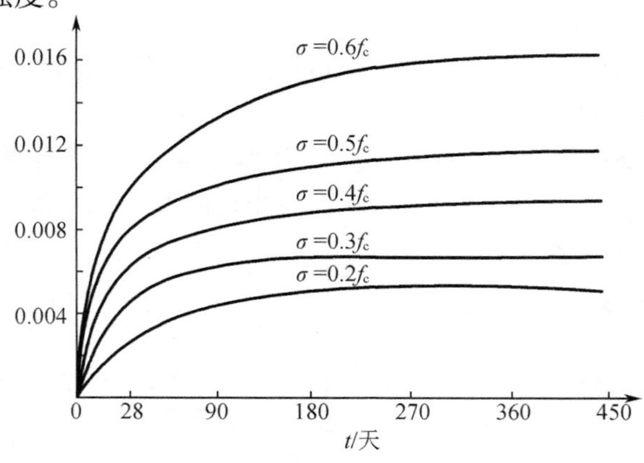

图 7 –14　应力与徐变的关系

混凝土的徐变会使构件的变形增加，会引起结构构件的内力重新分布，会造成预应力混凝土结构中的预应力损失等。

影响混凝土徐变的因素有多种：水泥用量越多和水灰比越大，徐变也越大；骨料越坚硬、弹性模量越高，徐变就越小；骨料的相对体积越大，徐变越小；构件形状及尺寸，混凝土内钢筋的面积和钢筋应力性质，对徐变也有不同的影响；养护时温度高、湿度大、水泥水化作用充分，徐变就小。实践证明，采用蒸汽养护可使徐变减小 20% ~35%；受荷后构件所处环境的温度越高、湿度越低，则徐变越大，如环境温度为 70 ℃的试件受荷 1 年后的徐变，要比温度为 20 ℃的试件大 1 倍以上，因此高温干燥环境将使徐变显著增大。

第二节　钢　　筋

一、钢筋的品种和级别

钢筋是钢筋混凝土结构中的主要受拉材料。在钢筋混凝土结构中使用的钢筋品种主要有两大类：一类是有明显屈服点（流幅）的钢筋，如热轧钢筋；另一类是无明显屈服点（流幅）的钢筋，如钢丝、钢绞线及热处理钢筋。

按外形分，钢筋可分为光面钢筋和变形钢筋两种。变形钢筋有热轧螺纹钢筋、冷轧带肋钢筋等。光面钢筋直径为 6 ~50 mm，握裹性能稍差；变形钢筋直径一般大于 10 mm，握裹性能好。

按化学成分划分，混凝土结构中的钢材可分为碳素钢和普通低合金钢两类。碳素钢除含有铁元素之外，还含有少量的碳、硅、锰、硫、磷等元素，根据含碳量的多少又可分为低碳钢（含碳量 <0.25%）、中碳钢（含碳量为 0.25% ~0.6%）、高碳钢（含碳量为 0.6% ~1.4%），含碳量越高，强度越高，但塑性与可焊性降低，反之则强度降低而塑性与可焊性好。普通低合金钢是在碳素钢的基础上添加小于 5% 的合金元素的钢材，具有强度高、塑性和低温冲击韧性好等特点。通常加入的合金元素有硅（Si）、锰（Mn）、钛（Ti）、钒（V）、铬（Gr）、铌（Nb）等。目前我国生产的品种有 20MnSi、20MnSiNb、20MnTi、20MnSiV、K20MnSi、40Si2Mn、48Si2Mn，45Si2Cr 等，代号前边的数字表示含碳量的百分数，元素符号后的数字表示合金含量的百分数，如数字 2 表示含量 1.5% ~2.5%，元素符号后面无数字表示平均含量小于 1.5%。

热处理钢筋是将特定的热轧钢筋再通过加热淬火和回火等调质工艺处理的钢筋。处理后，强度有较大提高，但塑性有所降低，经处理后的钢筋的应力 - 应变曲线上不再有明显的屈服点。

钢筋冷加工方法有很多，如冷拉、冷拔，冷加工后的钢筋强度提高，塑性降低。冷拉是在常温下将热轧钢筋张拉，使其超过屈服点进入强化段，然后再放松钢筋；冷拔钢筋是将热轧光面钢筋多次用强力拔过比它直径还小的硬质合金模，冷拔后强度有较大幅度的增长，但塑性降低很多。

冷轧带肋钢筋是采用普通低碳钢或低合金钢热轧圆盘条为母材，经冷轧后在其表面形成具有三面或二面月牙形横肋的钢筋。

还有用于预应力结构中的高强钢丝、钢绞线等品种。

另外,还有混凝土中使用的劲性钢筋是由各种型钢、钢轨或型钢与钢筋焊成的骨架承载力比较大。

二、钢筋的强度与变形性能

(一)有明显屈服点的钢筋

图 7-15 所示为有明显流幅钢筋的应力-应变曲线。由图 7-15 可见,在 A 点以前,应力-应变曲线为直线,A 点对应的应力称为比例极限。OA 为理想弹性阶段,卸载后可完全恢复,无残余变形。过 A 点后,应变较应力增长得快,曲线开始弯曲,到达 B'点后钢筋开始塑流,B'点称为屈服上限,当 B'点应力降至下屈服点 B 点时,应力基本不增加,而应变急剧增长,曲线出现一个波动的小平台,这种现象称为屈服。B 点到 C 点的水平距离称为流幅或屈服台阶,上屈服点 B 通常不稳定,下屈服点 B 比较稳定,称为屈服点或屈服强度,有明显流幅的热轧钢筋的屈服强度是按下屈服点来确定的。曲线过 C 点后,应力又继续上升,说明钢筋的抗拉能力又有所提高。曲线达最高点 D,相应的应力称为钢筋的极限强度,CD 段称为强化阶段。D 点后,试件在最薄弱处会发生较大的塑性变形,截面迅速缩小,出现颈缩现象,变形迅速增加,应力随之下降,直至 E 点断裂破坏。

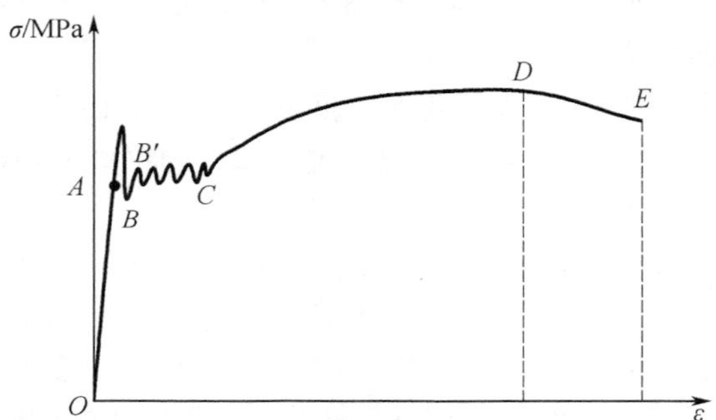

图 7-15　有明显流幅的应力-应变曲线

对有明显屈服点的钢筋,屈服点所对应的应力为屈服强度,是重要的力学指标。在钢筋混凝土结构中,当钢筋超过屈服强度时就会发生很大的塑性变形,此时混凝土结构构件也会出现较大变形或裂缝,导致构件不能正常使用。所以,在计算承载力时,以屈服点作为钢筋强度值。

另外,钢筋除满足强度要求外,还应具有一定的塑性变形能力,通常用伸长率和冷弯性能指标衡量钢筋的塑性。钢筋拉断后的伸长值与原长的比率称为伸长率,表示材料在破坏时产生的应变大小,用公式表示为

$$\delta = (L_1 - L)/L \qquad (7-15)$$

式中　δ——伸长率;

L_1——拉断时的钢筋长度;

L——钢筋原长。

伸长率越大,说明材料的塑性越好。冷弯性能是指钢筋在常温下达到一定弯曲程度而不破坏的能力。冷弯试验是将直径为 d 的钢筋绕弯芯直径 D 弯曲到规定的角度,通过检查被弯曲后的钢筋试件是否发生裂纹、断裂及分层来判断合格与否。弯心的直径 D 越小,弯

转角越大，说明钢筋的塑性越好。国家标准规定了各种钢筋必须达到的伸长率和冷弯时相应的弯心直径和弯曲角的要求。

（二）无明显屈服点的钢筋

无明显流幅的钢筋应力－应变曲线约在极限抗拉强度的65%以前，应力－应变关系为直线，此后钢筋表现出塑性性质，直至到曲线最高点之前都没有明显的屈服点，曲线最高点对应的应力称为极限抗拉强度。对无明显流幅的钢筋，如预应力钢丝、钢绞线、和热处理钢筋，GB 50010—2010 规定在构件承载力设计时，取极限抗拉强度的85%作为条件屈服点，加载至该点后对应的残余应变为0.2%，钢筋强度的取值为$0.85\sigma_b$，称为条件屈服强度，σ_b为国家标准规定的极限抗拉强度。钢筋的伸长率、冷弯性能的概念与有明显流幅的钢筋相同。

（三）钢筋的弹性模量

钢筋的弹性模量为钢筋拉伸试验应力－应变曲线在屈服点前的直线的斜率，即

$$E_a = \sigma/\varepsilon = \tan\alpha = \text{常数} \tag{7-16}$$

（四）钢筋的设计指标

为保证设计时的材料强度取值的可靠性，一般对同一等级的材料，取具有一定保证率的强度值作为该级强度的标准值。GB 50010—2010 规定强度的标准值应具有不小于95%的保证率。热轧钢筋的强度标准值按屈服强度确定，符号为f_{yk}；预应力钢绞线和钢丝的强度标准值根据极限强度确定，符号为f_{ptk}。

（五）钢筋的冷加工及塑性性能

钢筋的冷加工是指在常温下采用某种工艺对热轧钢筋进行加工而得到的钢筋。冷拉、冷拔、冷乳与冷轧扭是常用的四种工艺。冷加工的目的主要是为了提高钢筋的强度和节约钢材，经冷加工后的钢筋虽然强度提高了，但塑性明显降低，只有经冷拉的钢筋仍具有屈服点，其余的都无明显的屈服点。

1. 冷拉。冷拉是用超过屈服强度的应力对热轧钢筋进行拉伸。如图7－16所示，当拉伸到K点（$\sigma_k > f_y$）后卸载，在卸载过程中，应力－应变曲线沿着直线KO'回到O'点，钢筋产生残余变形为OO'。如果立即重新加载张拉，则应力－应变曲线仍沿着$O'KDE$变化，即弹性模量不变，仍符合胡克定律。但屈服点却从原来的B点提高到K点，说明钢筋的强度提高了，但没有出现流幅，尽管极限破坏强度没有变，但延性降低了，如图7－16中的虚线所示。如果停留一段时间后再进行张拉，则应力－应变曲线沿着$O'KK'D'E'$变化，屈服点从K又提高到K'点，即屈服强度进一步提高，且流幅较明显，这种现象称为时效硬化。

温度对时效硬化影响很大，如HPB300级钢筋在常温下需要20 d才能完成时效硬化，若温度为100 ℃时则仅需2 h。但如果对冷拉后的钢筋再次加温，则强度又降低到冷拉前的状态。所以，对有焊接接头的钢筋一定要先焊接再冷拉，且不可相反。

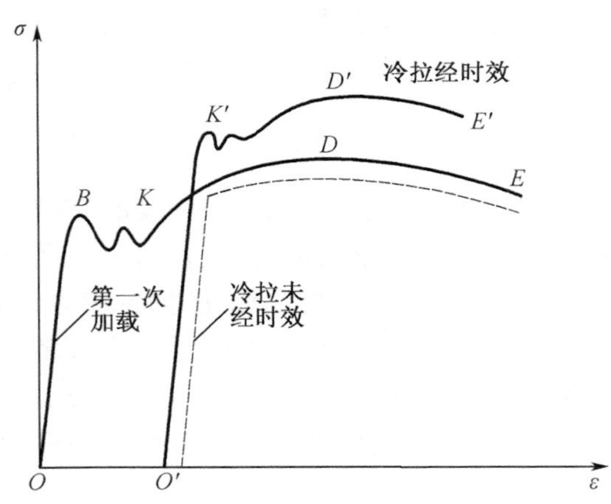

图 7-16 钢筋冷拉的应力-应变曲线

冷拉质量的控制主要有两个指标:冷拉应力和冷拉率,即 $K(K')$ 点所对应的应力及其对应的应变 OO'。对各种钢筋进行冷拉时,必须规定冷拉控制应力和控制应变(冷拉率),如果二者都必须满足其标准称之为双控,仅满足控制冷拉率称为单控。但应注意,钢筋冷拉只能提高其抗拉强度,不能提高其抗压强度。

2. 冷拔。冷拔是将钢筋用强力数次拔过比其直径小的硬质合金模具。在冷拔的过程中,钢筋受到纵向拉力和横向压力的作用,其内部晶格发生变化,截面变小而长度增加,钢筋强度明显提高,但塑性则显著降低,且没有明显的屈服点。冷拔可以同时提高钢筋的抗拉强度和抗压强度。

3. 冷轧带肋钢筋。冷轧带肋钢筋是用热轧圆盘条经冷乳后,在其表面带有沿长度方向均匀分布的三面或二面横肋的钢筋。它的极限强度与冷拔低碳钢丝相近,但伸长率比冷拔低碳钢丝有明显提高。用这种钢筋逐步取代普通低碳钢筋和冷拔低碳钢丝,可以改善构件在正常使用阶段的受力性能且节省钢材。

冷轧带肋钢筋的牌号由字母 CRB 和钢筋的抗拉强度的最小值构成。C、R、B 分别为冷轧、带肋、钢筋三个词的英文首位字母。冷轧带肋钢筋分为 CRB550、CRB650、CRB800、CRB970、CRB1170 五个牌号,CRB550 为普通钢筋混凝土用钢筋,其他牌号为预应力混凝土用钢筋。CRB550 钢筋的公称直径为 4 ~ 12 mm,CRB650 以上牌号钢筋的公称直径为4 mm、5 mm、6 mm。

(六)冷轧扭钢筋

冷轧扭钢筋是经专用钢筋冷轧扭机调直、冷轧并冷扭一次成型,具有规定截面形状和节距的连续螺旋状钢筋。冷轧扭钢筋的型号标记由产品的名称代号:LZN,特性代号:标志直径符号,主要参数代号:Ⅰ型和Ⅱ型,改型代号:a、b、c 四部分组成。标记示例:冷轧扭钢筋标志直径 10 mm,矩形截面,应标记为 LZNϕ^{t}(Ⅰ)a。

原材料采用的牌号为 Q235、Q215,当采用 Q215 时,碳的含量不宜小于 0.12%。

三、混凝土结构对钢筋性能的要求

1. 强度高。强度是指钢筋的屈服强度和极限强度。钢筋的屈服强度是混凝土结构构件计算的主要依据之一。采用较高强度的钢筋可以节省钢材，获得较好的经济效益。

2. 塑性好。钢筋混凝土结构要求钢筋在断裂前有足够的变形，能给人以破坏的预兆。因此，钢筋的塑性应保证钢筋的伸长率和冷弯性能合格。

3. 可焊性好。很多情况下钢筋的接长和钢筋之间的连接需要通过焊接。所以，要求在一定的工艺条件下，钢筋焊接后不产生裂纹及过大的变形，保证焊接后的接头性能良好。

4. 与混凝土的黏结锚固性能好。为了使钢筋的强度能够充分被利用和保证钢筋与混凝土共同工作，二者之间应有足够的黏结力。

特殊情况下按要求选择钢筋，比如寒冷地区对钢筋的低温性能有一定要求，动荷载下对钢筋的疲劳性能有相应要求等。

四、钢筋的疲劳性能

钢筋的疲劳是指材料在承受反复、周期性的动荷载作用下，经过一定循环次数后，从塑性破坏变为脆性破坏的现象。工业建筑中的钢筋混凝土吊车梁、桥梁结构的桥面板、铁路的轨枕等承受重复荷载的混凝土构件，在正常使用期间会由于疲劳而发生破坏。钢筋的疲劳强度与一次循环应力中最大应力 σ_{max}^{f} 和最小应力 σ_{min}^{f} 的差值 $\Delta\sigma^{f}$ 有关，$\Delta\sigma^{f}=\sigma_{max}^{f}-\sigma_{min}^{f}$ 称为疲劳应力幅。钢筋的疲劳强度是指在某一规定的应力幅内，经受一定次数（我国规范规定为 200 万次）循环荷载后发生疲劳破坏的最大应力值。

一般认为在外力作用下钢筋发生疲劳断裂是由于钢筋内部和外表面的缺陷引起应力集中，钢筋中的晶粒发生滑移，产生疲劳裂纹，最后断裂。影响钢筋疲劳性能的因素很多，如疲劳应力幅、最小应力值大小、钢筋外表面几何形状、钢筋直径、钢筋强度及试验方法等。GB 50010—2010 规定了不同等级钢筋的疲劳应力幅限值，并规定该值与截面同一层钢筋最小应力与最大应力的比值 ρ^{f} 有关，ρ^{f} 称为疲劳应力比值。对预应力钢筋，$\rho^{f}\geqslant 0.9$ 时，可不进行疲劳强度的验算。

第三节　钢筋与混凝土之间的黏结

一、一般概念

（一）黏结力的产生

钢筋与混凝土能够结合在一起共同工作，主要有两个因素：

1. 由于混凝土硬化后，钢筋与混凝土之间产生了良好的黏结力。钢筋混凝土受力后会沿其接触面产生剪应力，通常把这种剪应力称为黏结应力。

2. 两者具有相近的温度线膨胀系数。

一根直径为 d 的光圆钢筋埋入混凝土中，在其端部施加拉力 N，如果二者之间无黏结，则钢筋会轻易被拔出；如果有黏结，当钢筋埋入长度不足则依然会被拔出。但当钢筋和混凝土之间具有一定黏结力和足够的埋入长度，钢筋则不会被拔出。此时，黏结应力可认为是钢筋和混凝土接触面上抵抗相对滑移而产生的切应力。在黏结应力作用下，钢筋将部分拉力传给混凝土使二者共同受力。

再以钢筋混凝土简支梁为例说明黏结力的作用。梁受荷后弯曲变形，如果钢筋与混凝土无黏结，则两者之间就不会产生阻止相对滑移所需的作用力，钢筋将不参与受拉，配筋的梁和混凝土梁一样，在较小的荷载作用下即迅速开裂并发生脆性破坏。但当钢筋与混凝土之间有黏结时，则梁受荷后在支座与集中荷载之间的弯剪段内，钢筋与混凝土接触面上即产生黏结应力，通过它将拉力传给钢筋，使钢筋与混凝土共同受力。

黏结作用可以用钢筋和其周围混凝土之间产生的黏结应力来说明。根据受力性质的不同，钢筋与混凝土之间的黏结应力可分为裂缝间的局部黏结应力和钢筋端部的锚固黏结应力两种。裂缝间的局部黏结应力是在相邻两个开裂截面之间产生的，钢筋应力的变化受到黏结应力的影响，黏结应力使相邻两个裂缝之间混凝土参与受拉，局部黏结应力的丧失会使构件的刚度降低、促进裂缝的开展。钢筋伸进支座或在连续梁中承担负弯矩的上部钢筋在跨中截断时，需要延伸一段长度，即锚固长度。要使钢筋承受所需的拉力，就要求受拉钢筋有足够的描固长度以积累足够的黏结力，否则，将发生锚固破坏。

（二）黏结力的组成

钢筋和混凝土的黏结力主要由四部分组成：

1. 钢筋和混凝土接触面上的化学胶结力。其来源于浇筑时水泥浆体向钢筋表面氧化层的渗透和养护过程中水泥晶体的生长和硬化，从而使水泥胶体和钢筋表面产生吸附胶着作用。化学胶结力只能在钢筋和混凝土截面处于原始状态时才起作用，一旦二者发生滑移，它就会失去作用。

2. 钢筋和混凝土之间的摩阻力（握裹力）。由于混凝土凝固时收缩，使钢筋和混凝土接触面上产生正应力。摩阻力的大小取决于垂直摩擦面上的压应力，还取决于摩擦系数，即钢筋与混凝土接触面的粗糙程度。

3. 钢筋与混凝土之间的机械咬合力。对光面钢筋，指表面粗糙不平产生的咬合应力；对变形钢筋，则指变形钢筋肋间嵌入混凝土而形成的机械咬合作用，这是变形钢筋与混凝土黏结力的主要来源。

$$\tau = P/(\pi dl) \tag{7-17}$$

4. 钢筋端部的锚固力。钢筋端部的锚固力一般是通过钢筋端部的弯钩、弯折、在钢筋端部焊短钢筋或焊短角钢来提供。

（三）黏结强度

钢筋的黏结强度通常采用如图 7－17 所示的直接拔出试验来测定。

由拔出试验知，黏结应力 τ 和相对滑移曲线如图 7－18 所示，黏结性能与混凝土强度有关系，混凝土强度等级越高，黏结强度越大，相对滑移越小，黏结锚同性能越好。

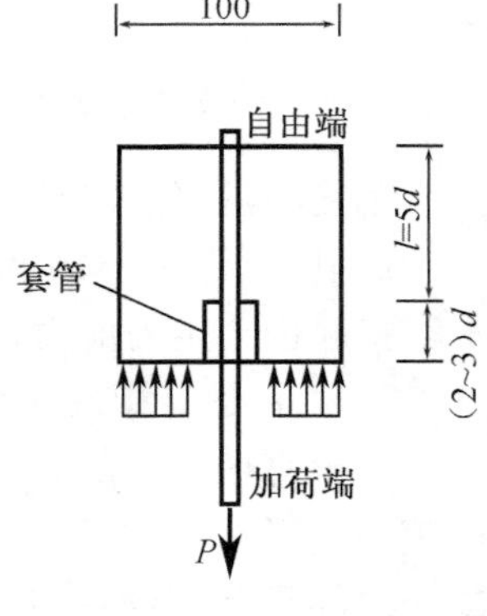

图 7－17　钢筋拔

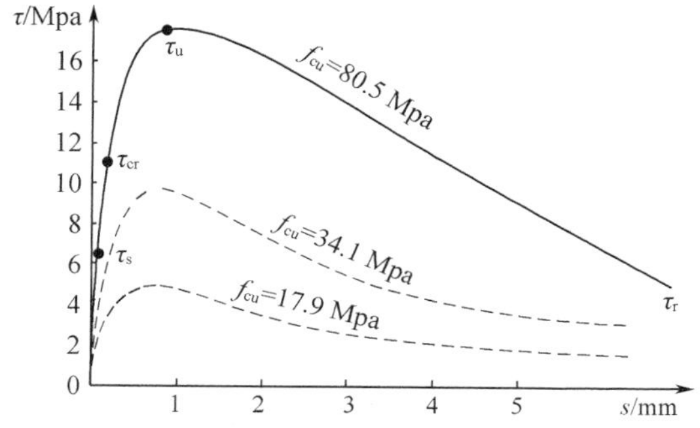

图 7 - 18　不同强度混凝土的黏结应力和相对滑移曲线

二、黏结破坏机理

光圆钢筋和变形钢筋与混凝土的极限黏结强度有很大差异，而且黏结机理、钢筋滑移特性及试件的破坏形态也大有不同。

（一）光圆钢筋的黏结破坏

光圆钢筋与混凝土的黏结力来自三个方面，即混凝土中水泥凝胶体与钢筋表面的化学胶着力；钢筋与混凝土接触面之间的摩擦力；钢筋表面粗糙不平的机械咬合力。

研究光圆钢筋拔出试验可得 $\tau-s$ 曲线如图 7 - 19 所示，其中 τ 为平均黏结应力，s 为相对滑移量。由于钢筋与混凝土的胶着力强度很小，在开始加载时，于加载端即可测得钢筋与混凝土之间的相对滑移，此滑移一旦出现，则黏结力则由摩擦力和机械咬合力承担。在 0.4 ~0.6 倍的极限荷载之前，加载端滑移与黏结应力近似呈直线关系，即图 7 - 19 中的 $0a$ 段。随着荷载的增加，相对滑移逐渐向自由端发展，黏结应力峰值内移，$\tau-s$ 曲线则明显的呈现非线性特性，如图 7 - 19 所示的 ab 段。当达到 0.8 倍的极限荷载时，自由端出现滑移，此时黏结应力峰值已移至自由端，随着荷载的进一步增大，黏结力完全由摩擦力和机械咬合力提供。当自由端滑移达到 0.1 ~0.2 mm时平均黏结应力达到最大值，即图 7 - 19 中的 b 点，此时加载端及自由端滑移急剧增大，进入完全塑性状态，钢筋表面的混凝土细颗粒被磨平，摩擦阻力减小，$\tau-s$ 曲线呈现明显下降。

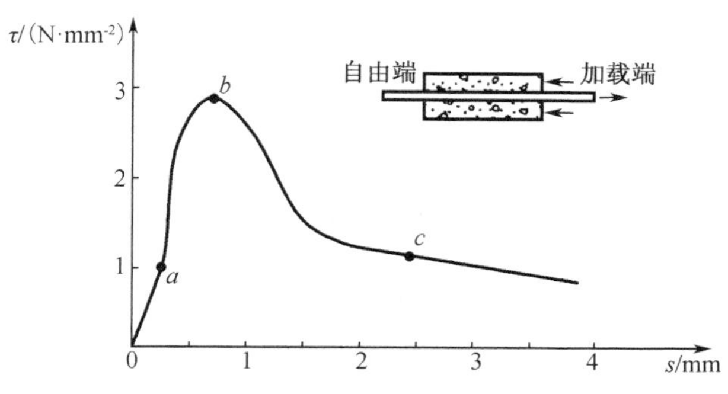

图 7 - 19　光圆钢筋的 $\tau-s$ 曲线

由此可见，光圆钢筋的黏结作用，在钢筋与混凝土间出现相对滑移前主要取决于化学胶着力，发生滑移后则由摩擦力和机械咬合力提供。光圆钢筋拔出试验的破坏形态，其实质为钢筋从混凝土中被拔出的剪切破坏，其破坏面就是钢筋与混凝土的接触面。

（二）变形钢筋的黏结破坏

变形钢筋与混凝土之间的黏结力主要来自机械咬合力，其次胶着力和摩擦力也同时存在。

加载初期，由胶着力主要承担界面上的剪切应力 $\tau-s$、曲线如图 7－20 所示中的 $0a$ 段。随着荷载的增加，胶着力遭到破坏，钢筋开始出现滑移，即图示 7－20 中的 a 点，此时黏结力主要由钢筋表面突出肋对混凝土的挤压力和钢筋与混凝土界面上的摩擦力构成。斜向压力的轴力分量使得肋间混凝土像悬臂环梁那样受弯剪作用，而径向分量使钢筋周围的混凝土受到内压力，故而在环向产生拉应力。随着荷载的进一步增大，当钢筋周围的混凝土分别在主拉应力和环向拉应力方向的应变超过混凝土的极限拉应变时，将产生内部斜裂缝和径向裂缝，此阶段的 $\tau-s$、曲线如图 7－20 中的 ab 段。裂缝出现后，随着荷载的增大，肋纹前方的混凝土逐渐被压碎，形成新的滑移面，使钢筋与混凝土沿滑移面产生较大的相对滑移。如果钢筋外围混凝土很薄而且没有环向箍筋对混凝土形成约束，则径向裂缝将到达构件表面，形成沿钢筋的纵向劈裂裂缝；这种劈裂裂缝发展到一定长度时，将使外围混凝土崩裂，从而丧失黏结能力，此类破坏通常称为劈裂黏结破坏，如图 7－20 中的 b 点，劈裂后的 $\tau-s$ 曲线将沿图 7－20 中的虚线迅速下降。

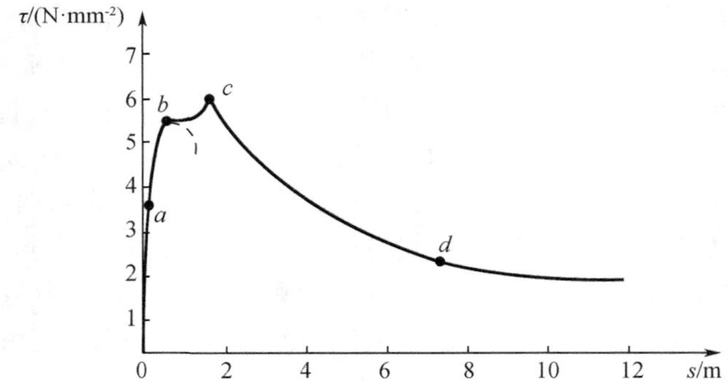

图 7－20　变形钢筋的 $\tau-s$ 曲线

若钢筋外围混凝土较厚，或不厚但有环向蓛筋约束混凝土的横向变形，则纵向劈裂裂缝的发展受到一定程度的限制，使荷载可以继续增加。此时 $\tau-s$ 曲线将沿图 7－20 中的 bc 线继续上升，直到肋纹间的混凝土被完全压碎或剪断，混凝土的抗剪能力耗尽，钢筋则沿肋外径的圆柱面出现整体滑移，达到剪切破坏的极限黏结强度。

由此可见，变形钢筋的黏结破坏，若钢筋外围混凝土很薄并且没有环向箍筋约束时，则表现为沿钢筋纵向的劈裂破坏；反之，则为沿钢筋肋外径的圆柱滑移面的剪切破坏（刮犁式破坏），剪切破坏的黏结强度要比劈裂破坏的大。

三、影响黏结强度的因素和保证可靠黏结的措施

（一）声响黏结强度的因素

影响钢筋与混凝土黏结强度的因素很多，主要影响因素有混凝土强度、保护层厚度、钢筋净距、横向配筋、侧向压力以及浇筑混凝土时钢筋的位置等。

1. 混凝土强度等级。无论光圆钢筋还是变形钢筋，混凝土强度对黏结性能的影响都是显著的。大量试验表明，当其他条件基本相同时，黏结强度 τ_u 与混凝土抗拉强度 f_t 大致成正比关系。

2. 钢筋的外形、直径和表面状态。相对于光圆钢筋而言，变形钢筋的黏结强度较高，但是，使用变形钢筋，在黏结破坏时容易使周围混凝土产生劈裂裂缝。变形钢筋的外形（肋高）与直径不成正比，大直径钢筋的相对肋高较低，肋面积小，所以粗钢筋的黏结强度比细钢筋有明显降低。例如，$d=32$ mm 的钢筋比 $d=16$ mm 的钢筋黏结强度约降低 12%，设计中，对 $d>25$ mm 的钢筋的锚同长度加以修正，其原因即在于此。

3. 混凝土保护层厚度与钢筋净距。混凝土保护层太薄，可能使外围混凝土产生径向劈裂而使黏结强度降低。增大保护层厚度或钢筋之间保持一定的钢筋净距，可提高外围混凝土的抗劈裂能力，有利于黏结强度的充分发挥。国内外的直接拔出试验或半梁式拔出试验的结果表明，在一定相对埋置长度 l/d 的情况下，相对黏结强度 τ_u/f_t 与相对保护层厚度 c/d 的平方根成正比，但黏结强度随保护层厚度加大而提高的程度是有限的，当保护层厚度大到一定程度时，试件不再是劈裂式破坏而是刮犁式破坏，黏结强度将不再随保护层厚度加大而提高。

4. 横向钢筋。构件中配置箍筋能延迟和约束纵向裂缝的发展，阻止劈裂破坏，提高黏结强度。因此，在使用较大直径钢筋的锚固区、搭接长度范围内，以及同排的并列钢筋根数较多时，应设置一定数量的附加箍筋，以防止混凝土保护层的劈裂崩落。试验表明，箍筋对保护后期黏结强度、改善钢筋延性也有明显作用。

5. 侧向压力。在侧向压力作用下，由于摩阻力和咬合力增加，黏结强度提高。但过大的侧压将导致混凝土裂缝提前出现，反而降低黏结强度。

6. 混凝土浇筑状况。当浇筑混凝土的深度过大（超过 300 mm）时，浇筑后会出现沉淀收缩和离析泌水现象，对水平放置的钢筋，钢筋下部会形成疏松层，导致黏结强度降低。试验表明，随着水平钢筋下混凝土一次浇筑的深度加大，黏结强度降低最大可达 30%。若混凝土浇筑方向与钢筋平行，黏结强度比浇筑方向与钢筋垂直的情况有明显提高。

（二）保证钢筋与混凝土可靠连接的构造措施

为了保证钢筋和混凝土之间的黏结强度，钢筋之间的距离和混凝土保护层均不能过小，应该满足相应的构造要求。

构件裂缝间的局部黏结应力使裂缝间的混凝土受拉，为了增加局部黏结作用和减小裂缝宽度，在同等钢筋面积条件下，宜优先选择小直径的变形钢筋。光面钢筋黏结性能较差，应在钢筋末端设置弯钩，增大其锚固黏结能力。

为保证钢筋深入支座的黏结力，应使钢筋深入支座有足够的锚固长度，若支座长度不够时，可将钢筋弯折，弯折长度计入锚固长度内，也可在钢筋端部焊短钢筋、短角钢等方法

加强钢筋和混凝土的黏结能力。实际工程中,由于材料供应条件和施工条件的限制,钢筋常常需要搭接,钢筋搭接的长度足够才能满足黏结强度要求。钢筋的锚固长度和搭接长度与混凝土的强度、钢筋的等级、抗震等级、钢筋直径等因素相关。

钢筋不宜在混凝土的受拉区截断,如必须截断,则应满足在理论上钢筋不需要点和钢筋强度的充分利用点外伸一段长度才能截断。

横向钢筋的存在约束了径向裂缝的发展,使混凝土的黏结强度提高,故在大直径钢筋的搭接和锚固区域内设置横向钢筋(箍筋加密),可增大该区段的黏结能力。

第四节　钢筋锚固与接头构造

一、钢筋描固与搭接的意义

为了保证钢筋不被从混凝土中拔出或压出,除要求钢筋与混凝土之间有一定的黏结强度之外,还要求钢筋有良好的锚固,如光面钢筋在端部设置弯钩、钢筋在伸入支座一定的长度等;当钢筋长度不足或需要采用施工缝或后浇带等构造措施时,钢筋就需要有接头,为保证在接头部位的传力,就必须有一定的构造要求。锚固与接头的要求也都是保证钢筋与混凝土黏结的措施。

由于黏结破坏机理复杂,影响黏结力的因素众多,工程结构中黏结受力的多样性,目前尚无比较完整的黏结力计算理论。GB 50010—2010 采用的方法是不进行黏结计算,用构造措施来保证混凝土与钢筋的黏结。

通常采用的构造措施如下:

1. 对不同等级的混凝土和钢筋,规定了要保证最小搭接长度与锚同长度和考虑各级抗震设防时的最小搭接长度与锚固长度。

2. 为了保证混凝土与钢筋之间有足够的黏结强度,必须满足混凝土保护层最小厚度和钢筋最小净距的要求。

3. 在钢筋接头范围内应加密箍筋。

4. 受力的光面钢筋端部应做弯钩。

二、钢筋锚固的长度

在钢筋与混凝土接触界面之间实现应力传递,建立结构承载所必需的工作应力的长度为钢筋的锚固长度。钢筋的基本锚固长度取决于钢筋强度及混凝土抗拉强度,并与钢筋的直径及外形有关。为了充分利用钢筋的抗拉强度,GB 50010—2010 规定纵向受拉钢筋的锚固长度作为钢筋的基本锚固长度可按下式计算:

普通钢筋
$$l_a = a\frac{f_y}{f_t}d \tag{7-18(a)}$$

预应力钢筋
$$l_a = a\frac{f_{py}}{f_t}d \tag{7-18(b)}$$

式中　l_a——受拉钢筋的锚固长度;

f_y、f_{py}——分别为普通钢筋、预应力钢筋的抗拉强度设计值;

f_t——混凝土轴心抗拉强度设计值；

d——钢筋直径；

a——钢筋的外形系数，按表 7-1 取值。

表 7-1 钢筋的外形系数

钢筋类型	光面钢筋	带肋钢筋	刻痕钢丝	螺旋肋钢	三股钢绞	七股钢绞
a	0.16	0.14	0.19	0.13	0.16	0.17

注：光面钢筋是指 HPB235 级及盘条 Q235 级钢筋，其末端应做 180°弯钩，但作为受压钢筋时可不做弯钩；带肋钢筋是指 HRB335 级、HRB400 级钢筋及 KRB400 级余热处理钢筋。

钢筋的锚固可采用机械锚固的形式，主要有弯钩、贴焊钢筋及焊锚板等。采用机械锚固可以提高钢筋的锚固力，因此可以减少锚固长度，GB 50010—2010 规定的锚固长度修正系数（折减系数）为 0.7，同时要有相应的配箍直径、间距及数量等。

三、钢筋的连接

钢筋长度不够时就需要把钢筋连接起来使用，但连接必须保证将一根钢筋的力传给另一根钢筋。钢筋的连接可分为三类：绑扎搭接、机械连接与焊接连接。由于钢筋通过连接接头传力不如整体钢筋传力，因此钢筋搭接的原则是接头应设置在受力较小处，同一根钢筋上尽量少设接头。

（一）绑扎搭接

同一构件中相邻钢筋的绑扎搭接接头宜相互错开。钢筋绑扎搭接接头连接区段的长度为 1.3 倍搭接长度，凡搭接接头中点位于该连接区段长度内的搭接接头均属于同一连接区段。

同一连接区段内纵向搭接钢筋接头面积百分率为该区段内有搭接接头的纵向受力钢筋与全部纵向受力钢筋截面面积的比值，如图 7-21 所示。图 7-21 中所示搭接接头为同一连接区段内的搭接接头，钢筋为两根，搭接钢筋接头面积百分率为 50%。

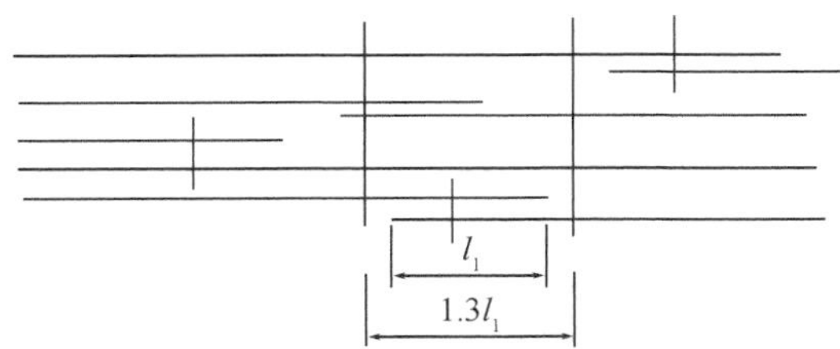

图 7-21 同一连接区段内的纵向受拉钢筋绑扎搭接接头

受拉钢筋绑扎搭接接头的搭接长度按下式计算：

$$l_l = \zeta l_a \tag{7-19}$$

式中 l_l——纵向受拉钢筋的搭接长度；

ζ——受拉钢筋搭接长度修正系数；

l_a——纵向受拉钢筋的锚固长度。

对于受压钢筋的绑扎搭接长度不应小于纵向受拉搭接长度的 0.7 倍，且不应小于 200 mm。接头及焊接骨架的搭接，也应满足相应的构造要求，以保证力的传递。

（二）机械连接

钢筋的机械连接是通过连接件的直接或间接的机械咬合作用或钢筋端面的承压作用，将一根钢筋中的力传递到另一根钢筋的连接方法。国内外常用的钢筋机械连接方法有以下六种：挤压套筒接头；锥形螺纹套筒接头、直螺纹套筒接头、熔融金属充填套筒接头、水泥灌浆充填套筒接头、受压钢筋端面平接头。

（三）焊接连接

焊接连接是常用的连接方法，有电阻点焊、闪光对焊、电弧焊、电渣压力焊、气压焊和埋弧压力焊等六种焊接方法。冷拉钢筋的焊接应在冷拉之前进行，冷拉过程中，如在焊接的接头处发生断裂时，可在切除热影响区（每边长度按 0.75 倍钢筋直径计算）后，再焊再拉，但不得多于两次。

第八章　钢筋加工与安装

第一节　钢筋检验与存放

一、检查项目和方法

(一)主控项目

1. 钢筋进场时,应按《钢筋混凝土用钢第 2 部分热轧带肋钢筋》(GB 1499.2—2018)等的规定抽取试件作为力学性能检验,其质量必须符合有关标准的规定。

(1)检查数量:按进场的批次和产品的抽样检验方案确定。

(2)检验方法:检查产品合格证、出厂检验报告和进场复验报告。

2. 对有抗震设防要求的框架结构,其纵向受力钢筋的强度应满足设计要求:当设计无具体要求时,对一、二级抗震等级,检验所得的强度实测值应符合下列规定:

(1)钢筋的抗拉强度实测值与屈服强度实测值的比值不应小于 1.25。

(2)钢筋的屈服强度实测值与强度标准值的比值不应大于 1.3。

检验数量同 1 中的(1)。

3. 当发现钢筋脆断、焊接性能不良或力学性能显著不正常等现象时,应对该批钢筋进行化学成分检验或其他专项检验。

(二)一般项目

钢筋应平直、无损伤,表面不得有裂纹、油污、颗粒状或片状老锈。

检查数量:进场时和使用前全数检查。

检查方法:观察。

1. 热轧钢筋检验。热轧钢筋进场时,应按批进行检查和验收。每批由同一牌号、同一炉罐号、同一规格的钢筋组成,质量不大于 60 t。允许由同一牌号、同一冶炼方法、同一浇注方法的不同炉罐号组成混合批,但各炉罐号含碳量之差不得大于 0.02%,含锰量之差不大于 0.15%。

(1)外观检查:从每批钢筋中抽取 5% 进行外观检查。钢筋表面不得有裂纹、结疤和折叠。钢筋表面允许有凸块,但不得超过横肋的高度,钢筋表面上其他缺陷的深度和高度不得大于所在部位尺寸的允许偏差。

钢筋可按实际质量或公称质量交货。当钢筋按实际质量交货时,应随机抽取 10 根(6 m长)钢筋称重,如质量偏差大于允许偏差,则应与生产厂交涉,以免损害用户利益。

(2)力学性能试验:从每批钢筋中任选两根钢筋,每根取两个试件分别进行拉伸试验(包括屈服点、抗拉强度和伸长率)和冷弯试验。

拉伸、冷弯、反弯试验试件不允许进行车削加工。计算钢筋强度时，采用公称横截面面积。反弯试验时，经正向弯曲后的试件应在100 ℃温度下保温不少于30 min，经自然冷却后再进行反向弯曲。当供方能保证钢筋的反弯性能时，正弯后的试件也可在室温下直接进行反向弯曲。

如有一项试验结果不符合要求，则从同一批中另取双倍数量的试件重做各项试验。如仍有一个试件不合格，则该批钢筋为不合格品。

对热轧钢筋的质量有疑问或类别不明时，在使用前应做拉伸和冷弯试验。根据试验结果确定钢筋的类别后，才允许使用。抽样数量应根据实际情况确定。这种钢筋不宜用于主要承重结构的重要部位。

余热处理钢筋的检验同热轧钢筋。

2. 冷轧带肋钢筋检验。冷轧带肋钢筋进场时，应按批进行检查和验收。每批由同一钢号、同一规格和同一级别的钢筋组成，质量不大于50 t。

(1)每批钢筋抽取5%(但不少于5盘或5捆)进行外形尺寸、表面质量和质量偏差的检查。检查结果应符合相关要求，如其中有一盘(捆)不合格，则应对该批钢筋逐盘或逐捆检查。

(2)钢筋的力学性能应逐盘或逐捆进行检验。从每盘或每捆取两个试件，一个做拉伸试验，一个做冷弯试验。试验结果如有一项指标不符合要求，则该盘钢筋判为不合格。对每捆钢筋，尚可加倍取样复验判定。

3. 冷轧扭钢筋检验。冷轧扭钢筋进场时，应分批进行检查和验收。每批由同一钢厂、同一牌号、同一规格的钢筋组成，质量不大于10 t。当连续检验10批均为合格时检验批质量可扩大一倍。

(1)外观检查：从每批钢筋中抽取5%进行外形尺寸、表面质量和质量偏差的检查。钢筋表面不应有影响钢筋力学性能的裂纹、折叠、结疤、压痕、机械损伤或其他影响使用的缺陷。钢筋的压扁厚度和节距、质量等应符合要求。当质量负偏差大于5%时，该批钢筋判定为不合格。当仅轧扁厚度小于或节距大于规定值，仍可判为合格，但需降直径规格使用，例如公称直径为和14降为和12。

(2)力学性能试验：从每批钢筋中随机抽取三根钢筋，各取一个试件。其中，两个试件做拉伸试验，一个试件做冷弯试验。试件长度宜取偶数倍节距，且不应小于4倍节距，同时不小于500 mm。

二、钢筋存放

(一)钢筋的储存

1. 运入加工现场的钢筋，必须具有出厂质量证明书或试验报告单，每捆(盘)钢筋均应挂上标牌，标牌上应注有厂标、钢号、产品批号、规格、尺寸等项目，在运输与储存时不得损坏和遗失这些标牌。

2. 到货的钢筋应根据原附质量证明书或试验证明单按不同等级、牌号、规格及生产厂家分批验收检查每批钢筋的外观质量，查看锈蚀程度及有无裂缝、结疤、麻坑、气泡、砸碰伤痕等，并应测量钢筋的直径。不符合质量要求的不得使用，或经研究同意后可降级使用。

3. 验收后的钢筋,应按不同等级、牌号、规格及生产厂家分批、分别堆放,不得混杂,且宜立牌以资识别。钢筋应设专人管理,建立严格的管理制度。

4. 钢筋宜堆放在料棚内,如条件不具备时,应选择地势较高、无积水、无杂草、高于地面200 mm 的地方放置,堆放高度应以最下层钢筋不变形为宜,必要时应加遮盖。

5. 钢筋不得和酸、盐、油等物品存放在一起,堆放地点应远离有害气体,以防钢筋锈蚀或污染。

(二)成品钢筋的存放

1. 经检验合格的成品钢筋应尽快运往工地安装使用,不宜长期存放。冷拉调直的钢筋和已除锈的钢筋需注意防锈。

2. 成品钢筋的存放需按使用工程部位、名称、编号、加工时间挂牌存放,不同号的钢筋成品不宜堆放在一起,防止混号和造成成品钢筋变形。

3. 成品钢筋的存放应按当地气候情况采取有效的防锈措施,若存放过程中发生成品钢筋变形或锈蚀,应矫正除锈后重新鉴定,确定处理办法。

4. 锥(直)螺纹连接的钢筋端部螺纹保护帽在存放及运输装卸过程中不得取下。

5. 由于钢筋加工后钢筋弯折部位和冷拉钢筋易生锈,且除锈较为困难;而钢筋生锈时间因各地区气候条件不同而异,因此宜尽快使用。

6. 实践证明,挂牌分号存放是防止成品钢筋混号的有效手段。

7. 我国各地气候差异较大,各工程钢筋成品存放的时间也不尽相同,因此成品的存放应按地区气候条件的不同而采取相应的措施,保证钢筋不变形、不锈蚀。

8. 钢筋锥(直)螺纹连接的成品钢筋因端头有丝扣,在存放过程中容易造成丝扣的损坏,满足不了安装质量的要求,因此规定应对端头丝扣采取有效措施进行保护。

第二节　钢筋配料

一、钢筋配料计算

钢筋配料是根据结构施工图,分别计算构件各钢筋的直线下料长度、根数及质量,编制钢筋配料单,作为备料、加工和结算的依据。

(一)钢筋长度

结构施工图中所指钢筋长度是钢筋外缘之间的长度,即外包尺寸,这是施工中量度钢筋长度的基本依据。

(二)弯曲量度差值

钢筋长度的量度是指外包尺寸,因此钢筋弯曲以后,存在一个量度差值,在计算下料长度时必须加以扣除。根据理论推理和实践经验,列于表 8 - 1。

表 8－1　钢筋弯曲Ⅱ度差值

钢筋弯起角度/(°)	30	45	60	90	135
钢筋弯曲调整值	$0.35d$	$0.5d$	$0.85d$	$1d$	$2.5d$

注：d 为钢筋的直径(mm)。

(四)弯钩增加长度

钢筋的弯钩形式有半圆弯钩、直弯钩和斜弯钩三种。半圆弯钩是最常用的一种弯钩。直弯钩只用在柱钢筋的下部、箍筋和附加钢筋中，斜弯钩只用在直径较小的钢筋中。

光圆钢筋的弯钩增加长度(弯心直径为 $2.5d$、平直部分为 $3d$)计算：半圆弯钩为 $6.25d$，对直弯钩为 $3.5d$，对斜弯钩为 $4.9d$。

在生产实践中，由于实际弯心直径与理论直径有时不一致、钢筋粗细不同等而影响平直部分的长短(手工弯钩时平直部分可适当加长，机械弯钩时可适当缩短)，因此在实际配料计算时，对弯钩增加长度常根据具体条件，采用经验数据。

(五)弯起钢筋斜长

弯起钢筋斜长系数见表 8－2。

表 8－2　弯起钢筋斜长系数表

弯起角度 α	30°	45°	60°
斜边长度 S	$2h_0$	$1.41h_0$	$1.15h_0$
底边长度 L	$1.732h_0$	h_0	$0.575h_0$
增加长度 $S-L$	$0.268h_0$	$0.41h_0$	$0.575h_0$

注：h_0 为弯起钢筋的外皮高度。

(六)箍筋调整值

箍筋调整值即为弯钩增加长度和弯曲调整值两项之差，由箍筋量外包尺寸而定的，见表 8－3。

表 8－3　箍筋弯钩增加值

项目	植筋直径/mm				
箍筋外包尺寸	5	6	8	10	12
箍筋调整值	19	23	30	38	46

(七)钢筋下料长度计算

钢筋因弯曲或弯钩会使其长度变化，配料时不能直接根据图纸中尺寸下料，需了解混凝土保护层、钢筋弯曲、弯钩等规定，再根据图中尺寸计算其下料长度。

钢筋下料长度计算如下：

钢筋下料长度 = 外包尺寸 + 弯钩增长值 - 弯折量度差值

钢筋下料长度计算的注意事项如下：

1. 在设计图纸中，钢筋配置的细节问题没有注明时，一般可按构造要求处理。
2. 配料计算时，要考虑钢筋的形状和尺寸，在满足设计要求的前提下，要有利于加工。
3. 配料时，还要考虑施工需要的附加钢筋。
4. 配料时，还要准确计算出钢筋的混凝土保护层厚度。

二、钢筋代换

（一）代换原则

当施工中遇有钢筋品种或规格与设计要求不符时，可参照以下原则进行钢筋代换：

1. 等强度代换。当构件受强度控制时，钢筋可按强度相等的原则进行代换。
2. 等面积代换。当构件按最小配筋率配筋时，钢筋可按面积相等的原则进行代换。
3. 当构件受裂缝宽度或挠度控制时，代换后应进行裂缝宽度或挠度验算。

（二）在钢筋代换中应注意事项

1. 钢筋代换后，必须满足有关构造规定，如受力钢筋和箍筋的最小直径、间距、根数、锚固长度等。

2. 由于螺纹钢筋可使裂缝均布，故为了避免裂缝过度集中，对于某些重要构件，如吊车梁、薄腹梁、桁架的受拉杆件等不宜以光面钢筋代换。

3. 偏心受压构件或偏心受拉构件做钢筋代换时，不取整个截面配筋量计算，而应按受力面（受压或受拉）分别代换。

4. 代换直径与原设计直径的差值一般可不受限制，只要符合各种构件的有关配筋规定即可。但同一截面内如果配有几种直径的钢筋，相互间差值不宜过大（通常对同级钢筋，直径差值不大于 5 mm），以免受力不均。

5. 代换时必须充分了解设计意图和代换材料的性能，严格遵守现行钢筋混凝土设计规范的各项规定，凡重要构件的钢筋代换，需征得设计单位的同意。

6. 梁的纵向受力钢筋和弯起钢筋，代换时应分别考虑，以保证梁的正截面和斜截面强度。

7. 在构件中同时用几种直径的钢筋时，在柱中，较粗的钢筋要放置在四角；在梁中，较粗的钢筋放置在梁侧；在预制板中（如空心楼板），较细的钢筋放置在梁侧。

8. 当构件按最小配筋率配筋时，可按钢筋面积相等的原则进行代换，称为等面积代换，在等面积代换中，不考虑钢筋级别、强度，只考虑代换前后钢筋面积要相等。

9. 当构件受裂缝宽度或抗裂性要求控制时，代换后应进行裂缝或抗裂性验算。表 8 - 4 为钢筋抗拉、抗压强度设计值。

表 8 - 4　钢筋抗拉、抗压强度设计值

牌号	抗拉强度设计值 f_y/（$N \cdot mm^{-1}$）	抗压强度设计值 f'_y/（$N \cdot mm^{-1}$）
HPB300	270	270

表 8-4(续)

牌号	抗拉强度设计值 f_y/(N·mm^{-1})	抗压强度设计值 f'_y/(N·mm^{-1})
HRB335、HRBF335	300	300
HRB400,HRBF400,KRB400	360	360
HRB500、HRBF500	435	435

第三节 钢筋加工

钢筋加工主要包括除锈、调直、切断和弯曲,每一道工序都关系钢筋混凝土构件的施工质量,各个环节都应严肃对待。

一、钢筋调直

钢筋调直宜采用机械方法,也可采用冷拉方法。

为了提高施工机械化水平,钢筋的调直宜采用钢筋调直切断机,它具有自动调直、定位切断、除锈、清垢等多种功能。钢筋调直切断机按调直原理,可分为孔模式和斜辊式;按切断原理,可分为锤击式和轮剪式;按传动原理,可分为液压式、机械式和数控式;按切断运动方式,可分为固定式和随动式。

二、钢筋切断

(一)钢筋切断机的种类

钢筋下料时需按计算的下料长度切断。钢筋切断可采用钢筋切断机或手动切断器。手动切断器只用于切断直径小于 16 mm 的钢筋;钢筋切断机可切断直径 40 mm 的钢筋。钢筋切断机按工作原理,可分为凸轮式和曲柄连杆式;按传动方式,可分为机械式和液压式。

在大中型建筑工程施工中,提倡采用钢筋切断机,它不仅生产效率高,操作方便,而且确保钢筋端面垂直钢筋轴线,不出现马蹄形或翘曲现象,便于钢筋进行焊接或机械连接。钢筋的下料长度力求准确,其允许偏差为 ±10 mm。

机械式钢筋切断机的型号有 GQ40、GQ40B、GQ50 等;液压式钢筋切断器的型号有 G、JSy-16,切断力为 80kN,可切断直径为 16mm 以下的钢筋。

(二)切断工艺

1. 将同规格钢筋根据不同长度搭配,统筹排料;一般应先断长料,后断短料,减少短头,减少损耗。

2. 钢筋切断机的刀片,应由工具钢热处理制成。安装刀片时,螺丝紧固,刀口要密合(间隙不大于 0. 5 mm);固定刀片与冲切刀片口的距离;对直径延 20 mm 的钢筋宜重叠 1 ~ 2 mm,对直径大于 20 mm 的钢筋宜留 5 mm 左右。

3. 在切断过程中,如发现钢筋有劈裂、缩头或严重弯头等必须切除;如发现钢筋的硬度与该钢种有较大的出入,应及时向有关人员反映,查明情况。

4. 钢筋的断口,不得有马蹄形或起弯等现象。

三、钢筋弯曲

(一)钢筋弯钩和弯折的一般规定

1. 受力钢筋。

(1)光圆钢筋末端应做180°弯钩,其弯弧内直径不应小于钢筋直径的2.5倍,弯钩的弯后平直部分长度不应小于钢筋直径的3倍,但做受压钢筋可不做弯钩。

(2)当设计要求钢筋末端需做135°弯钩时,HRB335级、HRB400级钢筋的弧内直径不应小于钢筋直径的4倍,弯钩的弯后平直部分长度应符合设计要求。

(3)钢筋做不大于90°的弯折时,弯折处的弯弧内直径不应小于钢筋直径的5倍。

2. 箍筋。除焊接封闭环式箍筋外,箍筋的末端应做弯钩。弯钩形式应符合设计要求;当设计无具体要求时,应符合下列规定:

(1)箍筋弯钩的弯弧内直径不小于受力钢筋的直径。

(2)箍筋弯钩的弯折角度对一般结构,不应小于90°;对有抗震等要求的结构,应为135°。

3 箍筋弯后的平直部分长度对一般结构,不宜小于箍筋直径的5倍;对有抗震等级要求的结构,不应小于箍筋直径的10倍。

(二)钢筋弯曲

1. 划线。钢筋弯曲前,对形状复杂的钢筋(如弯起钢筋),根据钢筋料牌上标明的尺寸,用石笔将各弯曲点位置划出。划线时注意:

(1)根据不同的弯曲角度扣除弯曲调整值,其扣法是从相邻两段长度中各扣一半。

(2)钢筋端部带半圆钩时,该段长度划线时增加0.5d,d为钢筋直径。划线工作宜从钢筋中线开始向两边进行;两边不对称的钢筋,也可从钢筋一端开始划线,如划到另一端有出入时,则应重新调整。

2. 钢筋弯曲成型。钢筋在弯曲机上成型时,心轴直径应是钢筋直径的2.5~5.0倍,成型轴宜加偏心轴套,以便适应不同直径的钢筋弯曲需要。

注意:对HRB335级与HRB400级钢筋,不能弯过头再弯过来,以免钢筋弯曲点处发生裂纹。

3. 曲线形钢筋成型。弯制曲线形钢筋时,可在原有钢筋弯曲机的工作盘中央,放置一个十字架和钢套;另外在工作盘四个孔内插上短轴和成型钢套(和中央钢套相切)。插座板上的挡轴钢套尺寸,可根据钢筋曲线形状选用。钢筋成型过程中,成型钢套起顶弯作用,十字架只协助推进。

第四节　钢筋连接

钢筋连接方法有绑扎连接、焊接连接和机械连接。绑扎连接由于需要较长的搭接长度,浪费钢筋,且连接不可靠,故宜限制使用;焊接连接的方法较多,成本较低,质量可靠,宜优先选用;机械连接无明火作业,设备简单,节约能源,不受气候条件影响,可全天候施工,连接可靠,技术易于掌握,适用范围广。

一、绑扎连接

采用绑扎连接受力钢筋的绑扎搭接接头宜相互错开。绑扎搭接接头中钢筋的横向净距不应小于钢筋直径,且不应小于 25 mm。

钢筋绑扎搭接接头连接区段的长度为 $1.3L_1$(L_1为搭接长度),凡搭接接头中点位于该连接区段长度内的搭接接头均属于同一连接区段。同一连接区段内,纵向钢筋搭接接头面积百分率为该区段内有搭接接头的纵向受力钢筋截面面积与全部纵向受力钢筋截面面积的比值。同一连接区段内,纵向受拉钢筋搭接接头面积百分率应符合设计要求,无设计具体要求时,应符合下列规定:

1. 对梁类、板类及墙类构件,不宜大于 25%。

2. 对柱类构件,不宜大于 50%。

3. 当工程中确有必要增大接头面积百分率时,对梁类构件,不应大于 50%;对其他构件可根据实际情况放宽。

纵向受力钢筋绑扎搭接接头的最小搭接长度应符合规定。受压钢筋绑扎接头的搭接长度,应取受拉钢筋绑扎接头搭接长度的 0.7 倍。

在梁类、柱类构件的纵向受力钢筋搭接长度范围内,应按设计要求配置箍筋。当设计无具体要求时,应符合下列规定:箍筋直径不应小于搭接钢筋较大直径的 0.25 倍。受压搭接区段的箍筋间距不应大于搭接钢筋较小直径的 10 倍,且不应大于 200 mm。受拉搭接区段的箍筋间距不应大于搭接钢筋较小直径的 5 倍,且不应大于 100 mm。

4. 当柱中纵向受力钢筋直径大于 25 mm 时,应在搭接接头两个端面外 100 mm 范围内各设置两个箍筋,其间距宜为 50 mm。

二、焊接连接

钢筋焊接代替钢筋绑扎,可达到节约钢材、改善结构受力性能、提高工效、降低成本的目的。常用的钢筋焊接方法有闪光对焊、电弧焊、电渣压力焊、气压焊等。

(一)闪光对焊

钢筋闪光对焊是利用钢筋对焊机,将两根钢筋安放成对接形式,压紧于两电极之间,通过低电压强电流,把电能转化为热能,使钢筋加热到一定温度后,即施以轴向压力顶锻,产生强烈飞溅,形成闪光,使两根钢筋焊合在一起。

1. 钢筋闪光对焊工艺种类。钢筋对焊常用的是闪光焊。根据钢筋品种、直径和所用对焊机的功率不同,闪光焊的工艺又可分为连续闪光焊、预热闪光焊、闪光 - 预热 - 闪光焊和焊后通电热处理等。根据钢筋品种、直径、焊机功率、施焊部位等因素选用。

(1)连续闪光焊。当钢筋直径小于 25 mm、钢筋级别较低、对焊机容量在 80 ~ 160 kV · A的情况下,可采用连续闪光焊。连续闪光焊的工艺过程,包括连续闪光和轴向顶端,即先将钢筋夹在对焊机电极钳口上,然后闭合电源,使两端钢筋轻微接触,由于钢筋端部凸凹不平,开始仅有较小面积接触,故电流密度和接触电阻很大,这些接触点很快熔化,形成“金属过梁”。“金属过梁”进一步加热,产生金属蒸汽飞溅,形成闪光现象,然后再徐徐移动钢筋保持接头轻微接触，形成连续闪光过程，整个接头同时被加热，直至接头端面烧平、杂质闪掉。接头熔化后，随即施加适当的轴向压力迅速顶锻，使两根钢筋对焊成为一体。

（2）预热闪光焊。由于连续闪光焊对大直径钢筋有一定限制，为了发挥对焊机的效用，对于大于 25 mm 的钢筋，且端面较平整时，可采用预热闪光焊。此种方法实际上是在连续闪光焊之前，增加一个预热过程，以扩大焊接端部热影响区。即在闭合电源后使钢筋两端面交替接触和分开，在钢筋端面的间隙中发出断续的闪光而形成预热过程。当钢筋端部达到预热温度后，随即进行连续闪光和顶锻。

（3）闪光 - 预热 - 闪光焊。这种方法是在预热闪光前，再加一次闪光的过程，使钢筋端部预热均匀。

（4）焊后通电热处理。RRB400 级钢筋对焊时，应采用预热闪光焊或闪光 - 预热 - 闪光焊工艺。当接头拉伸试验结果发生脆性断裂，或弯曲试验不能达到规范要求时，应在对焊机上进行焊后通电热处理，以改善接头金属组织和塑性。

焊后通电热处理的方法是：待接头冷却至常温，将两电极钳口调至最大间距，重新夹住钢筋，采用最低的变压器级数，进行脉冲式通电加热，每次脉冲循环，应包括通电时间和间歇时间，一般为 3 s；当加热至 750 ~ 850 ℃，钢筋表面呈橘红色时停止通电，随后在环境温度下自然冷却。

2. 对焊设备及焊接参数

（1）对焊设备：钢筋闪光对焊的设备是对焊机。对焊机按其形式可分为弹簧顶锻式、杠杆挤压弹簧顶锻式、电动凸轮顶锻式、气压顶锻式等。

（2）对焊参数：为了获得良好的对焊接头，应合理选择恰当的对焊参数。闪光对焊参数包括调伸长度、闪光留量、闪光速度、顶锻留量、顶锻速度、顶锻压力及变压器级次。采用预热闪光焊时，还有预热留量和预热频率等参数。钢筋闪光对焊各项留量。

（3）调伸长度：钢筋从电极钳口伸出的长度。调伸长度过长时，接头易旁弯、偏心；过短时，则散热不良，接头易脆断，甚至在电极处会发生熔化，对中碳钢会发生淬火裂纹。所以，应随着钢筋牌号的提高和钢筋直径的加大而增长，主要是缓解接头的温度梯度，防止在热影响区产生淬硬组织。当焊接 HRB400 级、HRB500 级钢筋时，调伸长度宜为 40 ~ 60 mm。

（4）闪光（烧化）留量：在闪光过程中，闪出金属所消耗的钢筋长度。闪光留量的选择，应根据焊接工艺方法确定。当连续闪光焊时，闪光过程应较长。烧化留量应等于两根钢筋在断料时切断机刀口严重压伤部分（包括端面的不平整度），再加 8 mm。闪光一预闪光焊时，应区分一次烧化留量和二次烧化留量。一次烧化留量应不小于 10 mm。预热闪光焊时的烧化留量应不小于 10 mm。

（5）闪光速度（又称烧化速度）：闪光过程进行的快慢，闪光速度应随钢筋直径的增大而降低。在闪光过程中，闪光速度是由慢到快，开始时接近于零，而后约为 1 mm/s，终止时达 1.5 ~ 2 mm/s。这样的闪光比较强烈，能保证两根钢筋间的焊缝金属免受氧化。

（6）预热留量：采用预热闪光焊或闪光 - 预热 - 闪光焊时，在预热过程中所消耗的钢筋长度。其长度随钢筋直径增大而增加，以保证端部能均匀加热，并达到足够预热温度。预热留量宜采用电阻预热法。预热留量应为 1 ~ 2 mm，预热次数应为 1 ~ 4 次；每次预热时间应为 1.5 ~ 2 s，间歇时间应为 3 ~ 4 s。

（7）预热频率：对 HRB235 级钢筋宜高些，一般为 3 ~ 4 次/秒；对 HR8335 级、HR8400 级钢筋宜适中,一般为 1 ~2 次/秒。

(8)顶锻留量:钢筋顶锻压紧后接头处挤出金属所消耗的钢筋长度。顶锻留量的选择,应使顶锻过程结束时,接头整个断面能获得紧密接触,并具有一定的塑性变形。在进行顶锻时,首先在有电流作用下顶锻,使接头加热均匀、紧密结合,以消除氧化作用,然后在无电流的作用下结束顶锻。因此,顶锻留量又分为有电顶锻留量和无电顶锻留量两项。随着钢筋直径的增大和钢筋级别的提高而增加,其中有电顶锻留量约占 1/3,焊接 RRB400 级钢筋时,顶锻留量宜增大 30% 。顶锻留量应为 4 ~10 mm,并应随钢筋直径的增大和钢筋牌号的提高而增加。其中,有电顶锻留量约占 1/3,无电顶锻留量约占 2/3,焊接时必须控制得当。

焊接 HRB500 级钢筋时,顶锻留量宜稍微增大,以确保焊接质量。生产中,如果有 RRB400 级钢筋需要进行闪光对焊时,与热轧钢筋比较,应减小调伸长度,提高焊接变压器级数,缩短加热时间,快速顶锻,形成快热快冷条件,使热影响区长度控制在钢筋直径的 0.6 倍范围之内。

(9)顶锻速度:挤压钢筋接头时的速度。顶锻速度应越快越好,特别是在开始顶锻的 0.1 s 内应将钢筋压缩 2 ~3 mm,使焊接口迅速闭合不致氧化;在断电后,以 6 mm/s 的速度继续顶锻至终止。总之,顶锻速度要快,压力要适当。

(10)变压器级次:以调节焊接电流的大小。应根据钢筋级别、直径、焊机容量及焊接工艺方法等具体情况选择。钢筋直径较小,焊接操作技术较熟练时,可选用较高的变压器级次,电压下降 5% 左右时,应提高变压器级次一级。

3. 对焊接头的质量检验。钢筋对焊完毕,应对接头质量进行外观检查和力学性能试验。

(1)外观检查:钢筋闪光对焊接头的外观检查,应符合下列要求。

①每批抽查 10% 的接头,且不得少于 10 个。

②焊接接头表面无横向裂纹和明显烧伤。

③接头处有适当的墩粗和均匀的毛刺。

(2)拉伸试验:对闪光对焊的接头,应从每批随机切取 6 个试件,其中 3 个做拉伸试验,3 个做弯曲试验,其拉伸试验结果,应符合下列要求。

①3 个试件的抗拉强度,均不得低于该级别钢筋的抗拉强度标准值。

②在拉伸试验中,至少有 2 个试件断于焊缝之外,并呈塑性断裂。

当检验结果有 1 个试件的抗拉强度低于规定指标,或有 2 个试件在焊缝或热影响区发生脆性断裂时,应取双倍数量的试件进行复验。复验结果,若仍有 1 个试件的抗拉强度不符合规定指标,或有 3 个试件呈脆性断裂,则该批接头即为不合格。

③弯曲试验:弯曲试验的结果,应符合下列要求。

a. 由于对焊时上口与下口的质量不能完全一致,弯曲试验做正弯和反弯两个方向试验。

b. 冷弯不应在焊缝处或热影响区断裂,否则不论其强度多高,均视为不合格。

c. 冷弯后,外侧横向裂缝宽度不得大于 0.15 mm,对于 HRB400 级钢筋,不允许有裂纹出现。当试验结果,有 2 个试件发生破断时,应再取 6 个试件进行复验。复验结果,当仍有 3 个试件发生破断,应确认该批接头为不合格品。

(二)电弧焊

钢筋电弧焊是以焊条作为一级,钢筋为另一极,利用焊接电流通过上传产生的电弧热进行焊接的一种熔焊方法。其工作原理是:以焊条作为一极,钢筋为另一极,利用送出的低电压强电流,使焊条与焊件之间产生高温电弧,将焊条与焊件金属熔化,凝固后形成一条焊缝。

1. 钢筋电弧焊接头形式。钢筋电弧焊包括帮条焊、搭接焊、坡口焊、窄间隙焊和熔槽帮条焊5种接头形式。

(1)帮条焊:帮条焊时,用两根一定长度的帮条将受力主筋夹在中间,并采用两端点焊定位,然后用双面焊形成焊缝,宜采用双面焊;当不能进行双面焊时,方可采用单面焊。帮条长度应符合要求:当帮条牌号与主筋相同时,帮条直径可与主筋相同或小一个规格;当帮条直径与主筋相同时,帮条牌号可与主筋相同或低一个牌号。

帮条焊接头或搭接焊接头的焊缝厚度 s 不应小于主筋直径的0.3倍;焊缝宽度 b 不应小于主筋直径的0.8倍。

(2)搭接焊:搭接焊的焊缝厚度、焊缝宽度、搭接长度等技术参数与帮条焊相同。焊接时应在搭接焊形成焊缝中引弧;在端头收弧前应填满弧坑,并使主焊缝与定位焊缝的始端和终端熔合。

(3)坡口焊:坡口焊有平焊和立焊两种接头形式。坡口尖端一侧加焊钢板,钢板厚度宜为4～6 mm,长度宜为40～60 mm。坡口平焊时,钢垫板宽度应为钢筋直径加10 mm;坡口立焊时,钢垫板宽度宜等于钢筋的直径。

钢筋根部的间隙,坡口平焊时宜为4～6 mm,坡口立焊时宜为3～5 mm,其最大间隙均不宜超过10 mm。

坡口焊接时,焊接根部、坡口端面之间均应熔合一体:钢筋与钢垫板之间,应加焊2～3层面焊缝,焊缝的宽度应大于V形坡口的边缘2～3 mm,焊缝余高不得大于3 mm,并平缓过渡至钢筋表面。焊接过程中应经常清渣,以免影响焊接质量。当发现接头中有弧坑、气孔及咬边等缺陷时,应立即补焊。

(4)熔槽帮条焊:熔槽帮条焊是将两根平口的钢筋水平对接钢做帮条进行焊接。焊接时,应从接缝处垫板引弧后连续施焊,并使钢筋端部熔合,防止未焊透、气孔或夹渣等现象的出现。待焊平检查合格后,再进行焊缝余高的焊接,余高不得大于3 mm,钢筋与角钢垫板之间,应加焊侧面焊缝1～3层,焊缝应饱满。

2. 电弧焊接头的质量检验。电弧焊的质量检验,主要包括外观检查和拉伸试验两项。

(1)外观检查:电弧焊接头外观检查时,应在清渣后逐个进行目测,其检查结果应符合下列要求。

①焊缝表面应平整,不得有凹陷或焊瘤。

②焊接接头区域内不得有裂纹。

③坡口焊、熔槽帮条焊接头的焊缝余高,不得大于3 mm。

④预埋件T字接头的钢筋间距偏差不应大于10 mm,钢筋相对钢板的直角偏差不得大于4°。

⑤焊缝中的咬边深度、气孔、夹渣等缺陷允许值及接头尺寸的允许偏差,应符合规范的规定。

外观检查不合格的接头,经修整或补强后,可提交二次验收。

(2)拉伸试验。电弧焊接头进行力学性能试验时,在工厂焊接条件下,以300个同接头形式、同钢筋级别的接头为一批,从成品中每批随机切取3个接头进行拉伸试验的结果,应符合下列要求。

①3 个热轧钢筋接头试件的抗拉强度,均不得低于该级别钢筋的抗拉强度。

②3 个接头试件均应断于焊缝之外,并应至少有 2 个试件呈延性断裂。

(三)电渣压力焊

钢筋电渣压力焊是将钢筋安放成竖向对接形式,利用电流通过渣池产生的电阻,在焊剂层下形成电弧过程和电渣过程,产生电弧热和电阻热,将钢筋端部熔化,然后加压使两根钢筋焊合在一起。其适用于焊接直径 14 ~ 40 mm 的热轧 HRB235 级至 HRB335 级钢筋。这种方法操作简单、工作条件好、工效高、成本低,比电弧焊节省 80% 以上,比绑扎连接和帮条搭接焊节约钢筋 30%,可提高工效 6 ~ 10 倍;适用于现浇钢筋混凝土结构中竖向或斜向钢筋的连接。

1. 焊接设备与焊剂。电渣压力焊的设备为钢筋电渣压力焊机,主要包括焊接电源、焊接机头、焊接夹具、控制箱和焊剂盒等。焊接电源采用 BXz - 1000 型焊接变压器;焊接夹具应具有一定刚度,使用灵巧,坚固耐用,上下钳口同心;控制箱内安有电压表、电流表和信号电铃,能准确控制各项焊接参数;焊剂盒由铁皮制成内径为 90 ~ 100 mm 的圆形,与所焊接的钢筋直径大小相适应。

电渣压力焊所用焊剂,一般采用 HJ431 型焊药。焊剂在使用前必须在 250 ℃温度下烘烤 2 h,以保证焊剂容易熔化,形成渣池。

焊接机头有杠杆单柱式和丝杆传动双柱式两种。杠杆单柱式焊接机头由单导柱夹具、手柄、监控表、操作把等组成。下夹具固定在钢筋上,上夹具利用手动杠杆可沿单柱上下滑动,以控制上钢筋的运动和位置。丝杆传动双柱式焊接机头由伞形齿轮箱、手柄、升降丝杆、夹紧装置、夹具、双导柱等组成。上夹具在双导柱上滑动,利用丝杆螺母的自锁特性,使上钢筋易定位,夹具定位精度高,卡住钢筋后无须调整对中度,电流通过特制的焊把钳直接加在钢筋上。

2. 焊接参数。钢筋电渣压力焊的焊接参数主要包括焊接电流、焊接电压和焊接通,这 3 个焊接参数应符合规范有关规定。

焊接工艺。钢筋电渣压力焊的焊接工艺过程,主要包括端部除锈、固定钢筋、通快速施压、焊后清理等工序,具体工艺过程如下。

(1)钢筋调直后,对两根钢筋端部 120 mm 范围内,进行认真的除锈和清除杂质工作,以便于很好地焊接。

(2)在焊接机头上的上、下夹具,分别夹紧上、下钢筋;钢筋应保持在同一轴线上,一经夹紧不得晃动。

(3)采用直接引弧法或铁丝圈引弧法引弧。直接引弧法是通电后迅速将上钢筋提起,使两端头之间的距离为 2 ~4 mm 引弧;铁丝圈引弧法是将铁丝圈放在上下钢筋端头之间,电流通过铁丝圈与上下钢筋端面的接触点形成短路引弧。

(4)引燃电弧后,应先进行电弧过程,然后加快上钢筋的下送速度,使钢筋端面与液态渣池接触,转变为电渣过程,最后在断电的同时,迅速下压上钢筋挤出熔化金属和熔渣。

(5)接头焊完毕,应停歇后,方可回收焊剂和卸下焊接夹具,并敲掉渣壳:四周焊包应均匀,凸出钢筋表面的高度应大于或等于 4 mm。

3. 电渣压力焊接头质量检验。电渣压力焊的质量检验,包括外观检查和拉伸试验。在一般构筑物中，应以300个同级别钢筋接头作为一批；在现浇钢筋混凝土多层结构中，应以每一楼层或施工区段中300个同级别钢筋接头作为一批；不足300个接头的也作为一批。

（1）外观检查：电渣压力焊接头，应逐个进行外观检查：其接头外观结果应符合下列要求。

①接头处四周焊包凸出钢筋表面的高度，应大于等于4 mm。

②钢筋与电极接触处，应无烧伤缺陷。

③两根钢筋应尽量在同一轴线上，接头处的弯折角不得大于4°。

④接头处的轴线偏移不得大于钢筋直径的0.1倍，且不得大于2 mm。

外观检查不合格的接头应切除重焊，或采取补强焊接措施。

（2）拉伸试验：电渣压力焊接头进行力学性能试验时，应从每批接头中随机切取3个试件做拉伸试验。

（四）气压焊

钢筋气压焊是利用氧乙炔火焰或其他火焰对两钢筋对接处加热，使其达到塑性状态或溶化状态，并施一定压力使两根钢筋焊合。这种焊接工艺具有设备简单、操作方便、质量优良、成本较低等优点，但对焊工要求严格，焊前对钢筋端面处理要求高，被焊两钢筋的直径差不得大于7 mm。

1. 焊接设备。钢筋气压焊的设备，主要包括氧、乙炔供气装置，加热器，加压器及焊接夹具等。

供气装置包括氧气瓶、溶解乙炔气瓶（或中压乙炔发生器）、十式回火防止器、减压器及输气胶管等。溶解乙炔气瓶的供气能力，应满足施工现场最大钢筋直径焊接时供气量的要求；当不能满足要求时，可采用多瓶并联使用。

加热器为一种多嘴环形装置，有混合气管和多火口烤枪组成。氧气和乙炔在混合室内按一定比例混合后，以满足加热圈气体消耗量的需要，应配置多种规格的加热圈，多束火焰应燃烧均匀，调整火焰应方便。

焊接夹具应能牢固夹紧钢筋，当钢筋承受最大轴向压力时，钢筋与夹头之间不得产生相对滑移，应便于钢筋的安装定位，并在施焊过程中能保持其刚度。

2. 焊接工艺。其包括钢筋处理、安装钢筋、喷焰加热、施加压力等过程。

（1）气压焊施焊之前，钢筋端面应切平，并与钢筋轴线垂直。在钢筋端部2倍直径长度范围内，清除其表面上的附着物。钢筋边角毛刺及断面上的铁锈、油污和氧化膜等，应清除干净，并经打磨，使其露出金属光泽，不得有氧化现象。

（2）安装焊接夹具和钢筋时，应将两根钢筋分别夹紧，并使两根钢筋的轴线在同一直线上。钢筋安装后应加压顶紧，两根钢筋之间的局部缝隙不得大于3 mm。

（3）气压焊的开始阶段采用碳化焰，对准两根钢筋接缝处集中加热，并使其内焰包住缝隙，防止端面产生氧化。当加热至两根钢筋缝隙完全密合后，应改用中性焰，以压焊面为中心，在两侧各1倍钢筋直径长度范围内往复宽幅加热。钢筋端面的加热温度，控制在1 150 ~ 1 300 ℃；钢筋端部表面的加热温度应稍高于该温度，并随钢筋直径大小而产生的温度梯差确定。

（4）待钢筋端部达到预定温度后，对钢筋轴向加压到30 ~ 40 MPa，直到焊缝处对称均匀变粗，其隆起直径为钢筋直径的1.4 ~ 1.6倍，变形长度为钢筋直径的1.3 ~ 1.5倍。气压焊施压时,应根据钢筋直径和焊接设备等具体条件,选用适宜的加压方式,目前有等压法、二次加压法和三次加压法,常用的是三次加压法。

3. 气压焊接头质量检验。钢筋气压焊接头的质量检验分为外观检查、拉伸试验和弯曲试验三项。对一般构筑物,以 300 个接头作为一批:对现浇钢筋混凝土结构,同一楼层中以 300 个接头作为一批,不足 300 个接头仍作为一批。

(1)外观检查:钢筋气压焊接头应逐个进行外观检查,其检查结果应符合下列要求。

①同直径钢筋焊接时,偏心量不得大于钢筋直径的 0. 15 倍,且不得大于 4 mm;对不同直径钢筋焊接时,应按较小钢筋直径计算。当偏心量大于规定值时,应切除重焊。

②钢筋的轴线应尽量在同一条直线上,若有弯曲,其轴线弯折角不得大于 4°。

③墩粗直径 d 不得小于钢筋直径的 1. 4 倍,当小于此规定值时,应重新加热墩粗:墩粗长度 L 不得小于钢筋直径的 1. 2 倍,且凸起部分应平缓圆滑。

④压焊面偏移不得大于钢筋直径的 0. 2 倍,焊接部位不得有环向裂纹或严重烧伤。

(2)拉伸试验:从每批接头中随机切取 3 个接头做拉伸试验,其试验结果应符合下列要求。

①试件的抗拉强度均不得小于该级别钢筋规定的抗拉强度。

②拉伸断裂应断于压焊面之外,并呈延性断裂。

当有 1 个试件不符合要求时,应再切取 6 个试件进行复验:复验结果,当仍有 1 个试件不符合要求时,应确认该批接头为不合格品。

(3)弯曲试验:梁、板的水平钢筋连接中应切取 3 个试件做弯曲试验,弯曲试验的结果应符合下列要求。

①气压焊接头进行弯曲试验时,应将试件受压面的凸起部分消除,并应与钢筋外表面齐平。弯心直径应比原材弯心直径增加 1 倍钢筋直径,弯曲角度均为 90°。

②弯曲试验可在万能试验机、手动或电动液压弯曲试验器上进行处在弯曲中心点,弯至 900,3 个试件均不得在压焊面发生破断。

当试验结果有 1 个试件不符合要求,应再切取 6 个试件进行复验。当仍有 1 个试件不符合要求,应确认该批接头为不合格品。压焊面应复验结果。

三、机械连接

钢筋的机械连接是指通过连接件的机械咬合作用或钢筋端面的承压作用,将一根钢筋的力传递至另一根钢筋的连接方法。钢筋机械连接方法,主要有钢筋锥螺纹套筒连接、钢筋套筒挤压连接、钢筋墩粗直螺纹套筒连接、钢筋滚压直螺纹套筒连接(直接滚压、挤肋滚压、剥肋滚压)等,经过工程实践证明,钢筋锥螺纹套筒连接和钢筋套筒挤压连接,是目前比较成功、深受工程单位欢迎的连接接头形式。

(一)钢筋锥螺纹套筒连接

钢筋锥螺纹接头是一种新型的钢筋机械连接接头技术。国外在 20 世纪 80 年代已开始使用,我国于 1991 年研究成功,1993 年被国家科委列入“国家科技成果重点推广计划”,此项新技术已在北京、上海、广东等地推广应用,获得了较大的经济效益。

钢筋锥螺纹套筒连接是将所连钢筋的对接端头,在钢筋套丝机上加工成与套筒匹配的锥螺纹,将带锥行内丝的套筒用扭力扳手按一定力矩值把两根钢筋连接成一体。这种连接方法，具有使用范围广、施工工艺简单、施工速度快、综合成本低、连接质量好、利于环境保护等优点。

（二）钢筋套筒挤压连接

带肋钢筋套筒挤压连接是将两根待接钢筋插入钢套筒，用挤压设备沿径向挤压钢套筒，使钢套筒产生塑性变形，依靠变形的钢套筒与被连接钢筋的纵、横肋产生机械咬合而成为一个整体的钢筋连接方法。由于其是在常温下挤压连接，所以也称为钢筋冷挤压连接。这种连接方法具有操作简单、容易掌握、对中度高、连接速度快、安全可靠、不污染环境、实现文明施工等优点。

第五节　钢筋工程安全技术

钢筋工程主要指施工现场的钢筋配料、冷拉与冷拔、加工、焊接、绑扎和安装等工作。钢筋工程的安全技术要求如下：

1. 水平或垂直运输钢筋时，要捆扎结实，防止碰入撞物。高空吊运时，要注意不要接触脚手架、模板支撑及其他临时结构物体。周围有电线时，应事先采取可靠措施，确保安全作业。

2. 高处绑扎和安装钢筋时，不要在脚手架、模板上放置超过必要数量的钢筋，特别是悬臂构件，更要检查顶撑是否稳固。

3. 在高处安装预制钢筋骨架或绑扎圈梁钢筋时，要在确定脚下安全后在进行操作，不允许站在模板或墙上操作，必要时，操作地点应搭设脚手架；安装高于 3 m 以上的钢筋时，还应系好安全带。

4. 钢筋除锈时，要戴好口罩、风镜、手套等防护用品，切断钢筋时，要注意不要被机具等弄伤。

5. 采用机械进行除锈、调直、断料和弯曲等加工时，机械传动装置要设防护罩，并由专人使用和保管。电机等设备要妥善进行保护接地或接零。

6. 钢筋焊接人员需配戴防护罩、鞋盖、手套和工作帽，防止眼伤和皮肤灼伤。电焊机的电源部分要有保护，避免操作不慎使钢筋和电源接触，发生触电事故。高处焊接要系安全带，必要时应设安全作业台。

第九章　混凝土制备与施工

第一节　混凝土配合比设计

混凝土工程施工包括配制、搅拌、运输、浇筑、振捣和养护等工序。各施工工序对混凝土工程质量都有很大的影响。因此,要使混凝土工程施工能保证结构具有设计的外形和尺寸,确保混凝土结构的强度、刚度、密实性、整体性满足设计和施工的特殊要求,必须要严格保证混凝土工程每道工序的施工质量。

混凝土的配制,除要保证结构设计对混凝土强度等级的要求外,还要保证施工对混凝土和易性的要求,并应符合合理使用材料、节约水泥的原则,必要时,还应符合抗冻性、抗渗性等要求。

一、混凝土的施工配制强度

混凝土配制之前按下式确定混凝土的施工配制强度,以达到95%的保证率:

$$f_{cu,o}=f_{cu,k}+1.645\sigma \tag{9-1}$$

式中　$f_{cu,o}$——混凝土的配置强度(MPa);

$f_{cu,k}$——混凝土的设计强度等级(MPa);

σ——混凝土强度标准差(MPa);可按施工单位以往的生产质量水平测算,如施工单位无历史资料,可按表9－1选用。

表9－1　σ 值的选用

混凝土强度等级	<C20	C20～C35	>C35
$d/(N\cdot mm^{-2})$	4.0	5.0	6.0

二、混凝土的施工配制

施工配制必须加以严格控制。因为影响混凝土质量的因素主要有两方面:一是称量不准;二是未按砂、石骨料实际含水率的变化进行施工配合比的换算。这样必然会改变原理论配合比的水胶比、砂石比(含砂率)。当水胶比增大时,混凝土黏聚性、保水性差,而且硬化后多余的水分残留在混凝土中形成水泡,或水分蒸发留下气孔,使混凝土密实性差,强度低。若水胶比减少时,则混凝土流动性差,甚至影响成型后的密实,造成混凝土结构内部松散,表面产生蜂窝、麻面现象。同样,含砂率减少时,则砂浆量不足,不仅会降低混凝土流动性,更严重的是影响其黏聚性及保水性,产生骨料离析,水泥浆流失,甚至溃散等不良现象。所以,为了确保混凝土的质量,在施工中必须及时进行施工配合比的换算和严格控制称量。

混凝土的配合比是在实验室根据混凝土的施工配制强度经过试配和调整而确定的，称为实验室配合比。实验室配合比是以干燥材料为基准的，工地现场的砂、石一般都含有一定的水分，所以现场材料的实际称量应按工地砂、石的含水情况调整，调准后的配合比，称为施工配合比。

2. 施工配料。求出每立方米混凝土材料用量后，还必须根据工地现有搅拌机出料容量确定每次需用几整袋水泥，然后按水泥用量来计算砂石的每次拌用量。

混凝土配合比一经调整后，就严格按调整后的质量比称量原材料，其质量容许偏差：水泥和外掺混合材料 ±2%，砂、石（粗细骨料）±3%，水、外加剂溶液 ±2%。各种衡器应定期校验，经常保持准确，骨料含水率应经常测定。雨天施工时，应增加测定次数。根据理论分析和实践经验，对混凝土的最大水胶比、最小水泥用量做好控制。

第二节　混凝土质量要求

一、一般要求

在搅拌工序中，拌制的混凝土拌和物的均匀性应按要求进行检查。在检查混凝土均匀性时，应在搅拌机卸料过程中，从卸料流出的 1/4 ~ 3/4 部位采取试样。检测结果应符合下列规定：

1. 混凝土中砂浆密度，两次测值的相对误差不应大于 0.8%。

2. 单位体积混凝土中粗骨料含量，两次测值的相对误差不应大于 5%。

混凝土搅拌的最短时间应符合规定，混凝土的搅拌时间，每一工作班至少应抽查两次。混凝土搅拌完毕后，应按下列要求检测混凝土拌和物的各项性能。

（1）混凝土拌和物的稠度，应在搅拌地点和浇筑地点分别取样检测。每工作班不应少于 1 次。评定时应以浇筑地点为准。在检测坍落度时，还应观察混凝土拌和物的黏聚性和保水性，全面评定拌和物的和易性。

（2）根据需要，如果应检查混凝土拌和物的其他质量指标时，检测结果也应符合各自的要求，如含气量、水胶比和水泥含量等。

结构构件的混凝土强度应按现行国家标准《混凝土强度检验评定标准》（GB/T 50107—2010）的规定分批检验评定。检验评定混凝土强度用的混凝土试件的尺寸及强度的尺寸换算系数应按表 9－2 取用。其标准成型方法、标准养护条件及强度试验方法应符合现行国家标准《普通混凝土力学性能试验方法标准》（GB/T 50081－2002）的规定。

表 9－2　混凝土试件的尺寸及强度的尺寸换算系数

骨料最大粒径/mm	试件尺寸	强度的尺寸换算系数	
≤31.5	100 mm × 100 mm × 100 mm	0.95	
≤40	150 mm × 150 mm × 150 mm	1.0	0
≤63	200 mm × 200 mm × 200 mm	1.05	

注：对强度等级为 C60 及以上的混凝土试件，其强度换算系数是通过试验确定。

二、原材料

1. 水泥进场时应对其品种、级别、包装或散装仓号、出厂日期等进行检查,并应对其强度、安定性及其他必要的性能指标进行复验,其质量必须符合现行国家标准《硅酸盐水泥、普通硅酸盐水泥》(GB 175—1999)等的规定。当在使用中对水泥质量有怀疑或水泥出厂超过3个月(快硬硅酸盐水泥超过1个月)时,应进行复验,并按复验结果使用。钢筋混凝土结构、预应力混凝土结构中,严禁使用含氯化物的水泥。

2. 混凝土中掺用外加剂的质量及应用技术应符合现行国家标准《混凝土外加剂》(GB 8076—2008)、《混凝土外加剂应用技术规范》(GB 50119—2013)等和有关环境保护的规定。

预应力混凝土结构中,严禁使用含氯化物的外加剂。钢筋混凝土结构中,当使用含氯化物的外加剂时,混凝土中氯化物的总含量应符合现行国家标准《混凝土质量控制标准》(GB 50164—2011)的规定。

3. 混凝土中骨料尺寸应符合要求

(1)混凝土中的粗骨料,其最大颗粒粒径不得超过构件截面最小尺寸的1/4,且不得超过钢筋最小净距的3/4。

(2)对混凝土实心板,骨料的最大粒径不宜超过板厚的1/3,且不得超过40 mm。

4. 拌制混凝土宜采用饮用水。当采用其他水源时,水质应符合国家现行标准《混凝土拌和用水标准》(JGJ 63—2006)的规定。

三、配合比设计

1. 混凝土应按国家现行标准《普通混凝土配合比设计规程》(JGJ 55—2011)的有关规定,根据混凝土强度等级、耐久性和工作性等要求进行配合比设计。

2. 首次使用的混凝土配合比应进行开盘鉴定,其工作性应满足设计配合比的要求。开始生产时应至少留置一组标准养护试件,作为验证配合比的依据。

3. 混凝土拌制前,应测定砂、石含水率并根据测试结果调整材料用量,提出施工配合比。

第三节　混凝土搅拌

一、搅拌要求

搅拌混凝土前,加水空转数分钟,将积水倒净,使拌筒充分润湿。搅拌第一盘时,考虑到筒壁上的砂浆损失,石子用量应按配合比规定减半。

搅拌好的混凝土要做到基本卸尽。在全部混凝土卸出之前不得再投入拌和料,更不得采取边出料边进料的方法。严格控制水胶比和坍落度,未经试验人员同意不得随意加减用水量。

二、材料配合比

严格掌握混凝土材料配合比。在搅拌机旁挂牌公布,便于检查。混凝土原材料按重量

计的允许偏差,不得超过以下规定:

1. 水泥、外加掺合料 ±2%。

2. 粗细骨料 ±3%。

3. 水、外加剂溶液 ±2%。

各种衡器应定时校验,并经常保持准确。骨料含水率应经常测定。雨天施工时,应增加测定次数。

三、搅拌

搅拌装料顺序为石子→水泥→砂。每盘装料数量不得超过搅拌筒标准容量的 10%。在每次用搅拌机拌和第一罐混凝土前,应先开动搅拌机空车运转,运转正常后,再加料搅拌。拌第一罐混凝土时,宜按配合比多加入 10% 的水泥、水、细骨料的用量;或减少 10% 的粗骨料用量,使富裕的砂浆布满鼓筒内壁及搅拌叶片,防止第一罐混凝土拌和物中的砂浆偏少。

在每次用搅拌机开拌之始,应注意监视与检测开拌初始的前二、三罐混凝土拌和物的和易性。如不符合要求时,应立即分析情况并处理,直至拌和物的和易性符合要求,方可持续生产。

当开始按新的配合比进行拌制或原材料有变化时,应注意开拌鉴定与检测工作。

搅拌时间:从原料全部投入搅拌机筒时起,至混凝土拌和料开始卸出时止,所经历的时间称作搅拌时间。通过充分搅拌,应使混凝土的各种组成材料混合均匀,颜色一致;高强度等级混凝土、干硬性混凝土更应严格执行。搅拌时间随搅拌机的类型及混凝土拌和物和易性的不同而异。在生产中,应根据混凝土拌和料要求的均匀性、混凝土强度增长的效果及生产效率几种因素,规定合适的搅拌时间。但混凝土搅拌的最短时间,应符合表 9－3 规定。

表 9－3　混凝土搅拌的最短时间

混凝土坍落度/mm	搅拌机类型	搅拌机容积/L		
		小于 250	250～500	大于 500
小于及等于 30	自落式	90 s	120 s	150 s
	强制式	60 s	90 s	120 s
大于 30	自落式	90 s	90 s	120 s
	强制式	60 s	60 s	90 s

注:掺有外加剂时,搅拌时间应适当延长。

在拌和掺有掺合料(如粉煤灰等)的混凝土时,宜先以部分水、水泥及掺合料在机内拌和后,再加入砂、石及剩余水,并适当延长拌和时间。

使用外加剂时,应注意检查核对外加剂品名、生产厂名、牌号等。使用时一般宜先将外加剂制成外加剂溶液,并预加入拌用水中,当采用粉状外加剂时,也可采用定量小包装外加剂另加载体的掺用方式。当用外加剂溶液时,应经常检查外加剂溶液的浓度,并应经常搅拌外加剂溶液,使溶液浓度均匀一致,防止沉淀。溶液中的水量,应包括在拌和用水量内。

混凝土用量不大,而又缺乏机械设备时,可用人工拌制。拌制一般应用铁板或包有白铁皮的木制拌板进行操作,如用木制拌板时,宜将表面刨光,镶拼严密。拌和要先干拌均匀,再按规定用水量随加水随湿拌至颜色一致,达到石子与水泥浆无分离现象为准。当水胶比不变时,人工拌制要比机械搅拌多耗 10% ~15% 的水泥。

雨期施工期间要勤测粗细骨料的含水量,随时调整用水量和粗细骨料的用量。夏期施工时砂石材料尽可能加以遮盖,至少在使用前不受烈日暴晒,必要时可采用冷水淋洒,使其蒸发散热。冬期施工要防止砂石材料表面冻结,并应清除冰块。

四、泵送混凝土的拌制

泵送混凝土宜采用混凝土搅拌站供应的预拌混凝土,也可在现场设置搅拌站,供应泵送混凝土;但不得采用手工搅拌的混凝土进行泵送。

泵送混凝土的交货检验,应在交货地点,按国家现行《预拌混凝土》(GB/T 14902—2012)的有关规定,进行交货检验;现场拌制的泵送混凝土供料检验,宜按国家现行标准《预拌混凝土》(GB/T 14902—2012)的有关规定执行。

在寒冷地区冬期拌制泵送混凝土时,除应满足《混凝土泵送施工技术规程》(JGJ/T 10—2011)的规定外,尚应制定冬期施工措施。

第四节　混凝土运输

一、一般要求

1. 混凝土必须在最短的时间内均匀无离析地排出,出料干净、方便,能满足施工的要求。

2. 从搅拌输送车运卸的混凝土中,分别取 1/4 和 3/4 处试样进行坍落度试验,两个试样的坍落度值之差不得超过 3 cm。

3. 混凝土搅拌输送车在运送混凝土时,通常的搅动转速为 2 ~4 r/min,整个输送过程中拌筒的总转数应控制在 300 转以内。

4. 若混凝土搅拌输送车采用干料自行搅拌混凝土时,搅拌速度一般应为 6 ~18 r/min,搅拌应从混合料和水加入搅拌筒起,直至搅拌结束转数应控制在 70 ~100 转。

二、输送时间

混凝土应以最少的转载次数和最短的时间,从搅拌地点运至浇筑地点。混凝土从搅拌机中卸出后到浇筑完毕的延续时间应符合表 9 -4 的要求。

表 9 -4　混凝土从搅拌机中卸出后到浇筑完毕的延续时间

气温/℃	延续时间/min			
	采用搅拌车		其他运输设备	
	≤C30	>C30	≤C30	>C30
≤25	120	90	90	75
>25	90	60	60	45

注:掺有外加剂或采用快硬水泥时延续时间应通过试验确定。

三、输送道路

场内输送道路应尽量平坦，以减少运输时的振荡，避免造成混凝土分层离析。同时还应考虑布置环形回路，施工高峰时宜设专人管理指挥，以免车辆互相拥挤阻塞。临时架设的桥道要牢固，桥板接头需平顺。

浇筑基础时，可采用单向输送主道和单向输送支道的布置方式；浇筑柱子时，可采用来回输送主道和盲肠支道的布置方式；浇筑楼板时，可采用来回输送主道和单向输送支管道结合的布置方式。对于大型混凝土工程，还必须加强现场指挥和调度。

四、季节施工

在风雨或暴热天气输送混凝土，容器上应加遮盖，以防进水或水分蒸发。冬期施工应加以保温。夏季最高气温超过 40 ℃时，应有隔热措施。

五、质量要求

1. 混凝土运送至浇筑地点，如混凝土拌和物出现离析或分层现象，应对混凝土拌和物进行二次搅拌。

2. 混凝土运至浇筑地点时，应检测其稠度，所测稠度值应符合设计和施工要求。其允许偏差值应符合有关标准的规定。

3. 混凝土拌和物运至浇筑地点时的温度，最高不宜超过 35 ℃，最低不宜低于 5 ℃。

第五节　混凝土浇筑

一、浇筑前的检查

1. 浇筑混凝土前，应检查和控制模板、钢筋、保护层和预埋件等的尺寸、规格、数量和位置，其偏差值应符合《混凝土结构工程施工质量验收规范》(GB 50204—2011)的规定。此外，还应检查模板支撑的稳定性以及接缝的密合情况。

2. 模板和隐蔽项目应分别进行预检和隐检验收，符合要求时，方可进行浇筑。

二、混凝土浇筑的一般要求

1. 混凝土应在初凝前浇筑，如果出现初凝现象，应再进行一次强力搅拌。

2. 混凝土自由倾落高度不宜超过 3 m，否则，应采用串筒、溜槽或振动串筒下料，以防产生离析。

3. 浇筑竖向结构混凝土前，底部应先浇入 50 ~ 100 mm 厚与混凝土成分相同的水泥砂浆，以避免产生蜂窝麻面现象。

4. 混凝土浇筑时的坍落度应符合表 9 - 5 中的规定。

表9-5 混凝土浇筑时的坍落度

项次	结构种类	坍落度/mm
1	基础或地面等垫层、无配筋的厚大结构（挡土墙、基础或厚大的块体）或配筋稀疏的结构	10~30
2	板、梁及大型、中型截面的柱子	30~60
3	配筋密列的结构（薄壁、斗仓、筒仓、细柱等）	50~70
4	配筋特密的结构	70~90

注:①本表是指采用机械振捣的坍落度,采用人工捣实时可适当增大。

②需要配制大坍落度混凝土时,应掺用外加剂。

③曲面或斜结构的混凝土,其坍落度值应根据实际需要另行规定。

④为了使混凝土上下层结合良好并振捣密实,混凝土必须分层浇筑,其浇筑厚度应符合规定。

⑤为保证混凝土的整体性,浇筑工作应连续进行。当由于技术上或施工组织上的原因必须间歇时,其间歇的时间应尽可能缩短,并保证在前层混凝土初凝之前,将次层混凝土浇筑完毕。

三、混凝土施工缝

(一)施工缝的留设与处理

如果因技术上的原因或设备、人力的限制,混凝土不能连续浇筑,中间的间歇时间超过混凝土初凝时间,则应留置施工缝。留置施工缝的位置应事先确定。由于该处新旧混凝土的结合力较差,是构件中的薄弱环节,故施工缝宜留在结构受力(剪力)较小且便于施工的部位。柱应留水平缝,梁、板应留垂直缝。

根据施工缝设置的原则,柱子的施工缝宜留在基础的顶面、梁或吊车梁牛腿的下面、吊车梁的上面、无梁楼盖柱帽的下面。框架结构中,如果梁的负筋向下弯入柱内,施工缝也可设置在这些钢筋的下端,以便于绑扎。和板连成整体的大断面梁,应留在楼板底面以下20~30 mm处,当板下有梁托时,留在梁托下部;单向平板的施工缝,可留在平行于短边的任何位置处;对于有主次梁的楼板结构,宜顺着次梁方向浇筑,施工缝应留在次梁跨度的中间1/3范围内。

施工缝处浇筑混凝土之前,应除去表面的水泥薄膜、松动的石子和软弱的混凝土层。并加以充分湿润和冲洗干净,不得积水。浇筑时,施工缝处宜先铺水泥浆(水泥∶水=1∶0.4),或与混凝土成分相同的水泥砂浆一层,厚度为10~15 mm,以保证接缝的质量。浇筑混凝土过程中,施工缝应细致捣实,使其结合紧密。

(二)后浇带的设置

后浇带是为在现浇钢筋混凝土过程中,克服由于温度、收缩而可能产生有害裂缝而设置的临时施工缝。该缝需根据设计要求保留一段时间后再浇筑,将整个结构连成整体。

后浇带的保留时间应根据设计确定,若设计无要求时,一般应至少保留28 d以上。后浇带的宽度一般为700~1 000 mm,后浇带内的钢筋应完好保存。

四、整体结构浇筑

（一）框架结构的整体浇筑

框架结构的主要构件包括基础、柱、梁、板等，其中框架梁、板、柱等构件是沿垂直方向重复出现的。因此，一般按结构层分层施工。如果平面面积较大，还应分段进行，以便各工序组织流水作业。

混凝土浇筑与振捣的一般要求如下：

1. 混凝土自吊斗口下落的自由倾落高度不得超过 2 m，浇筑高度如超过 3 m 时必须采取措施，用串桶或溜管等。浇筑混凝土时应分段分层连续进行，浇筑层高度应根据混凝土供应能力、一次浇筑方量、混凝土初凝时间、结构特点、钢筋疏密综合考虑决定，一般为振捣器作用部分长度的 1.25 倍。

2. 使用插入式振捣器应快插慢拔，插点要均匀排列，逐点移动，顺序进行，不得遗漏，做到均匀振实。移动间距不大于振捣作用半径的 1.5 倍（一般为 30 ~ 40 cm）。振捣上一层时应插入下层 5 ~ 10 cm，以使两层混凝土结合牢固。表面振动器（或称平板振动器）的移动间距，应保证振动器的平板覆盖已振实部分的边缘。

3. 浇筑混凝土应连续进行。如必须间歇，其间歇时间应尽量缩短，并应在前层混凝土初凝之前，将次层混凝土浇筑完毕。间歇的最长时间应按所用水泥品种、气温及混凝土凝结条件确定，一般超过 2 h 应按施工缝处理。当混凝土的凝结时间小于 2 h 时，则应当执行混凝土的初凝时间。

4. 浇筑混凝土时应经常观察模板、钢筋、预留孔洞、预埋件和插筋等有无移动、变形或堵塞情况，发现问题应立即处理，并应在已浇筑的混凝土初凝前修正完好。

（二）柱的混凝土浇筑

1. 柱浇筑前底部应先填 5 ~ 10 cm 厚与混凝土配合比相同的减石子砂浆，柱混凝土应分层浇筑振捣，使用插入式振捣器时每层厚度不大于 50 cm，振捣棒不得触动钢筋和预埋件。

2. 柱高在 3 m 之内，可在柱顶直接下灰浇筑，超过 3 m 时，应采取措施（用串桶）或在模板侧面开洞口安装斜溜槽分段浇筑。每段高度不得超过 2 m，每段混凝土浇筑后将模板洞封闭严实，并用箍箍牢。

3. 柱子混凝土的分层厚度应当经过计算后确定，并且应当计算每层混凝土的浇筑量，用专制料斗容器称量，保证混凝土的分层准确，并用混凝土标尺杆计量每层混凝土的浇筑高度，混凝土振捣人员必须配备充足的照明设备，保证振捣人员能够看清混凝土的振捣情况。

4. 柱子混凝土应一次浇筑完毕，如需留施工缝时应留在主梁下面。无梁楼板应留在柱帽下面。在与梁板整体浇筑时，应在柱浇筑完毕后停歇 1 ~ 1.5 h，使其初步沉实，再继续浇筑。

5. 浇筑完后，应及时将伸出的搭接钢筋整理到位。

（三）梁、板混凝土浇筑

1. 梁、板应同时浇筑，浇筑方法应由一端开始用“赶浆法”，即先浇筑梁，根据梁高分层浇筑成阶梯形，当达到板底位置时再与板的混凝土一起浇筑，随着阶梯形不断延伸，梁板混凝土浇筑连续向前进行。

2. 和板连成整体高度大于 1 m 的梁，允许单独浇筑，其施工缝应留在板底以下 2 ~ 3 mm处。浇捣时，浇筑与振捣必须紧密配合，第一层下料慢些，梁底充分振实后再下二层料，用“赶浆法”保持水泥浆沿梁底包裹石子向前推进，每层均应振实后再下料，梁底及梁帮部位要注意振实，振捣时不得触动钢筋及预埋件。

3. 梁柱节点钢筋较密时，浇筑此处混凝土时宜用小粒径石子同强度等级的混凝土浇筑，并用小直径振捣棒振捣。

4. 浇筑板混凝土的虚铺厚度应略大于板厚，用平板振捣器垂直浇筑方向来回振捣，厚板可用插入式振捣器顺浇筑方向托拉振捣，并用铁插尺检查混凝土厚度，振捣完毕后用长木抹子抹平。施工缝处或有预埋件及插筋处用木抹子找平。浇筑板混凝土时不允许用振捣棒铺摊混凝土。

5. 施工缝位置：宜沿次梁方向浇筑楼板，施工缝应留置在次梁跨度的中间 1/3 范围内。施工缝的表面应与梁轴线或板面垂直，不得留斜槎。施工缝宜用木板或钢丝网挡牢。

6. 施工缝处需待已浇筑混凝土的抗压强度不小于 1.2 MPa 时，才允许继续浇筑。在继续浇筑混凝土前，施工缝混凝土表面应凿毛，剔除浮动石子和混凝土软弱层，并用水冲洗干净后，先浇一层同配比减石子砂浆，然后继续浇筑混凝土，应细致操作振实，使新旧混凝土紧密结合。

（四）剪力墙混凝土浇筑

1. 如柱、墙的混凝土强度等级相同时，可以同时浇筑，反之宜先浇筑柱混凝土，预埋剪力墙锚固筋，待拆柱模后，再绑剪力墙钢筋、支模、浇筑混凝土。

2. 剪力墙浇筑混凝土前，先在底部均匀浇筑 5 ~ 10 cm 厚与墙体混凝土同配水泥砂浆，并用铁锹入模，不应用料斗直接灌入模内。该部分砂浆的用量也应当经过计算，使用容器计量。

3. 浇筑墙体混凝土应连续进行，间隔时间不应超过 2 h，每层浇筑厚度按照规范的规定实施，因此必须预先安排好混凝土下料点位置和振捣器操作人员数量。

4. 振捣棒移动间距应小于 40 cm，每一振点的延续时间以表面泛浆为度，为使上下层混凝土结合成整体，振捣器应插入下层混凝土 5 ~ 10 cm。振捣时注意钢筋密集及洞口部位，为防止出现漏振，需在洞口两侧同时振捣，下灰高度也要大体一致。大洞口的洞底模板应开口，并在此处浇筑振捣。

5. 墙体混凝土浇筑高度应高出板底 20 ~ 30 mm。混凝土墙体浇筑完毕之后，将上口甩出的钢筋加以整理，用木抹子按标高线将墙上表面混凝土找平。

（五）楼梯混凝土浇筑

1. 楼梯段混凝土自下而上浇筑，先振实底板混凝土，达到踏步位置时再与踏步混凝土一起浇捣，不断连续向上推进，并随时用木抹子（或塑料抹子）将踏步上表面抹平。施工缝位置：楼梯混凝土宜连续浇筑完，多层楼梯的施工缝应留置在楼梯段 1/3 的部位。所有浇筑的混凝土楼板面应当扫毛，扫毛时应当顺一个方向扫，严禁随意扫毛，影响混凝土表面的观感。

2. 养护。混凝土浇筑完毕后，应在 12 h 以内加以覆盖和浇水，浇水次数应能保持混凝土有足够的润湿状态，养护期一般不少于 7 个昼夜。

3. 混凝土试块留置。

(1)按照规范规定的试块取样要求做标养试块的取样。

(2)同条件试块的取样要分情况对待，拆模试块(1.2 MPa，50%，75% 设计强度，100% 设计强度；外挂架要求的试块(7.5 MPa)。

4. 成品保护。要保证钢筋和垫块的位置正确，不得踩楼板、楼梯的分布筋、弯起钢筋，不碰动预埋件和插筋。在楼板上搭设浇筑混凝土使用的浇筑人行道，保证楼板钢筋的负弯矩钢筋的位置。不用重物冲击模板，不在梁或楼梯踏步侧模板上踩，应搭设跳板，保护模板的牢固和严密。已浇筑楼板、楼梯踏步的上表面混凝土要加以保护，必须在混凝土强度达到 1.2 MPa 以后，方准在面上进行操作及安装结构用的支架和模板。在浇筑混凝土时，要对已经完成的成品进行保护，则浇筑上层混凝土时流下的水泥浆要专人及时的清理干净，洒落的混凝土也要随时清理干净。对阳角等易碰坏的地方，应当有措施。冬期施工在已浇的楼板上覆盖时，要在铺的脚手板上操作，尽量不踏脚印。

5. 应注意的质量问题

(1)蜂窝：原因是混凝土一次下料过厚，振捣不实或漏振，模板有缝隙使水泥浆流失，钢筋较密而混凝土坍落度过小或石子过大，柱、墙根部模板有缝隙，以致混凝土中的砂浆从下部涌出而造成。

(2)露筋：原因是钢筋垫缺位移、间距过大、漏放、钢筋紧贴模板、造成露筋，或梁、板底部振捣不实，也可能出现露筋。

(3)孔洞：原因是钢筋较密的部位混凝土被卡，未经振捣就继续浇筑上层混凝土。

(4)缝隙与夹渣层：施工缝处杂物清理不净或未浇底浆振捣不实等原因，易造成缝隙、夹渣层。

(5)梁、柱连接处断面尺寸偏差过大：主要原因是柱接头模板刚度差或支此部位模板时未认真控制断面尺寸。

(6)现浇楼板面和楼梯踏步上表面平整度偏差太大：主要原因是混凝土浇筑后，表面不用抹子认真抹平。冬期施工在覆盖保温层时，上人过早或未垫板进行操作。

(六)大体积混凝土的浇筑

大体积混凝土结构整体性要求较高，一般不允许留设施工缝。因此，必须保证混凝土搅拌、运输、浇筑、振捣各工序的协调配合，并根据结构特点、工程量、钢筋疏密等具体情况，分别选用如下浇筑方案：

1. 全面分层浇筑方案。在整个结构内全面分层浇筑混凝土，待第一层全部浇筑完毕，在初凝前再回来浇筑第二层，如此逐层进行，直至浇筑完成。此浇筑方案适用于结构平面尺寸不大的情况。

2. 分段分层浇筑方案。此浇筑方案适用于厚度不太大，而面积或长度较大的结构。

3. 斜面分层浇筑方案。混凝土从结构一端满足其高度浇筑一定长度，并留设坡度为 1∶3的浇筑斜面，从斜面下端向上浇筑，逐层进行。此浇筑方案适用于结构的长度超过其厚度 3 倍的情况。

(七)水下混凝土浇筑

在水下指定部位直接浇筑混凝土的施工方法。这种方法只适用于静水或流速小的水流条件下。它常用于浇筑围堰、混凝土防渗墙、墩台基础以及水下建筑物的局部修补等工程。水下混凝土浇筑的方法很多,常用的有导管法、压浆法和袋装法,以导管法应用最广。

导管法浇筑时,将导管装置在浇筑部位。顶部有储料漏斗,并用起重设备吊住。开始浇筑时导管底部要接近地基面,下口有以铅丝吊住的球塞,使导管和贮料斗内可灌满混凝土拌和物,然后剪断铅丝使混凝土在自重作用下迅速排出球塞进入水中。浇筑过程中,导管内应经常充满混凝土,并保持导管底口始终埋在已浇的混凝土内。一面均衡地浇筑混凝土,一面缓缓提升导管,直至结束。采用导管法时,骨料的最大粒径要受到限制,混凝土拌和物需具有良好的和易性及较高的坍落度。如水下浇筑的混凝土量较大,将导管法与混凝土泵结合使用可以取得较好的效果。

压浆法是在水下清基、安放模板并封密接缝后,填放粗骨料,埋置压浆管,然后用砂浆泵压送砂浆,施工方法同预填骨料压浆混凝土。

袋装法是将混凝土拌和物装入麻袋到半满程度,缝扎袋口,依次沉放,堆筑在水中预定地点。堆筑时要交错堆放,互相压紧,以增加稳定性。有的国家使用一种水溶性薄膜材料的袋子,柔性较好,并有助于提高堆筑体的整体性。在浇筑水下混凝土时,水下清基、立模、堆砌等工作均需有潜水员配合作业。

五、混凝土振捣

混凝土入模时呈疏松状,里面含有大量的空洞与气泡,必须采用适当的方法在其初凝前振捣密实,满足混凝土的设计要求。混凝土浇筑后振捣是用混凝土振动器的振动力,把混凝土内部的空气排出,使砂子充满石子间的空隙,水泥浆充满砂子间的空隙,以达到混凝土的密实。只有在工程量很小或不能使用振捣器时,才允许采用人工捣固,一般应采用振动器振捣。常用的振动器有内部(插入式)振动器、外部(附着式)振动器和振动台。

(一)内部振动器

内部振动器也称插入式振动器,它是由电动机、传动装置和振动棒三部分组成。

工作时依靠振动棒插入混凝土产生振动力而捣实混凝土。插入式振动器是建筑工程应用最广泛的一种,常用以振实梁、柱、墙等平面尺寸较小而深度较大的构件和体积较大的混凝土。内部振动器分类方法很多,按振动转子激振原理不同,可分为行星滚锥式和偏心轴式;按操作方式不同,可分为垂直振捣式和斜面振捣式;按驱动方式不同,可分为电动式、风动式、液压式和内燃机驱动式等;按电动机与振动棒之间的转动形式不同可分为软轴式和直联式。

使用前,应首先检查各部件是否完好,各连接处是否紧固,电动机是否绝缘,电源电压和频率是否符合规定,待一切合格后,方可接通电源进行试运转。振捣时,要做到“快插慢拔”。快插是为了防止将表层混凝土先振实,与下层混凝土发生分层、离析现象。慢拔是为了使混凝土能填埋振动棒的空隙,防止产生孔洞。

作业时,要使振动棒自然沉入混凝土中,不可用力猛插,一般应垂直插入,并插至尚未初凝的下层混凝土中 50 ~ 100 mm，以利于上下混凝土层相互结合。振动棒插点要均匀排列，可采用“行列式”或“交错式”的次序移动，两个插点的间距不宜大于振动棒有效作用半径的 1.5 倍。振动棒在混凝土内的振捣时间，一般每个插点 20 ~ 30 s，见到混凝土不再显著下沉，不再出现气泡，表面泛出的水泥浆均匀为止。由于振动棒下部振幅比上部大，为使混凝土振捣均匀，振捣时应将振动棒上下抽动 5 ~ 10 cm，每插点抽动 3 ~ 4 次。振动棒与模板的距离，不得大于其有效作用半径的 0.5 倍，并要避免触及钢筋、模板、芯管、预埋件等，更不能采取通过振动钢筋的方法来促使混凝土振实。振动器软管的弯曲半径不得小于 50 cm，并且不得多于两个弯。软管不得有断裂、死弯现象。

（二）外部振动器

外部振动器又称附着式振动器，它是直接安装在模板外侧的横档或竖档上，利用偏心块旋转时所产生的振动力，通过模板传递给混凝土，使之振动密实。

（三）振动台

混凝土振动台又称台式振动器，是一个支撑在弹性支座上的工作平台，是混凝土预制厂的主要成型设备，一般由电动机、齿轮同步器、工作台面、振动子、支撑弹簧等部分组成。台面上安装成型的钢模板，模板内装满混凝土，当振动机构运转时，在振动子的作用下，带动工作台面强迫振动，使混凝土振实成型。

第六节　混凝土养护

浇捣后的混凝土之所以能硬化是因为水泥水化作用的结果，而水化作用需要适当的湿度和温度。所以浇筑后的混凝土初期阶段的养护非常重要。在混凝土浇筑完毕后，应在 12 h以内加以养护；干硬性混凝土和真空脱水混凝土应于浇筑完毕后立即进行养护。在养护工序中，应控制混凝土处在有利于硬化及强度增长的温度和湿度环境中。使硬化后的混凝土具有必要的强度和耐久性养护方法有自然养护、蒸汽养护、蓄热养护等。

一、自然养护

对混凝土进行自然养护，是指在自然气温条件下（大于 5 ℃），对混凝土采取覆盖、浇水湿润、挡风、保温等养护措施。自然养护又可分为覆盖浇水养护和薄膜布养护、薄膜养生液养护等。

（一）覆盖浇水养护

覆盖浇水养护是用吸水保温能力较强的材料（如草帘、芦席、麻袋、锯末等）将混凝土覆盖，经常洒水使其保持湿润。养护时间长短取决于水泥品种，普通硅酸盐水泥和矿渣硅酸盐水泥拌制的混凝土不少于 7 d，火山灰质硅酸盐水泥和粉煤灰硅酸盐水泥拌制的混凝土或有抗渗要求的混凝土不少于 14 d。浇水次数以能保持混凝土具有足够的润湿状态为宜。

（二）薄膜布养护

采用不透水、气的薄膜布（如塑料薄膜布）养护，是用薄膜布把混凝土表面敞露的部分全部严密地覆盖起来，保证混凝土在不失水的情况下得到充足的养护。这种养护方法的优点是不必浇水，操作方便，能重复使用，能提高混凝土的早期强度，加速模具的周转。但应该保持薄膜布内的凝结水。

（三）薄膜养生液养护

当混凝土的表面不便浇水或用塑料薄膜布养护有困难时，可采用涂刷薄膜养生液，以防止混凝土内部水分蒸发。薄膜养生液养护是将可成膜的溶液喷洒在混凝土表面上，溶液挥发后在混凝土表面凝结成一层薄膜，使混凝土表面与空气隔绝，封闭混凝土中的水分不再被蒸发，而完成水化作用。这种养护方法一般适用于表面积大的混凝土施工和缺水地区，但应注意薄膜的保护。

二、蒸汽养护

蒸汽养护就是将构件放在充有饱和蒸汽或蒸汽空气混合物的养护室内，在较高的温度和相对湿度的环境中进行养护，以加速混凝土的硬化。蒸汽养护过程分为静停、升温、恒温、降温 4 个阶段。

1. 静停阶段。混凝土构件成型后在室温下停放养护叫作静停。静停时间为 2 ~ 6 h，以防止构件表面产生裂缝和疏松现象。

2. 升温阶段。升温阶段是构件的吸热阶段。升温速度不宜过快，以免构件表面和内部产生过大温差而出现裂纹。对薄壁构件（如多肋楼板、多孔楼板等）每小时不得超过 25 ℃，其他构件不得超过 20 ℃，用干硬性混凝土制作的构件，不得超过 40 ℃，每小时测温 1 次。

3. 恒温阶段。恒温阶段是升温后温度保持不变的时间。此时强度增长最快，这个阶段应保90% ~ 100% 的相对湿度，最高温度不得超过 90 ℃，对普通水泥的养护温度不得超过 80 ℃，时间为 3 ~ 8 h，每 2 小时测温 1 次。

4. 降温阶段。降温阶段是构件散热过程。降温速度不宜过快，每小时不得超过 10 ℃，出池后，构件表面与外界温差不得超过 20 ℃，每小时测温 1 次。

第七节　混凝土裂缝控制的方法

1. 混凝土裂缝的形成和控制。混凝土结构物的裂缝可分为微观裂缝和宏观裂缝。微观裂缝是指那些肉眼看不见的裂缝，主要有三种：一是骨料与水泥石黏合面上的裂缝，称为黏着裂缝；二是水泥石中自身的裂缝，称为水泥石裂缝；三是骨料本身的裂缝，称为骨料裂缝。微观裂缝在混凝土结构中的分布是不规则、不贯通的。反之，肉眼看得见的裂缝称为宏观裂缝，这类裂缝的范围一般不小于 0. 05 mm。宏观裂缝是微观裂缝扩展而来的。因此，在混凝土结构中裂缝是绝对存在的，只是应将其控制在符合规范要求范围内，以不致发展到有害裂缝。

2. 混凝土裂缝产生的主要原因。混凝土结构的宏观裂缝产生的原因主要有三种:一是由外荷载引起的,这是发生最为普遍的一种情况,即按常规计算的主要应力引起的;二是结构次应力引起的裂缝,这是由于结构的实际工作状态与计算假设模型的差异引起的;三是变形应力引起的裂缝,这是由温度、收缩、膨胀、不均匀沉降等因素引起的结构变形,当变形受到约束时便产生应力,当此应力超过混凝土抗拉强度时就产生裂缝。

3. 混凝土中产生的收缩。混凝土中产生的收缩主要有以下几种:

(1)干燥收缩:当混凝土在不饱和空气中失去内部毛细孔和凝胶孔的吸附水时,就会产生干缩,高性能混凝土的孔隙率比普通混凝土低,故干缩率也低。

(2)塑性收缩:塑性收缩发生在混凝土硬化前的塑性阶段。高强混凝土的水胶比低,自由水分少,矿物细掺合料对水有更高的敏感性,高强混凝土基本不泌水,表面失水更快,所以高强混凝土塑性收缩比普通混凝土更容易产生。

(3)自收缩:密闭的混凝土内部相对湿度随水泥水化的进展而降低,称为自干燥。自干燥造成毛细孔中的水分不饱和从而产生负压,因而引起混凝土的自收缩。高强混凝土由于水胶比低,早期强度较快的发展,会使自由水消耗快,致使孔体系中相对湿度低于80%,而高强混凝土结构较密实,外界水很难渗入补充,导致混凝土产生自收缩。高强混凝土的总收缩中,干缩和自收缩几乎相等,水胶比越低,自收缩所占比例越大。与普通混凝土完全不同,普通混凝土以干缩为主,而高强混凝土以自收缩为主。

(4)温度收缩:对于强度要求较高的混凝土,水泥用量相对较多,水化热大,温升速率也较大,一般可达35~40 ℃,加上初始温度可使最高温度超过80 ℃。一般混凝土的热膨胀系数为10×10^{-6},当温度下降20~25 ℃时造成的冷缩量为$2\sim2.5\times10^{-4}$,而混凝土的极限拉伸值只有$1\sim1.5\times10^{-4}$,因而冷缩常引起混凝土开裂。

(5)化学收缩:水泥水化后,固相体积增加,但水泥-水体系的绝对体积则减小,形成许多毛细孔缝,高强混凝土水胶比小,外掺矿物细掺合料,水化程度受到制约,故高强混凝土的化学收缩量小于普通混凝土。

一、大体积混凝土控制温度和收缩裂缝的技术措施

为了有效地控制有害裂缝的出现和发展,必须从控制混凝土的水化升温、延缓降温速率、减小混凝土收缩、提高混凝土的极限拉伸强度、改善约束条件和设计构造等方面全面考虑,结合实际采取措施。

(一)降低水泥水化热和变形

1. 选用低水化热或中水化热的水泥品种配制混凝土,如矿渣硅酸盐水泥、火山灰质硅酸盐水泥、粉煤灰水泥、复合水泥等。

2. 充分利用混凝土的后期强度,减少每立方米混凝土中水泥用量。根据试验每增减10 kg水泥,其水化热将使混凝土的温度相应升降1 ℃。

3. 使用粗骨料,尽量选用粒径较大、级配良好的粗细骨料;控制砂石含泥掺加粉煤灰等掺合料或掺加相应的减水剂、缓凝剂,改善和易性、降低水胶比,以达到减少水泥用量、降低水化热的目的。

4. 在基础内部预埋冷却水管,通入循环冷却水,强制降低混凝土水化热温度。

5. 在厚大无筋或少筋的大体积混凝土中,掺加总量不超过20%的大石块,减少混凝土

的用量，以达到节省水泥和降低水化热的目的。

6. 在拌和混凝土时，还可掺入适量的微膨胀剂或膨胀水泥，使混凝土得到补偿收缩，减少混凝土的温度应力。

7. 改善配筋。为了保证每个浇筑层上下均有温度筋，可建议设计人员将分布筋做适当调整。温度筋宜分布细密，一般用 ϕ8 衵钢筋，双向配筋，间距 15 cm。这样可以增强抵抗温度应力的能力。上层钢筋的绑扎，应在浇筑完下层混凝土之后进行。

8. 设置后浇缝。当大体积混凝土平面尺寸过大时，可以适当设置后浇缝，以减小外应力和温度应力；同时也有利于散热，降低混凝土的内部温度。

（二）降低混凝土温度差

1. 选择较适宜的气温浇筑大体积混凝土，尽量避开炎热天气浇筑混凝土。夏季可采用低温水或冰水搅拌混凝土，可对骨料喷冷水雾或冷气进行预冷，或对骨料进行覆盖或设置遮阳装置避免日光直晒，运输工具如具备条件也应搭设避阳设施，以降低混凝土拌和物的入模温度。

2. 掺加相应的缓凝型减水剂，如木质素磺酸钙等。

3. 在混凝土入模时，采取措施改善和加强模内的通风，加速模内热量的散发。

（三）加强施工中的温度控制

1. 在混凝土浇筑之后，做好混凝土的保温保湿养护，缓缓降温，充分发挥徐变特性，减小温度应力，夏季应注意避免暴晒，注意保湿，冬期应采取措施保温覆盖，以免产生急剧的温度梯度。

2. 采取长时间的养护，规定合理的拆模时间，延缓降温时间和速度，充分发挥混凝土的“应力松弛效应”。

3. 加强测温和温度监测与管理，实行信息化控制，随时控制混凝土内的温度变化，内外温差控制在 25 ℃以内，基面温差和基底面温差均控制在 20 ℃以内，及时调整保温及养护措施，使混凝土的温度梯度和湿度不至过大，以有效控制有害裂缝的出现。

4. 合理安排施工程序，控制混凝土在浇筑过程中均匀上升，避免混凝土拌和物堆积过大高差。在结构完成后及时回填土，避免其侧面长期暴露。

（四）改善约束条件，削减温度应力

1. 采取分层或分块浇筑大体积混凝土，合理设置水平或垂直施工缝，或在适当的位置设置施工后浇带，以放松约束程度，减少每次浇筑长度的蓄热量，防止水化热的积聚，减少温度应力。

2. 对大体积混凝土基础与岩石地基，或基础与厚大的混凝土垫层之间设置滑动层，如采用平面浇沥青胶铺砂，或刷热沥青，或铺卷材。在垂直面、键槽部位设置缓冲层，如铺设 30 ~ 50 mm 厚沥青木丝板或聚苯乙烯泡沫塑料，以消除嵌固作用，释放约束应力。

（五）提高混凝土的极限拉伸强度

1. 选择良好级配的粗骨料，严格控制其含泥量，加强混凝土的振捣，提高混凝土密实度和抗拉强度，减小收缩变形，保证施工质量。

2. 采取二次投料法、二次振捣法，浇筑后及时排除表面积水，加强早期养护，提高混凝土早期或相应龄期的抗拉强度和弹性模量。

3. 在大体积混凝土基础内设置必要的温度配筋，在截面突变和转折处，底、顶板与墙转折处，孔洞转角及周边，增加斜向构造配筋，以改善应力集中，防止裂缝的出现。

二、现浇混凝土结构质量检查及缺陷修补

1. 混凝土在拌制和浇筑过程中应按下列规定进行检查：

（1）检查混凝土所用材料的品种、规格和用量每一工作班至少两次。

（2）检查混凝土在浇筑地点的坍落度，每一工作班至少两次。

（3）在每一工作班内，如混凝土配合比由于外界影响有变动时，应及时检查处理。

（4）混凝土的搅拌时间应随时检查：检查混凝土质量应做抗压强度试验。当有特殊要求时，还需做抗冻、抗渗等试验，混凝土抗压极限强度的试块为边长 150 mm 的正立方体。试件应在混凝土浇筑地点随机取样制作，不得挑选。

检查混凝土质量应做抗压强度试验。当有特殊要求时，还需做抗冻、抗渗等试验，混凝土抗压极限强度的试块为边长 150 mm 的正立方体。试件应在混凝土浇筑地点随机取样制作，不得挑选。

2. 检验评定混凝土强度等级用的混凝土试件组数，应按下列规定留置：

（1）每拌制 100 盘且不超过 100 m^3 的同配合比的混凝土，其取样不得少于 1 组。

（2）每工作班拌制的同配合比的混凝土不足 100 盘时，其取样不得少于 1 组。

（3）现浇楼层，每层取样不得少于 1 组。

商品混凝土除在搅拌站按上述规定取样外，在混凝土运到施工现场后，还应留置试块。为了检查结构或构件的拆模、出池、出厂、吊装、预应力张拉、放张等需要，还应留置与结构或构件同条件养护的试件，试件组数可按实际需要确定。

每组试块 3 个试块组成，应在浇筑地点，同盘混凝土中取样制作，取其算术平均值作为该组的强度代表值。但此 3 个试块中最大和最小强度值，与中间值相比，其差值如有一个超过中间值的 15% 时，则以中间值作为该组试块的强度代表值；如其差值均超过中间值的 15% 时，则其试验结果不应作为评定的依据。

3. 混凝土强度的检验评定。

（1）混凝土强度应分别进行验收。同一验收批的混凝土应由强度等级相同、龄期相同以及生产工艺和配合比基本相同的混凝土组成。同一验收批的混凝土强度，应以同批内全部标准试件的强度代表值来评定。

（2）当混凝土的生产条件在较长时间内能保持一致。当同一品种混凝土的强度变异性保持稳定时，由连续的三组试件代表一个验收批，其强度应同时满足下式要求：

$$mf_{cu} \geqslant f_{cu \cdot k} + 0.7\sigma \tag{9-2}$$

$$F_{cu \cdot min} \geqslant f_{cu \cdot k} - 0.7\sigma_0 \tag{9-3}$$

当混凝土强度等级不超过 C20 时，强度的最小值尚应满足下式要求：

$$F_{cu \cdot min} \geqslant 0.85 f_{cu \cdot k} \tag{9-4}$$

当混凝土强度等级高于 C20 时，强度的最小值则应满足下式要求：

$$f_{cu \cdot min} \geqslant 0.9 f_{cu \cdot k} \tag{9-5}$$

式中　mf_{cu}——同一验收批混凝土立方体抗压强度的平均值（N/mm^2）；

$F_{cu \cdot k}$——混凝土立方体抗压强度标准值(N/mm²);

$F_{cu \cdot min}$——同一验收批混凝土立方体抗压强度的最小值(N/mm²);

σ_0——验收批混凝土立方体抗压强度的标准差(N/mm²);应根据前一个检验期内同一品种混凝土试件的强度数据,按 $\sigma_0 = (0.59/m)/\sum \Delta f_{cu \cdot i}$;

m——用以确定该验收批混凝土立方体抗压强度标准的数据总批数;

$\Delta f_{cu \cdot i}$——第 i 批试件立方体抗压强度中最大值与最小值之差。

上述检验期超过 3 个月,且在该期间内强度数据的总批数不得小于 15。

(3)当混凝土的生产条件在较长时间内不能保持一致,且混凝土强度变异性不能保持稳定时,或在前一检验期内的同一品种混凝土没有足够的数据用以确定验收批混凝土立方体抗压强度的标准差时,应由不少于 10 组的试件组成一个验收批,其强度应同时满足下式要求:

$$mf_{cu} - \lambda_1 sf_{cu} \geqslant 0.9 f_{cu \cdot k} \tag{9-6}$$

$$f_{cu \cdot min} \geqslant \lambda_2 f_{cu \cdot k} \tag{9-7}$$

式中 λ_1、λ_2——合格判定系数;

sf_{cu}——同一验收批混凝土立方体抗压强度的标准差(N/mm²);按下式计算:

$$sf_{cu} = \sqrt{\frac{\sum_{i=1}^{n} f_{cu \cdot i}^2 - nm^2 f_{cu}}{n-1}} \tag{9-8}$$

式中 $f_{cu \cdot i}$——第 i 组混凝土立方体抗压强度值(N/mm²);

n——一个验收批混凝土试件的组数。

当 sf_{cu} 的计算值小于 $0.06 f_{cu \cdot k}$ 时,取 $sf_{cu} = 0.06 f_{cu \cdot k}$。

合格判定系数按表 9-6 取值。

表 9-6 合格判定系数

试件组数	10~14	15~24	≥25
λ_1	1.70	1.65	1.60
λ_2	0.90	0.85	

对零星生产的顶制构件的混凝土或现场搅拌的批量不大的混凝土,可采用非统计法评定。此时,验收批混凝土的强度必须满足下式要求:

$$mf_{cu} \geqslant 1.5 f_{cu \cdot k} \tag{9-9}$$

$$f_{cu \cdot min} \geqslant 0.95 f_{cu \cdot k} \tag{9-10}$$

式中符号含义同前。

由于抽样检验存在一定的局限性,混凝土的质量评定可能出现误判。因此,当混凝土试块强度不符合上述要求时,允许从结构上钻取或截取混凝土试块进行试压,亦可用回弹仪或超声波仪直接在结构上进行非破损检验。

4. 混凝土工程常见缺陷。现浇结构的外观质量缺陷,应由监理(建设)单位、施工单位等各方根据其对结构性能和使用功能影响的严重程度,按表 9-7 确定。

表 9－7　现浇结构外观质量缺陷

名称	现象	严重缺陷	一般缺陷
露筋	构件内钢筋未被混凝土包裹而外露	纵向受力钢筋有露筋	其他钢筋有少量露筋
蜂窝	混凝土表面缺少水泥砂浆而形成石子外露	构件主要受力部位有蜂窝	其他部位有少量蜂窝
孔洞	混凝土中孔穴深度和长度均超过保护层厚度	构件主要受力部位有孔洞	其他部位有少量孔洞
夹渣	混凝土中夹有杂物且深度超过保护层厚度	构件主要受力部位有夹渣	其他部位有少量夹渣
疏松	混凝土中局部不密实	构件主要受力部位有疏松	其他部位有少量疏松
裂缝	缝隙从混凝土表面延伸至混凝土内部	构件主要受力部位有影响结构性能或使用功能的裂缝	其他部位有少量不影响结构性能或使用功能的裂缝
连接部位缺陷	构件连接处混凝土缺陷及连接钢筋、连接件松动	连接部位有影响结构传力性能的缺陷	连接部位有基本不影响结构传力性能的缺陷
外形缺陷	缺棱掉角、棱角不直、翘曲不平、飞边凸肋等	清水混凝土构件有影响使用功能或装饰效果的外形缺陷	其他混凝土构件有不影响使用功能的外形缺陷
外表缺陷	构件表面麻面、掉皮、起砂、沾污等	具有重要装饰效果的清水混凝土表面有外表缺陷	其他混凝土构件有不影响使用功能的外表缺陷

现浇结构拆模后，应由监理（建设）单位、施工单位对外观质量和尺寸偏差进行检查，做出记录，并应及时按施工技术方案对缺陷进行处理。

现浇结构的外观质量不应有严重缺陷。对已经出现的严重缺陷，应由施工单位提出技术处理方案，并经监理（建设）单位认可后进行处理。对经处理的部位，应重新检查验收。现浇结构的外观质量不宜有一般缺陷。对已经出现的一般缺陷，应由施工单位按技术处理方案进行处理，并重新检查验收。

5. 尺寸偏差。现浇结构不应有影响结构性能和使用功能的尺寸偏差。混凝土设备基础不应有影响结构性能和设备安装的尺寸偏差。对超过尺寸允许偏差且影响结构性能和安装、使用功能的部位，应由施工单位提出技术处理方案，并经监理（建设）单位认可后进行处理。对经处理的部位，应重新检查验收。

现浇结构和混凝土设备基础拆模后的尺寸偏差应符合表 9－8、表 9－9 的规定。

表 9-8 现浇结构尺寸允许偏差和检验方法

项目			允许偏差/mm	检验方法
轴线位置	基础		15	钢尺检查
	独立基础		10	
	墙、柱、梁		8	
	剪力墙		5	
垂直度	层高	≤5 m	8	经纬仪或吊线、钢尺检查
		>5 m	10	经纬仪或吊线、钢尺检查
	全高 H		H/1 000 且≤30	经纬仪、钢尺检查
标高	层高		±10	水准仪或拉线、钢尺检查
	全高		±30	
截面尺寸			+8，-5	钢尺检查
电梯井	井筒长、宽对定位中心线		+25,0	钢尺检查
	井筒全高(H)垂直度		H/1 000 且≤30	经纬仪、钢尺检查
表面平整度			8	2 m 靠尺和塞尺检查
预埋设施中心线位置	预埋件		10	钢尺检查
	预埋螺栓		5	
	预埋管		5	
预留洞中心线位置			15	钢尺检查

注：检查轴线、中心线位置时，应沿纵、横两个方向量测，并取其中的较大值。

表 9-9 混凝土设备基础尺寸允许偏差和检验方法

项目		允许偏差/mm	检验方法
坐标位置		20	钢尺检查
不同平面的标高		0,20	水准仪或拉线、钢尺检查
平面外形尺寸		±20	钢尺检查
凸台上平面外形尺寸		0，-20	钢尺检查
凹穴尺寸		+20,0	钢尺检查
平面水平度	每米	5	水平尺、塞尺检查
	全长	10	水准仪或拉线、钢尺检查
垂直度	每米	5	经纬仪或吊线、钢尺检查
	全高	10	
预埋地脚螺栓	标高(顶部)	+20,0	水准仪或拉线、钢尺检查
	中心距	±2	钢尺检查
预埋地脚螺栓孔	中心线位	10	钢尺检查
	深度	+20,0	钢尺检查
	孔垂直度	10	吊线、钢尺检查
预埋活动地脚螺栓锚板	标高	+20,0	水准仪或拉线、钢尺检查
	中心线位置	5	钢尺检查
	带槽锚板平整度	5	钢尺、塞尺检查
	带螺纹孔锚板平整度	2	钢尺、塞尺检查

注：检查坐标、中心线位置时，应沿纵、横两个方向量测，并取其中的较大值。

第十章　地下空间工程防水

第一节　概　　述

随着地下空间的开发利用,地下工程的埋置深度越来越深,工程所处的水文地质条件和环境条件越来越复杂,地下工程渗漏水的情况时有发生,严重影响地下工程的使用功能和结构耐久性。具体来讲,地下水对地下工程的危害主要表现如下:

1. 地下工程的渗漏水,会侵蚀地下结构,影响构筑物的耐久性,同时增加地下空间的湿度,降低各种附属结构及设备(如电器设备等)的工作效率和使用寿命。当渗漏水具有腐蚀性时,表现得尤其严重。

2. 渗漏水会恶化地下工程的使用环境,影响其使用功能,同时也会增加使用期的维护难度和维护费用。

3. 地下水丰富地区,尤其在有地下暗河区域施工时,轻则增加施工难度,重则导致施工地质灾害的发生,甚至损坏施工设备和造成人员伤亡。

4. 当地下工程为交通通道时,路面积水会恶化环境,降低路面与轮胎的摩擦力,威胁行车安全。

5. 寒冷地区反复的冻融循环,造成支护体混凝土冻胀开裂破坏;在支护混凝土体与围岩之间,由于冻胀引起拱圈变形、破坏。

6. 寒冷地区交通隧道漏水还将使隧道路面冻结,顶部产生冰柱,危及行车安全。

可见,地下水的渗透和侵蚀作用对地下工程的危害,轻者增加施工难度和影响其使用功能,严重者使整个工程报废,造成巨大的经济损失和严重的社会影响。例如,广州白云国际机场航站楼地下室,尚未投入使用即出现漏水;北京首都机场新建的第三航站楼(T3A)地下室使用不久,就发现多处严重渗漏等。因此,防止地下水对地下工程的危害,做好地下工程的防排水是地下工程设计和施工的重要课题。

各种地下工程的防排水原则有相同之处,一般采取"防、排、截、堵"等措施。例如,修订后的《地下工程防水技术规范》(GB 50108—2008)规定,地下工程防水的设计和施工应遵循"防、排、截、堵相结合,刚柔相济,因地制宜,综合治理"的原则。

第二节　地下工程排水

地下工程排水是将水在渗漏进建筑物、构筑物内部之前加以疏导和排除,各种地下工程如公路隧道、铁路隧道及地铁等的设计和施工规范中均对排水有明确规定,实践中面对具体的工程对象可参照执行。排水方法可分为地表水的排除、人工降低地下水位和地下结构内排水等。这些防水措施的主要特点是解除了水量较大的重力水对地下建筑的直接威胁,卸掉了这些水的静水压力,对于承压水的防治效果尤为显著。但必须注意对生活和生产用水的影响。

一、地表水的排除

该方法是将地下工程顶部以上的地表水有组织地排去。在山区的隧道中,为了防止地表水汇集,从洞门进入隧道,隧道进洞前应先做好洞顶、洞口、辅助坑道口的地面排水系统,防止地表水的下渗和冲刷。通常的做法是,根据地表水情况,在洞门顶外修建排水沟或截水沟,引离地表水。在城市地下工程中,为了防止地表水集聚下渗到地层中形成局部的上层滞水,在一定范围内将地面做出排水坡度,周围用排水沟将水引走,并在这个范围内用抗渗性较好的材料做成隔水层,能较有效地防止地表水下渗。

二、人工降低地下水位

当地下工程结构全部或部分处于地下水位线以下且地下水较丰富时采用该方法,设计和施工时在地下结构的中部或中下部周围设置集水管,将水集中后用机械抽出排走,从而将地下结构周围的地下水位降低,一直降到抽水点的标高,现成一个疏干漏斗区。在这个漏斗区范围内,不再有重力水和相应的静水压力,使地下结构防水的可靠程度大大提高。在地下水位高的地区,地下结构的施工常常采用井点降水的方法保持基坑的干燥,如果设计的人工降水系统能与施工降水系统相结合,是比较经济合理的。应当说明的是,为了保证人工降水位的效果,必须使集水管畅通不堵塞,同时抽水设备应能自动启动,而且动力不能中断。

三、地下结构内排水

当地下工程所处环境的渗水量不大时可采用该方法,是将水导入地下结构后再有组织地排走。通常采用如下两种方法:

1. 允许地下水通过防水板的漏水层汇集于排水管,引入结构内的排水沟排走。

2. 在地下结构中设置一个夹层,两层之间留出一定空隙,在底部设排水沟将渗入的水集中后排走。

这两种方法的共同点是在结构内部增加一道排水设施。当涌水量较大时,则必须掌握涌水的流量,增设泄水管、盲沟等来有效排水。

第三节　地下工程防水

一、地下工程防水等级

地下工程的防水等级分为四级,各等级防水标准应符合表 10－1 的规定。

表 10－1　地下工程防水等级标准

防水等级	防水标准
1 级	不允许渗水,结构表面无湿渍
2 级	不允许漏水,结构表面可有少量湿渍。 房屋建筑地下工程:总湿渍面积不大于总防水面积(包括顶板、墙面、地面)的 1‰;任意 100 m^2 防水面积上的湿渍不超过 2 处,单个湿渍的最大面积不大于 0.1 m^2。 其他地下工程:湿渍总面积不应大于总防水面积的 2‰;任意 100 m^2 防水面积上的湿渍不超过 3 处,单个湿渍的最大面积不大于 0.2 m^2;其中,隧道工程平均渗水量不大于 0.05 L/(m^2·d),任意 100 m^2 防水面积上的渗水量不大于 0.15 L/(m^2·d)
3 级	有少量漏水点,不得有线流和漏泥砂。 任意 100 m^2 防水面积上的漏水或湿渍点数不超过 7 处,单个漏水点的最大漏水量不大于 2.5 L/d,单个湿渍的最大面积不大于 0.3 m^2
4 级	有漏水点,不得有线流和漏泥砂。 整个工程平均漏水量不大于 2 L/(m^2·d),任意 100 m^2 防水面积上的平均漏量不大于4 L/(m^2·d)

二、地下工程混凝土结构主体防水

地下工程防水一般包括刚性防水和柔性防水。相应的防水材料也可以分为刚性防水材料和柔性防水材料。

(一)防水卷材

目前防水卷材主要分为沥青系防水卷材、高聚合物改性系防水卷材、合成高分子防水卷材三大系列。合成高分子防水卷材耐老化,变形适应性好,是地下工程最常用的防水卷材。

1. 防水卷材分类

(1)沥青防水卷材:在基胎(如原纸、纤维织物)上侵涂沥青后,再在表面撒布粉状或片状的隔离材料而制成的可卷曲片状防水材料。其可分为:

①石油沥青纸胎油毡(现已禁止生产使用)。

②石油沥青玻璃布油毡。

③石油沥青玻璃纤维胎油毡。

④铝箔面油毡。

(2)改性沥青防水卷材:改性沥青与传统的氧化沥青相比,其使用温度区间大为扩展,制成的卷材光洁柔软,可制成 4～5 mm 厚度,可以单层使用,具有 15～20 年可靠的防水效果。其可分为弹性体改性沥青防水卷材(SBS 卷材)和塑性体改性沥青防水卷材(APP 卷材)。

(3)合成高分子防水卷材:合成指的是以合成橡胶、合成树脂或两者共混体为基料,加入适量化学助剂和填充料,经一定工序加工而成的可卷曲片状防水卷材。这种卷材具有拉伸强度高、抗撕裂强度高、断裂伸长率大、耐热性好、低温柔性好、耐腐蚀、耐老化及可冷施工等优越的性能。其可分为橡胶系防水卷材、塑料系防水卷材、橡胶塑料共混系防水卷材。

2. 防水卷材使用要求

(1)卷材防水层适用于受侵蚀性介质作用或受震动作用的地下工程;卷材防水层应铺设在主体结构的迎水面。

(2)卷材防水层应采用高聚物改性沥青防水卷材和合成高分子防水卷材。所选用的基层处理剂、胶黏剂、密封材料等均应与铺贴的卷材相匹配。

(3)在进场材料检验的同时,防水卷材接缝黏结质量检验应符合相关规定。

(4)铺贴防水卷材前,清扫应干净、干燥,并应涂刷基层处理剂;当基面潮湿时,应涂刷湿固化型胶黏剂或潮湿界面隔离剂。

(5)基层阴阳角应做成圆弧或45°坡角,其尺寸应根据卷材品种确定;在转角处、变形缝、施工缝,穿墙管等部位应铺贴卷材加强层,加强层宽度不应小于500 mm。

(6)防水卷材的搭接宽度应符合表10-2的要求。铺贴双层卷材时,上下两层和相邻两幅卷材的接缝应错开1/3~1/2幅宽,且两层卷材不得相互垂直铺贴。

表10-2　防水卷材的搭接宽度

卷材品种	搭接宽度/mm	卷材品种	搭接宽度/mm
弹性体改性沥青防水卷材	100	聚氯乙烯防水卷材	60/80(单面焊/双面焊)
改性沥青聚乙烯胎防水卷材	100	聚乙烯丙纶复合防水卷材	100(黏结料)
自黏聚合物改性沥青防水卷材	80	高分子自黏胶膜防水卷材	70/80(自黏胶/胶结带)
三元乙丙橡胶防水卷材	100/60 (胶黏剂/胶结带)		

(二)防水涂料

涂刷在建筑物表面上,经溶剂或水分的挥发或两种组分的化学反应形成一层薄膜,使建筑物表面与水隔绝,从而起到防水、密封的作用,这些涂刷的黏稠液体称为防水涂料。防水涂料经固化后形成的防水薄膜具有一定的延伸性、弹塑性、抗裂性、抗渗性及耐候性,能起到防水、防渗和保护的作用。防水涂料有良好的温度适应性,操作简便,易于维修与维护。

市场上的防水涂料有两大类:一是聚氨酯类防水涂料。这类材料一般是由聚氨酯与煤焦油作为原材料制成。它所挥发的焦油气毒性大,且不容易清除,因此于2000年在我国被禁止使用。尚在销售的聚氨酯防水涂料,是用沥青代替煤焦油作为原料。但在使用这种涂料时,一般采用含有甲苯、二甲苯等有机溶剂来稀释,因而也含有毒性。另一类为聚合物水泥基防水涂料。它由多种水性聚合物合成的乳液与掺有各种添加剂的优质水泥组成聚合物(树脂)的柔性与水泥的刚性结为一体,使得它在抗渗性与稳定性方面表现优异。它的优点是施工方便、综合造价低,工期短,且无毒环保。因此,聚合物水泥基已经成为防水涂料市场的主角。

(三)结构自防水材料

结构自防水材料又统称刚性防水材料,是指以水泥、砂石为原材料,掺入少量外加剂、高分子聚合物等材料，通过调整配合比，抑制或减少孔隙率，改变孔隙特征，增加材料界面间密实性的方法，形成一种具有一定抗渗能力的水泥砂浆、混凝土类防水材料，可达到增强混凝土结构自身防水性能的目的。

以混凝土自身的密实性而具有一定防水能力的混凝土或钢筋混凝土结构形式称为混凝土结构自防水。它兼具承重、围护功能，且可满足一定的耐冻融、耐侵蚀要求。

1. 普通防水混凝土。调整和控制混凝土配合比，以此来提高混凝土的抗渗性。采用普通防水混凝土时，对材料要求比较高，水泥强度等级不应低于 32.5 级；宜采用中砂，含泥量不得大于 3.0%，泥块含量不得大于 1.0%；粉煤灰的级别不应低于二级，掺量不宜大于 20%。普通防水混凝土在工程中应用广泛，价格便宜，但对于受地下水影响较大的地下结构来说，使用时应该谨慎。

2. 外加剂防水混凝土。不同的外加剂其性能、作用各异，应根据工程结构和施工工艺等对防水混凝土的具体要求，选择合适的外加剂。常用的类型有：

（1）引气剂防水混凝土。在混凝土拌合物中掺入适量的引气剂，减小混凝土的孔隙率，增加密实度，以达到防水的目的。

（2）减水剂防水混凝土。掺入适量的减水剂，减小混凝土的孔隙率，增加密实度，以达到防水的目的。

（3）三乙醇胺防水混凝土。随拌合水掺入定量的三乙醇胺防水剂，加快水泥的水化作用，使水化生成物增多，水泥石结晶变细，结构密实，因此提高了混凝土的抗渗性。

3. 新型防水混凝土。地下结构的混凝土的抗裂性尤显重要。近年来，纤维抗裂防水混凝土、高性能防水混凝土、聚合物水泥防水混凝土分别以其各自的特性，显著提高混凝土的密实性和抗裂性，成为新型的防水混凝土，在特种结构中应用广泛。

三、地下工程混凝土结构细部构造防水

各种地下结构防水，在相关规范中均有明确规定，设计和施工时必须以之为依据，结合工程对象的实际采取综合防水措施。由于细部构造是各种地下结构所共有，也是防水的薄弱环节，具有结构复杂、防水工艺烦琐、施工难度大的特点，稍有不慎就会造成渗漏。因此，地下工程细部结构防水是设计和施工中的关键点，一般包括变形缝，施工缝，后浇带，穿墙管，桩头，孔口和坑、池等。

（一）变形缝

在工业与民用建筑中，由于受气温变化、地基不均匀沉降以及地震等因素的影响，建筑结构内部将产生附加应力和变形，预先在变形敏感部位将结构断开，留出一定的缝隙，以保证各部分建筑物在这些缝隙中有足够的变形宽度而不造成建筑物的破损。这种将建筑物垂直分割开来的预留缝隙称为变形缝。

变形缝应满足密封防水、适应变形、施工方便、检修容易等要求。用于伸缩的变形缝宜少设，可根据不同的工程结构类别、工程地质情况采用后浇带、加强带、诱导缝等替代措施。变形缝处混凝土结构的厚度不应小于 300 mm。

用于沉降的变形缝最大允许沉降差值不应大于 30 mm。变形缝的宽度宜为 20 ~ 30 mm。变形缝的防水措施可根据工程开挖方法、防水等级选用。

变形缝用橡胶止水带的物理性能应符合表 10 – 3 的要求。

表 10－3　橡胶止水带的物理性能

<table>
<tr><th colspan="3" rowspan="2">项目</th><th colspan="3">性能要求</th></tr>
<tr><th>B 型</th><th>S 型</th><th>J 型</th></tr>
<tr><td colspan="3">硬度(邵尔 A)/(°)</td><td>60 ±5</td><td>60 ±5</td><td>60 ±5</td></tr>
<tr><td colspan="3">抗拉强度/MPa</td><td>≥15</td><td>≥12</td><td>≥10</td></tr>
<tr><td colspan="3">拉断伸长率/%</td><td>≥380</td><td>≥380</td><td>≥300</td></tr>
<tr><td colspan="2" rowspan="2">压缩永久变形</td><td>70 ℃ ×24 h</td><td>≤35</td><td>≤35</td><td>≤25</td></tr>
<tr><td>23 ℃ ×168 h</td><td>≤20</td><td>≤20</td><td>≤20</td></tr>
<tr><td colspan="3">撕裂强度/(kN · m⁻¹)</td><td>≥30</td><td>≥25</td><td>≥25</td></tr>
<tr><td colspan="3">脆性温度/℃</td><td>≤ －45</td><td>≤ －40</td><td>≤ －40</td></tr>
<tr><td rowspan="6">热空气老化</td><td rowspan="3">70 ℃ ×168 h</td><td>硬度(邵尔 A)/(°)</td><td>+8</td><td>+8</td><td>—</td></tr>
<tr><td>抗拉强度/MPa</td><td>≥12</td><td>≥10</td><td>—</td></tr>
<tr><td>拉断伸长率/%</td><td>≥300</td><td>≥300</td><td></td></tr>
<tr><td rowspan="3">100 ℃ ×168 h</td><td>硬度(邵尔 A)/(°)</td><td>—</td><td>—</td><td>+8</td></tr>
<tr><td>抗拉强度/MPa</td><td>—</td><td>—</td><td>≥90</td></tr>
<tr><td>拉断伸长率</td><td>—</td><td>—</td><td>≥250</td></tr>
<tr><td colspan="3">橡胶与金属黏合</td><td colspan="3">断面在弹性体内</td></tr>
</table>

注:B 型适用于变形缝用止水带,S 型适应于施工缝用止水带,J 型适应于有特殊耐老化要求的接缝用止水带;橡胶与金属黏合指标仅适用于具有钢边的止水带。

密封材料应用混凝土建筑接缝用密封胶,不同模量的建筑接缝用密封胶的物理性能应符合表 10－4 的要求。

表 10－4　建筑接缝用密封胶的物理性能

<table>
<tr><th colspan="3" rowspan="2">项目</th><th colspan="4">性能要求</th></tr>
<tr><th>25(低模量)</th><th>25(高模量)</th><th>20(低模量)</th><th>20(高模量)</th></tr>
<tr><td rowspan="3">流动性</td><td rowspan="2">下垂度(N 型)</td><td>垂直/min</td><td colspan="4"><3</td></tr>
<tr><td>水平/min</td><td colspan="4"><3</td></tr>
<tr><td colspan="2">流平性(S 型)</td><td colspan="4">光滑平整</td></tr>
<tr><td colspan="3">挤出性/(mL · min⁻¹)</td><td colspan="4">≥80</td></tr>
<tr><td colspan="3">弹性恢复率/%</td><td colspan="2">≥80</td><td colspan="2">≥80</td></tr>
<tr><td colspan="3">定伸黏结性</td><td colspan="4">无破坏</td></tr>
<tr><td colspan="3">浸水后定伸黏结性</td><td colspan="4">无破坏</td></tr>
<tr><td colspan="3">热压冷拉后黏结性</td><td colspan="4">无破坏</td></tr>
<tr><td colspan="3">体积收缩率/%</td><td colspan="4">≤25</td></tr>
</table>

注:体积收缩率仅适用于乳胶型和溶剂型产品。

中埋式止水带施工应符合下列规定：

1. 止水带埋设位置应准确，其中间空心圆环应与变形缝的中心线重合。

2. 止水带应固定，顶、底板内止水带应成盆状安设。

3. 中埋式止水带先施工一侧混凝土时，其端模应支撑牢固，并应严防漏浆。

4. 止水带的接缝宜为一处，应设在边墙较高位置上，不得设在结构转角处，接头宜采用热压焊接。

5. 中埋式止水带在转弯处应做成圆弧形，（钢边）橡胶止水带的转角半径不应小于200 mm，转角半径应随止水带的宽度增大而相应加大。

安设于结构内侧的可卸式止水带施工时应符合下列规定：

1. 所需配件应一次配齐。

2. 转角处应做成45°折角，并应增加紧固件的数量。

变形缝与施工缝均用外贴式止水带（中埋式）时，其相交部位宜采用十字配件。变形缝用外贴式止水带的转角部位宜采用直角配件。

密封材料嵌填施工时，应符合下列规定：

1. 缝内两侧基面应平整干净、干燥，并应刷涂与密封材料相容的基层处理剂。

2. 嵌缝底部应设置背衬材料。

3. 嵌填应密实连续、饱满，并应黏结牢固。

在缝表面粘贴卷材或涂刷涂料前，应在缝上设置隔离层。卷材防水层、涂料防水层的施工应符合有关规定。

（二）后浇带

后浇带是在建筑施工中为防止现浇钢筋混凝土结构由于温度、收缩不均可能产生的有害裂缝，按照设计或施工规范要求，在基础底板、墙、梁相应位置留设临时施工缝，将结构暂时划分为若干部分，经过构件内部收缩，在若干时间后再浇捣该施工缝混凝土，将结构连成整体。后浇带宜用于不允许留设变形缝的工程部位，且应在其两侧混凝土龄期达到42 d后再施工。后浇带应采用补偿收缩混凝土浇筑，其抗渗和抗压强度等级不应低于两侧混凝土。

后浇带应设在受力和变形较小的部位，其间距和位置应按结构设计要求确定，宽度宜为700～1 000 mm。后浇带两侧可做成平直缝或阶梯缝。

采用掺膨胀剂的补偿收缩混凝土，水中养护14 d后的限制膨胀率不应小于0.015%，膨胀剂的掺量应根据不同部位的限制膨胀率设定值经试验确定。混凝土膨胀剂的物理性能应符合表10－5的要求。

补偿收缩混凝土的配合比应注意：①膨胀剂掺量不宜大于12%；②膨胀剂掺量应以胶凝材料总量的百分比表示。

后浇带混凝土施工前，后浇带部位和外贴式止水带应防止落入杂物和损伤外贴止水带。采用膨胀剂拌制补偿收缩混凝土时，应按配合比准确计量。

表 10－5　混凝土膨胀剂的物理性质

项目			性能指标
细度	比表面积/($m^2 \cdot kg^{-1}$)		≥250
	0.08 mm 筛余/%		≤12
	1.25 mm 筛余/%		≤0.5
凝结时间	初凝/min		≥45
	终凝/h		≤10
限制膨胀率/%	水中	7 d	≥0.025
		28 d	≤0.10
	空气中	21 d	≥－0.020
抗压强度/MPa	7 d		≥25.0
	28 d		≥45.0
抗折强度/MPa	7 d		≥4.5
	28 d		≥6.5

后浇带混凝土应一次浇筑，不得留设施工缝；混凝土浇筑后应及时养护，养护时间不得少于 28 d。后浇带需超前止水时，后浇带部位的混凝土应局部加厚，并应增设外贴式或中埋式止水带。

四、特殊施工法的结构防水

（一）盾构隧道

盾构法施工的隧道，宜采用钢筋混凝土管片、复合管片等装配式衬砌或现浇混凝土衬砌。衬砌管片应采用防水混凝土制作。当隧道处于侵蚀性介质的地层时，应采取相应的耐侵蚀混凝土或外涂耐侵蚀的外防水涂层的措施。当处于严重腐蚀地层时，可同时采取耐侵蚀混凝土和外涂耐侵蚀的外防水涂层措施。

钢筋混凝土管片应采用高精度钢模制作，钢模宽度及弧、弦长允许偏差宜为 ±0.4 mm。钢筋混凝土管片制作尺寸的允许偏差应符合下列规定：

1. 宽度应为 ±1 mm。
2. 弧、弦长应为 ±1 mm。
3. 厚度应为 +3 mm、－1 mm。

管片防水混凝土的抗渗等级应符合表 10－6 的规定，且不得小于 P8。管片应进行混凝土氯离子扩散系数或混凝土渗透系数的检测，并宜进行管片的单块抗渗检漏。

表 10－6　防水混凝土的抗渗等级

工程埋置深度 H/m	设计抗渗等级	工程埋置深度 H/m	设计抗渗等级
$H<10$	P6	$20 \leqslant H<30$	P10
$10 \leqslant H<20$	P8	$H \geqslant 30$	P12

注：本表适应于Ⅰ、Ⅱ、Ⅲ类围岩（土层及软弱围岩）。山岭隧道防水混凝土的抗渗等级可按国家现行标准执行。

管片应至少设置一道密封垫沟槽。接缝密封垫宜选择具有合理构造形式、良好弹性或遇水膨胀性、耐久性、耐水性的橡胶类材料，其外形应与沟槽相匹配。弹性橡胶密封垫材料、遇水膨胀橡胶密封垫胶料的物理性能应符合表10－7和表10－8的规定。

表10－7　弹性橡胶密封垫材料的物理性能

<table>
<tr><th rowspan="2">序号</th><th rowspan="2" colspan="3">项目</th><th colspan="2">指标</th></tr>
<tr><th>氯丁橡胶</th><th>三元乙丙胶</th></tr>
<tr><td>1</td><td colspan="3">硬度(邵尔A)/(°)</td><td>(45±5)~(60±5)</td><td>55±5~70±5</td></tr>
<tr><td>2</td><td colspan="3">伸长率/%</td><td>≥350</td><td>≥330</td></tr>
<tr><td>3</td><td colspan="3">抗拉强度/MPa</td><td>≥10.5</td><td>≥9.5</td></tr>
<tr><td rowspan="3">4</td><td rowspan="3">热空气老化</td><td rowspan="3">70 ℃×96 h</td><td>硬度变化值(邵尔A)/(°)</td><td>≤+8</td><td>≤+6</td></tr>
<tr><td>拉伸强度变化率/MPa</td><td>≥－20</td><td>≥15</td></tr>
<tr><td>拉断伸长率变化率/%</td><td>≥－30</td><td>≥－30</td></tr>
<tr><td>5</td><td colspan="3">压缩永久变形</td><td>≤35</td><td>≤28</td></tr>
<tr><td>6</td><td colspan="3">防霉等级</td><td>达到与优于2级</td><td>达到与优于2级</td></tr>
</table>

注：以上指标均为成品切片测试的数据，若只能以胶料制成试样测试，则其伸长率、拉伸强度的性能数据应达到本规定的120%。

表10－8　遇水膨胀橡胶密封垫胶料的物理性能

<table>
<tr><th rowspan="2">序号</th><th rowspan="2" colspan="2">项目</th><th colspan="3">性能要求</th></tr>
<tr><th>PZ－150</th><th>PZ－250</th><th>PZ－400</th></tr>
<tr><td>1</td><td colspan="2">硬度(邵尔A)/(°)</td><td>42±7</td><td>42±7</td><td>45±7</td></tr>
<tr><td>2</td><td colspan="2">拉伸强度/MPa</td><td>≥3.5</td><td>≥3.5</td><td>≥3</td></tr>
<tr><td>3</td><td colspan="2">扯断伸长率/%</td><td>≥450</td><td>≥450</td><td>≥350</td></tr>
<tr><td>4</td><td colspan="2">体积膨胀倍率/%</td><td>≥150</td><td>≥250</td><td>≥400</td></tr>
<tr><td rowspan="3">5</td><td rowspan="3">反复浸水试验</td><td>拉伸强度/MPa</td><td>≥3</td><td>≥3</td><td>≥2</td></tr>
<tr><td>扯断拉伸率/%</td><td>≥350</td><td>≥350</td><td>≥250</td></tr>
<tr><td>体积膨胀倍率/%</td><td>≥150</td><td>≥250</td><td>≥300</td></tr>
<tr><td>6</td><td colspan="2">低温弯折(－20 ℃×2 h)</td><td colspan="3">无裂纹</td></tr>
<tr><td>7</td><td colspan="2">防霉等级</td><td colspan="3">达到与优于2级</td></tr>
</table>

注：成品切片测试应达到本指标的80%；接头部位的拉伸强度质变不得低于本指标的50%；体积膨胀倍率是浸泡前后的试样质量的比率。

管片接缝密封垫应被完全压入密封垫沟槽内，密封垫沟槽的截面积应大于或等于密封垫的截面积，其关系宜符合下式：

$$A=(1\sim1.15)A_0 \tag{10－1}$$

式中　A——密封垫沟槽截面积；

A_0——密封垫截面积。

管片接缝密封垫应满足在计算的接缝最大张开量和估算的错位量下、埋深水头的2~3倍水压下不渗漏的技术要求；重要工程中选用的接缝密封垫，应进行一字缝或十字缝水密性的试验检测。

1. 螺孔防水应符合以下规定：

(1)管片肋腔的螺孔口应设置锥形倒角的螺孔密封圈沟槽。

(2)螺孔密封圈的外形应与沟槽相匹配，并应有利于压密止水或膨胀止水。在满足止水的要求下，螺孔密封圈的断面宜小。

2. 嵌缝防水应符合以下规定：

(1)在管片内侧环纵向边沿设置嵌缝槽，其深宽比不应小于2.5，槽深宜为25~55 mm，单面槽宽宜为5~10 mm。嵌缝槽断面构造形状应符合规定。

(2)嵌缝材料应有良好的不透水性、潮湿基面黏结性、耐久性、弹性和抗下坠性。

(3)应根据隧道使用功能和防水等级要求，确定嵌缝作业区的范围与嵌填嵌缝槽的部位，并采取嵌缝堵水或引排水措施。

(4)嵌缝防水施工应在盾构千斤顶顶力影响范围外进行。同时，应根据盾构施工方法、隧道的稳定性确定嵌缝作业开始的时间。

(5)嵌缝作业应在接缝堵漏和无明显渗水后进行，嵌缝槽表面混凝土如有缺损，应采用聚合物水泥砂浆或特种水泥修补，强度应达到或超过混凝土本体的强度。嵌缝材料嵌填时，应先刷涂基层处理剂，嵌填应密实、平整。

复合式衬砌的内层衬砌混凝土浇筑前，应将外层管片的渗漏水引排或封堵。采用塑料防水板等夹层防水层的复合式衬砲，应根据隧道排水情况选用相应的缓冲层和防水板材料。

3. 管片外防水涂料应符合以下规定：

(1)耐化学腐蚀性、抗微生物侵蚀性、耐水性、耐磨性应良好，且应无毒或低毒。

(2)在管片外弧面混凝土裂缝宽度达到0.3 mm时，应仍能在最大埋深处水压下不渗漏。

(3)应具有防杂散电流的功能，体积电阻率应高。

竖井与隧道结合处，可用刚性接头，但接缝宜采用柔性材料密封处理，并宜加固竖井洞圈周围土体。在软土地层距竖井结合处一定范围内的衬砌段，宜增设变形缝。变形缝环面应贴设垫片，同时应采用适应变形量大的弹性密封垫。

4. 盾构隧道的连接通道及其与隧道接缝的防水应符合以下规定：

(1)采用双层衬砌的连接通道，内衬应采用防水混凝土。衬砌支护与内衬间宜设塑料防水板与土工织物组成的夹层防水层，并宜配以分区注浆系统加强防水。

(2)当采用内防水层时，内防水层宜为聚合物水泥砂浆等抗裂防渗材料。

(3)连接通道与盾构隧道接头应选用缓膨胀型遇水膨胀类止水条(胶)、预留注浆管以及接头密封材料。

(二)沉井

沉井主体应采用防水混凝土浇筑，分段制作时，施工缝的防水措施应根据其防水等级选用。

1. 沉井的干封底应符合以下规定：

(1)地下水位应降至底板底高程 500 mm 以下,降水作业应在底板混凝土达到设计强度,且沉井内部结构完成并满足抗浮要求后,方可停止。

(2)封底前井壁与底板连接部位应凿毛或涂刷界面处理剂,并应清洗干净。

(3)待垫层混凝土达到 50% 设计强度后,浇筑混凝土底板,应一次浇筑,并应分格连续对称进行。

(4)降水用的集水井应采用微膨胀混凝土填筑密实。

2. 沉井水下封底应符合以下规定:

(1)水下封底宜采用水下不分散混凝土,其坍落度宜为 200 mm ±20 mm。

(2)封底混凝土应在沉井全部底面积上连续均匀浇筑,浇筑时导管插入混凝土深度不宜小于 1.5 m。

(3)封底混凝土应达到设计强度后,方可从井内抽水,并应检查封底质量,对渗漏水部位应进行堵漏处理。

(4)防水混凝土底板应连续浇筑,不得留设施工缝,底板与井壁接缝处的防水措施应按规定选用。

当沉井与位于不透水层内的地下工程连接时,应先封住井壁外侧含水层的渗水通道。

(三)地下连续墙

地下连续墙应根据工程要求和施工条件划分单元槽段,宜减少槽段数量。墙体幅间接缝应避开拐角部位。

1. 地下连续墙用作主体结构时应符合以下规定:

(1)单层地下连续墙不应直接用于防水等级为一级的地下工程墙体。单墙用于地下工程墙体时,应使用高分子聚合物泥浆护壁材料。

(2)墙的厚度宜大于 600 mm。

(3)应根据地质条件选择护壁泥浆及配合比,遇有地下水含盐或受化学污染时,泥浆配合比应进行调整。

(4)单元槽段整修后墙面平整度的允许偏差不宜大于 50 mm。

(5)浇筑混凝土前应清槽、置换泥浆和清除沉渣,沉渣厚度不应大于 100 mm,并应将接缝面的泥皮、杂物清理干净。

(6)钢筋笼浸泡泥浆时间不应超过 10 h,钢筋保护层厚度不应小于 70 mm。

(7)幅间接缝应采用工字钢或十字钢板接头,锁口管应能承受混凝土浇筑时的侧压力,浇筑混凝土时不得发生位移和混凝土绕管。

(8)胶凝材料用量不应少于 400 kg/m^3,水胶比应小于 0.55,坍落度不得小于 180 mm,石子粒径不宜大于导管直径的 1/8。浇筑导管埋入混凝土深度宜为 1.5 ~ 3 m,在槽段端部的浇筑导管与端部的距离宜为 1 ~ 1.5 m,混凝土浇筑应连续进行。冬期施工时应采取保温措施,墙顶混凝土未达到设计强度 50% 时,不得受冻。

(9)支撑的预埋件应设置止水片或遇水膨胀止水条(胶),支撑部位及墙体的裂缝、孔洞等缺陷应采用防水砂浆及时修补;墙体幅间接缝如有渗漏,应采用注浆、嵌填弹性密封材料等进行防水处理,并应采取引排措施。

(10)底板混凝土应达到设计强度后方可停止降水,并应将降水井封堵密实。

另外,墙体与工程顶板、底板、中楼板的连接处均应凿毛,并应清洗干净,同时应设置

1～2道遇水膨胀止水条(胶),接驳器处宜喷涂水泥基渗透结晶型防水涂料或涂抹聚合物水泥防水砂浆。

2. 地下连续墙与内衬构成的复合式衬砌应符合以下规定:

(1)应用作防水等级为一、二级的工程。

(2)应根据基坑基础形式、支撑方式内衬构造特点选择防水层。

(3)墙体施工应按设计规定对墙面、墙缝渗漏水进行处理,并应在基面找平满足设计要求后施工防水层及浇筑内衬混凝土。

(4)内衬墙应采用防水混凝土浇筑,施工缝、变形缝和诱导缝的防水措施应按规定选用,并应与地下连续墙墙缝互相错开。

地下连续墙作为围护并与内衬墙构成叠合结构时,其抗渗等级要求降低一级;地下连续墙与内衬墙构成分离式结构时,可不要求地下连续墙的混凝土抗渗等级。

(四)逆筑结构

采用地下连续墙和防水混凝土内衬的复合式逆筑结构,应符合下列规定:

1. 可用于防水等级为一、二级的工程。

2. 地下连续墙的施工应符合地下连续墙用作主体结构时的规定。

3. 顶板、楼板及下部500 mm的墙体应同时浇筑,墙体的下部应做成斜坡形;斜坡形下部应预留300～500 mm空间,并应待下部先浇混凝土施工14 d后再行浇筑;浇筑前所有缝面应凿毛、清理干净,并应设置遇水膨胀止水条(胶)和预埋注浆管。上部施工缝设置遇水膨胀止水条(胶)时,应使用胶黏剂和射钉(或水泥钉)固定牢靠。浇筑混凝土应采用补偿收缩混凝土;底板应连续浇筑,不宜留设施工缝,底板与桩头相交处的防水施工应满足:应按设计要求将桩顶剔凿至混凝土密实处,并应清洗干净;破桩后如发现渗漏水,应及时采取堵漏措施;涂刷水泥基渗透结晶型防水涂料时,应连续、均匀,不得少涂或漏涂,并应及时进行养护;采用其他防水材料时,基面应符合施工要求;应对遇水膨胀止水条(胶)进行保护。

采用桩基支护逆筑法施工时,应符合以下规定:①应用于各防水等级的工程;②侧墙水平、垂直施工缝,应采取二道防水措施;③顶板、楼板及下部500 mm的墙体应同时浇筑,墙体的下部应做成斜坡形;斜坡形下部应预留300～500 mm空间,并应待下部现浇混凝土施工14 d后再行浇筑;浇筑前所有缝面应凿毛、清理干净,并应设置遇水膨胀止水条(胶)和预埋注浆管。上部施工缝设置遇水膨胀止水条时,应使用胶黏剂和射钉(或水泥钉)固定牢靠。浇筑混凝土应采用补偿收缩混凝土。

(五)锚喷支护

喷射混凝土施工前,应根据围岩裂隙及渗漏水的情况,预先采用引排或注浆堵水。

1. 锚喷支护用作工程内衬墙时应符合以下规定:

(1)宜用于防水等级为三级的工程。

(2)喷射混凝土宜掺入速凝剂、膨胀剂或复合型外加剂、钢纤维与合成纤维等材料,其品种及掺量应通过试验确定。

(3)喷射混凝土的厚度应大于80 mm,对地下工程变截面及轴线转折点的阳角部位,应增加50 mm以上厚度的喷射混凝土。

(4)喷射混凝土设置预埋件时,应采取防水处理。

(5)喷射混凝土终凝 2 h 后,应喷水养护,养护时间不得少于 14 d。

2. 锚喷支护作为复合式衬砌的一部分时应符合以下规定:

(1)宜用于防水等级为一、二级工程的初期支护。

(2)锚喷支护的施工应符合锚喷支护用作工程内衬墙时的相关规定。

锚喷支护、塑料防水板、防水混凝土内衬的复合式衬砌,应根据工程情况选用,也可将描喷支护和离壁式衬砌、衬套结合使用。

第十一章　岩土体的工程特性

第一节　土的工程分类

一、概述

土的工程分类目的在于认识和识别土的种类，对种类繁多、性质各异的土，按一定原则进行分门别类，并针对不同类型的土进行研究和评价，使其适应和满足工程建设需要，为合理利用和改造各类土提供客观实际的依据，也是国内外科技交流的需要。土的工程分类是一切岩土工程的最基本的技术资料，它涉及面广，影响面大，关系对土性的评价和土料的取舍，对工程的经济效益和社会效益有重要的影响。

二、《土的工程分类标准》(QB/T 50145—2007)土的工程分类方法

《土的工程分类标准》(GB/T 50145—2007)中，土的分类应根据以下指标确定：

1. 土颗粒组成及其特征。
2. 土的塑性指标——液限、塑限和塑性指数。
3. 土中有机质含量。

(一)巨粒类土

巨粒含量大于75%的为巨粒土(漂石(块石)、卵石(碎石))；巨粒含量小于75%大于50%的为混合巨粒土(混合土漂石(块石)、混合土卵石(块石))；巨粒含量小于50%大于15%的为巨粒混合土(漂石(块石)混合土、卵石(块石)混合土)。

试样中巨粒含量不大于15%时，可扣除巨粒，按粗粒类土或细粒类土的相应规定分类；当巨粒对土的总体性状有影响时，可将巨粒计入砾粒组进行分类。

(二)粗粒类土

试样中粗粒组含量大于50%的土称为粗粒类土，其中砾粒组含量大于砂粒组含量的土称为砾类土；砾粒组含量不大于砂粒组含量的土称为砂类土。

砾类土中，细粒含量小于5%的称为砾(级配良好砾、级配不好砾)；细粒含量大于或等于5%小于15%的称为含细粒土砾；细粒含量大于或等于15%小于50%的称为细粒土质砾(黏土质砾、粉土质砾)。

砂类土中，细粒含量小于5%的称为砂(级配良好砂、级配不好砂)；细粒含量大于或等于5%小于15%的称为含细粒土砂；细粒含量大于或等于15%小于50%的称为细粒土质砂(黏土质砂、粉土质砂)。

（三）细粒类土

试样中细粒组含量不小于50%的土称为细粒类土，其中粗粒组含量不大于25%的土称为细粒土；粗粒组含量大于25%且不大于50%的土称为含粗粒的细粒土；有机质含量小于10%且不小于5%的土称为有机质土。

三、《岩土工程勘察规范》（GB 50021—2001）中土的工程分类方法

《岩土工程勘察规范》（GB 50021—2001）对土进行分类如下：

（一）按地质成因分类

晚更新世及其以前沉积的土，定为老沉积土；第四纪全新世中近期沉积的土，定为新近沉积土。根据地质成因，土可划分为残积土、坡积土、洪积土、冲击土、淤积土、冰积土和风积土等。

土根据有机质含量 W_u 的分类：

1. 有机质含量 W_u 小于5%，称为无机土。

2. W_u 大于或等于5%、小于或等于10%的土，称为有机质土，现场特征为深灰色，有光泽，味臭，除腐殖质外尚含少量未完全分解的动植物物体，浸水后水面出现气泡，干燥后体积收缩。

3. W_u 大于10%、小于或等于60%的土，称为泥炭质土，现场特征为深灰或黑色，有腥臭味，能看到未完全分解的植物结构，浸水体胀，易崩解，有植物残渣浮于水中，干缩现象明显。W_u 大于10%、小于或等于25%的土，称为弱泥炭质土；W_u 大于25%、小于或等于40%的土，称为中泥炭质土；W_u 大于40%、小于或等于60%的土，称为强泥炭质土。

4. W_u 大于60%的土，称为泥炭，现场特征为除有泥炭质土特征外，结构松散，土质很轻，暗无光泽，干缩现象极为明显。

（二）按粒径分类

粒径大于2 mm的颗粒质量超过总质量50%的土，称为碎石土，其中粒径大于200 mm的颗粒质量超过总质量50%的土，称为漂石（块石）土；粒径大于20 mm的颗粒质量超过总质量50%的土，称为卵石（碎石）土；粒径大于2 mm的颗粒质量超过总质量50%的土，称为圆砾（角砾）土。

粒径大于2 mm的颗粒质量不超过总质量50%的土，称为砾砂；粒径大于0.075 mm的颗粒质量超过总质量50%的土，定名为粉砂。砂土按表11－1分类。

表11－1　砂土分类

土的名称	颗粒级配
砾砂	粒径大于2 mm的颗粒质量占总质量25%～50%
粗砂	粒径大于0.5 mm的颗粒质量超过总质量50%
中砂	粒径大于0.25 mm的颗粒质量超过总质量50%
细砂	粒径大于0.075 mm的颗粒质量超过总质量85%
粉砂	粒径大于0.075 mm的颗粒质量超过总质量50%

(三)按塑性指标分类

粒径大于0.075 mm的颗粒质量不超过总质量50%,且塑性指数等于或小于10的土,定为粉土。

塑性指数大于10的土,定为黏性土。其中塑性指数大于10,且小于或等于17的土,定为粉质黏土;塑性指数大于17的土,定为黏土。

四、《铁路工程岩土分类标准》(TB 10077—2001)分类方法

(一)一般规定

1. 根据土的工程地质性质,土可分为一般土和特殊土两大类。根据土中特殊物的含量、结构特征和特殊的工程地质性质等因素,可将特殊土划分为黄土、红黏土、膨胀土、软土、盐渍土、多年冻土、填土等。

2. 土也可按堆积时代、地质成因、颗粒的形状、级配或塑性指数等进行分类。按堆积时代,土可划分老堆积土、一般堆积土和新近堆积土。根据地质成因,土可划分为残积土、坡积土、洪积土、冲击土、海积土、湖积土、淤积土、冰积土和风积土等。

3. 根据土的颗粒的形状、级配或塑性指数,一般土可划分为碎石类土、砂类土、粉土和黏性土。

4. 由坡积、洪积、冰水沉积形成的,颗粒级配不连续,粗细颗粒混杂的土,应判定为“混合土”,土名称为在主要土名前冠以主要含有物的名称。

(二)一般土的分类

土的颗粒分组应符合表11－2的规定。

表11－2　土的颗粒分组

颗粒名称		粒径 d/mm
漂石(浑圆、圆棱)或块石(尖棱)	大	$d>800$
	中	$400<d\leqslant800$
	小	$200<d\leqslant400$
卵石(浑圆、圆棱)或碎石(尖棱)	大	$100<d\leqslant200$
	小	$60<d\leqslant100$
粗圆砾(浑圆、圆棱)或粗角砾(尖棱)	大	$40<d\leqslant60$
	小	$20<d\leqslant40$
细圆砾(浑圆、圆棱)或细角砾	大	$10<d\leqslant20$
	中	$5<d\leqslant10$
	小	$2<d\leqslant5$
砂粒	粗	$0.5<d\leqslant2$
	中	$0.25<d\leqslant0.5$
	细	$0.075<d\leqslant0.2$
粉粒		$0.005\leqslant d\leqslant0.075$
黏粒		$d<0.005$

碎石类土根据土颗粒的形状和级配的划分,应符合表 11－3 的规定。

表 11－3　碎石类土的划分

土的名称	颗粒形状	土的颗粒级配
漂石土	浑圆或圆棱状为主	粒径大于 200 mm 的颗粒质量超过总质量的 50%
块石土	尖棱状为主	
卵石土	浑圆或圆棱状为主	粒径大于 60 mm 的颗粒质量超过总质量的 50%
碎石土	尖棱状为主	
粗圆砾土	浑圆或圆棱状为主	粒径大于 20 mm 的颗粒质量超过总质量的 50%
粗角砾土	尖棱状为主	
细圆砾土	浑圆或圆棱状为主	粒径大于 2 mm 的颗粒质量超过总质量的 50%
细角砾土	尖棱状为主	

注:定名时应根据粒径分组,由大到小以最先符合者确定。

砂土与粉土的定名与《岩土工程勘察规范》(GB 50021—2001)相同,粉质黏土的定名与《岩土工程勘察规范》(GB 50021—2001)相同,但液限含水率试验采用圆锥仪法,圆锥仪总质量为 76 g,锥尖入土深度 10 mm;塑限含水率试验采用搓条法。

(三)路基填料分组

一般土作为路基填料时,可按土颗粒的粒径大小分为巨粒土、砂类土和细粒土。巨粒土、粗粒土填料应根据颗粒组成、颗粒形状、细粒含量、颗粒级配、抗风化能力等,按《铁路工程岩土分类标准》(TB 10077—2001)进行分组。

细粒土填料应根据土的塑性指数 I_P 和液限含水率 ω_L,分为粉土、黏性土和有机土(有机质含量大于 5%),黏性土分为粉质黏土和黏土。无机土的二级定名按塑性图,分为低液限粉土、高液限粉土、低液限粉质黏土、高液限粉质黏土、低液限黏土、高液限黏土。液限含水率试验采用圆锥仪法,圆锥仪总质量为 76 g,入土深度 10 mm。

(四)岩土施工工程分级

《铁路工程地质勘察规范》(TB 10012—2007)局部修订条文规定岩土施工工程分级为三类土:

1. Ⅰ类土——松土。其主要包括砂类土、种植土、未经压实的填土。用铁锹挖,脚蹬一下到底的松散土层,机械能全部直接铲挖,普通装载机可满载。

2. Ⅱ类土——普通土。其主要包括坚硬的、可塑的粉质黏土,可塑的黏土,膨胀土,粉土,Q_3、Q_4 黄土,稍密、中密的细角砾土、细圆砾土,松散的粗角砾土、碎石土、粗圆砾土、卵石土,压密的填土,风积沙。软土(软黏性土、淤泥质土、淤泥、泥炭质土、泥炭)的施工工程分级,一般可定为Ⅱ级。部分用镐刨松,再用锹挖,脚连蹬数次才能挖动。挖掘机、带齿尖口装载机可满载,普通装载机可直接铲挖,但不能满载。

3. Ⅲ类土——坚土。其主要包括坚硬的黏性土,膨胀土,Q_1、Q_2 黄土,稍密、中密粗角砾土、碎石土、粗圆砾土、卵石土,密实的细圆砾土、细角砾土,各种风化成土状的岩石。必须用镐先全部刨过才能用锹挖。挖掘机、带齿尖口装载机不能满载,大部分采用松土器松动方能铲挖装载。

第二节 岩体工程分类

根据岩体的地质特征和力学性质,可以把自然界的岩体按照工程建筑的需要归并为若干类别。通过分类,概括地反映各类工程岩体的质量好坏,预测可能出现的岩体力学问题;为工程设计、支护衬砌、建筑物选型和施工方法选择等提供参数和依据;为岩石工程建设的勘察、设计、施工和编制定额提供必要的基本依据;便于施工方法的总结、交流、推广和行业内技术改革和管理。

对同样一种岩体的分级方法,是针对某种类型岩石工程或专门需要而制定的。例如,用于锚杆支护的围岩分级、地铁岩层分级、坝基岩体分级以及工程地质的岩石分级等。

一、《岩土工程勘察规范》(GB 50021—2001)分类

(一)岩石按风化程度分类

软化系数为饱和状态与风干状态的岩石单轴极限抗压强度之比。

当岩石的软化系数等于或小于0.75时,应定为软化岩石;当岩石具有特殊成分、特殊结构或特殊性质时,应定为特殊性岩石,如易溶性岩石、膨胀性岩石、崩解性岩石、盐溃化岩石等。岩石风化程度可按表11-4确定。

表11-4 岩石按风化程度分类

风化程度	野外特征	风化程度参数指标	
		波速比 K_P	风化系数 K_f
未风化	岩质新鲜,偶见风化痕迹	0.9~1.0	0.9~1.0
微风化	结构基本未变,仅节理面有渲染或略有变色,有少量风化裂隙	0.8~0.9	0.8~0.9
中等风化	结构部分破坏,沿节理面有次生矿物,风化裂隙发育,岩体被切割成岩块。用镐难挖,岩芯钻方可钻进	0.6~0.8	0.4~0.8
强风化	结构大部分破坏,矿物成分显著变化,风化裂隙很发育,岩体破碎,用镐可挖,干钻不易钻进	0.4~0.6	<0.4
全风化	结构基本破坏,但尚可辨认,有残余结构强度,可用镐挖,干钻可钻进	0.2~0.4	—
残积土	组织结构全部破坏,已风化成土状,锹镐易挖掘,干钻易钻进,具可塑性	<0.2	—

注:①波速比 K_P 为风化岩石与新鲜岩石压缩波速度之比;

②风化系数 K_f 为风化岩石与新鲜岩石饱和单轴抗压强度之比;

③岩石风化程度,除按表列野外特征和定量指标划分外,也可根据当地经验划分;

④花岗岩类岩石,可采用标准贯入试验划分,$N \geq 50$ 为强风化;$50 > N \geq 30$ 为全风化;$N < 30$ 为残积土;

⑤泥岩和半成岩,可不进行风化程度划分。

（二）岩石按质量指标（RQD）分类

岩石的描述应包括地质年代、地质名称、风化程度、颜色、主要矿物、结构、构造和岩石质量指标 RQD。

岩石质量指标（RQD）为用直径为 75 mm 的金刚石钻头和双层岩芯管在岩石中钻进，连续取芯，回次钻进所取岩芯中，长度大于 10 cm 的岩芯段长度之和与该回次进尺的比值，以百分数表示。

根据岩石质量指标可分为好的（RQD＞90）、较好的（RQD＝75～90）、较差的（RQD＝50～75）、差的（RQD＝25～50）和极差的（RQD＜25）。

（三）岩层厚度分类

岩层厚度分类应按表 11－5 确定。

表 11－5　岩层厚度分类

层厚分类	单层厚度 h/m	层厚分类	单层厚度 h/m
巨厚层	$h>1.0$	中厚层	$0.5\geq h>0.1$
厚层	$1.0\geq h>0.5$	薄层	$h\leq 0.1$

（四）按岩体的结构类型分类

岩体结构类型的划分为整体状结构、块状结构、层状结构、碎裂状结构、散体状结构。

二、岩体的其他分类方法

（一）《铁路工程地质勘察规范》（TB 10012—2001）中对岩石的施工工程分级

岩石的施工工程分级见表 11－6；铁路隧道围岩的基本分级见表 11－7。

表 11－6　岩石的施工工程分级

等级	分类	岩土名称及特征	钻 1 m 所需时间			岩石单轴饱和抗压强度/MPa	开挖方法
			液压凿岩台车、潜孔钻机/净钻分钟	手持风枪湿式凿岩合金钻头/净钻分钟	双人打眼/工日		
Ⅳ	软石	块石土、漂石土，含块石、漂石 30%～50% 的土及密实的碎石土、卵石土，岩盐；各类较软岩、软岩及成岩作用差的岩石：泥质岩类、煤、凝灰岩、云母片岩、千枚岩	—	＜7	＜0.2	＜30	部分用撬棍及大锤开挖或挖掘机、单钩裂土器松动，部分需借助液压冲击镐解碎或部分采用爆破法开挖

表 11-6(续)

等级	分类	岩土名称及特征	钻 1 m 所需时间			岩石单轴饱和抗压强度/MPa	开挖方法
			液压凿岩台车、潜孔钻机/净钻分钟	手持风枪湿式凿岩合金钻头/净钻分钟	双人打眼/工日		
Ⅴ	次坚石	各种硬质岩：硅质页岩、钙质岩、白云岩、石灰岩、泥灰岩、玄武岩、片岩、片麻岩、正长岩、花岗岩	≤10	7~20	0.2~1.0	30~60	能用液压冲击镐解碎，大部分需用爆破法开挖
Ⅵ	坚石	各种极硬岩：硅质砂岩、硅质砾岩、石灰岩、石英岩、大理岩、玄武岩、闪长岩、花岗岩、角岩	>10	>20	>1.0	>60	可用液压冲击镐解碎，需用爆破法开挖

注：①多年冻土一般可定为Ⅳ级；

②表中所列岩石均按完整结构岩体考虑，若岩体极破碎、节理很发育或强风化时，其等级应按表对应岩石的等级降低一个等级。

表 11-7　铁路隧道围岩的基本分级

级别	岩体特征	土体特征	纵波速度/(km·s^{-1})
Ⅰ	极硬岩，岩体完整	—	>4.5
Ⅱ	极硬岩，岩体较完整；硬岩，岩体完整	—	3.5~4.5
Ⅲ	极硬岩，岩体较破碎；硬岩或软硬岩互层，岩体较完整；较软岩，岩体完整	—	2.5~4.0
Ⅳ	极硬岩，岩体破碎；硬岩，岩体较破碎或破碎；较软岩或软硬岩互层，且以软岩为主，岩体较完整或较破碎；软岩，岩体完整或较完整	具压密或成岩作用的黏性土、粉土及砂类土，一般钙质、铁质胶结的粗角砾土，粗圆砾土，碎、卵石土，大块石土，Q_1、Q_2黄土	1.5~3.0
Ⅴ	软岩，岩体破碎至极破碎；全部极软岩及全部极破碎岩(包括受构造影响严重的破碎带)	一般第四系坚硬、硬塑黏性土，稍密及以上、稍湿、潮湿的碎、卵石土，粗、细圆砾土，粗、细角砾土，粉土及 Q_3、Q_4的黄土	1.0~2.0
Ⅵ	受构造影响很严重呈碎石角砾及粉末、泥土状的断层带	软塑状黏性土，饱和的粉土，砂类土等	<1.0 (饱和状态<1.5)

(二)岩体地质力学分类(RMR 分类)

RMR 分类考虑了 6 个因素，分别是岩块强度、值、地下水、节理间距、节理特征和节理方位。每个因素根据其特征给出不同岩体的分类指数。各因素的分类指数的总和就是 RMR，再根据 RMR 指数将岩体分为 5 级。

（三）巴顿岩体质量分类

巴顿等人对 700 个隧道实例进行了统计分析后，提出了含有 6 项参数的岩体质量指标 Q，计算式见式（11－1），根据 Q 值将岩体分为 9 类，见表 11－8。

$$Q = \left(\frac{RQD}{J_n}\right)\left(\frac{J_r}{J_d}\right)\left(\frac{J_w}{SRF}\right) \tag{11-1}$$

式中　RQD——岩石质量指标；

J_n——节理组数，取值 0.5～20；

J_r——节理粗糙系数，取值 1～5；

J_d——节理蚀变系数，取值 0.75～20；

J_w——节理水折减系数，取值 0.05～1；

SRF——应力折减系数，取值 2.5～20。

表 11－8　巴顿等人按岩体质最指标 Q 值的工程分类

岩体质量指标	特好	极好	良好	好	中等	不良	坏	极坏	特坏
Q	400～1 000	100～400	40～100	10～40	4～10	1.0～4.0	0.1～1.0	0.01～0.1	0.001～0.01

（四）水电系统岩体的工程分类

水电系统采用岩体质量指标，用 M 值进行工程分类。

$$M = \beta S K_y K_P \tag{11-2}$$

式中　β——岩体完整性系数；

S——岩石质量标准，$S = R_W E_W/(R_S E_S)$，R_W 为完整岩石的饱和单轴抗压强度；E_W 为完整岩石的饱和弹性模量；R_S 为规定软岩的饱和单轴抗压强度；E_S 为规定软岩的饱和弹性模量；

K_y——岩体风化系数，$K_y = R_d/R_f$；R_d 为风化岩石干燥状态下单轴抗压强度；R_f 为新鲜岩石干燥状态下单轴抗压强度；

K_P——岩体的软化系数，$K_P = R_W/R_f$。

按 M 值可将岩体质量分为 5 级，见表 11－9。

表 11－9　按 M 值的岩体质量分类

岩体质量	好	较好	中等	较坏	坏
M	>12	12～2	2～0.12	0.12～0.04	<0.04

参 考 文 献

[1]翟聚云.岩土工程[M].徐州:中国矿业大学出版社,2014.

[2]刘起霞.基坑工程[M].北京:中国电力出版社,2015.

[3]穆保岗,陶津,童小东,等.地下结构工程[M].3版.南京:东南大学出版社,2016.

[4]曹净,张庆.地下空间工程施工技术[M].北京:中国水利水电出版社,2014.

[5]韩淼,张怀静.工程结构基础设计[M].北京:机械工业出版社,2015.

[6]范涛.混凝土结构[M].北京:中国电力出版社,2015.

[7]王虹,蒋明学.钢筋混凝土与砌体结构工程施工[M].北京:中国水利水电出版社,2014.

[8]谢强,赵文.岩体力学与工程[M].成都:西南交通大学出版社,2011.

[9]陆家佑.岩体力学及其工程应用[M].北京:中国水利水电出版社,2011.

[10]潘洪科,祝彦知.地基处理技术与基坑工程[M].北京:机械工业出版社,2015.

[11]王春,李春忠.深基坑工程降水技术研究与实践[M].济南:山东大学出版社,2016.

[12]上海建工集团股份有限公司.深基坑工程施工技术[M].上海:上海科学技术出版社,2012.

[13]郭院成.基坑支护[M].郑州:黄河水利出版社,2012.

[14]王安明,孙铁斌,蓝树猛,等.深基坑变形监测方法与工程实践[M].郑州:黄河水利出版社,2015.

[15]孔德森,吴燕开.基坑支护工程[M].北京:冶金工业出版社,2012.

[16]刘新宇,马林建.地下结构[M].上海:同济大学出版社,2016.

[17]孙钧.地下结构设计理论与方法及工程实践[M].上海:同济大学出版社,2016.

[18]刘新荣.地下结构设计[M].重庆:重庆大学出版社,2013.

[19]钱德玲,席培胜.地下工程结构[M].武汉:武汉大学出版社,2015.

[20]周子龙,李夕兵,洪亮.地下防护工程与结构[M].长沙:中南大学出版社,2014.

[21]吴能森.地下工程结构[M].2版.武汉:武汉理工大学出版社,2014.

[22]王树理.地下建筑结构设计[M].3版.北京:清华大学出版社,2015.

[23]徐干成,郑颖人,乔春生,等.地下工程支护结构与设计[M].北京:中国水利水电出版社,2013.

[24]高爱军.钢筋工程施工实用技术[M].北京:中国建材工业出版社,2014.

[25]孙占红.钢筋工程施工技术[M].北京:中国铁道出版社,2012.

[26]王建群.从毕业生到施工员:混凝土工程[M].武汉:华中科技大学出版社,2011.

[27]孙培祥.混凝土工程施工技术[M].北京:中国铁道出版社,2012.

[28]上海建工集团股份有限公司.混凝土工程施工技术与创新[M].上海:上海科学技术出版社,2012.

[29]刘丽萍,翟聚云.基础工程[M].2版.北京:中国电力出版社,2016.

[30]王贵君,隋红军,李顺群,等.基础工程[M].北京:清华大学出版社,2016.